Bayerns steinreiche Ecke

Sonderausgabe für Gondrom Verlag GmbH & Co. KG, Bindlach 1991

Druck und Buchbinderei:
Chemnitzer Verlag und Druck GmbH
Grafische Werke Zwickau
ISBN 3-8112-0845-4

Friedrich Müller

Bayerns steinreiche Ecke

Erdgeschichte
Gesteine · Minerale · Fossile
von Fichtelgebirge, Frankenwald, Münchberger Masse
und nördl. Oberpfälzer Wald

OBERFRÄNKISCHE VERLAGSANSTALT UND DRUCKEREI GMBH

Vorwort

Immer schon galt die nordöstliche Ecke Bayerns, also Frankenwald, Münchberger Masse, Fichtelgebirge und Oberpfälzer Wald, als ein Gebiet reich an Steinen, Mineralen, Erzen. Jahrhundertelang stand hier der Bergbau in hoher Blüte. Aus weit über hundert Bergwerken und etwa dreimal so vielen Steinbrüchen förderte man eine beachtliche Anzahl von Bodenschätzen, die meisten davon in ansehnlichen Mengen. Als die wissenschaftliche Erschließung einsetzte, erkannte man in unserem Land eine Fülle von Mineral- und Gesteinsarten, darunter eine Reihe geradezu einmaliger Belege, von den Erkenntnissen der geologischen, paläontologischen und tektonischen Forschung gar nicht zu sprechen.

Seit der letzten Jahrhundertwende hat sich indes vieles geändert: Die Gruben und Zechen kamen so ziemlich alle zum Erliegen, viele Steinbrüche verfielen und die meisten der natürlichen Aufschlüsse wurden mit Müll zugeschüttet oder fielen der Flurbereinigung anheim. Der Reichtum an Steinen wurde Historie. Wenn man aber bedenkt, daß ganz Mitteleuropa, ja, zum Teil bereits sogar die übrige Welt, das nämliche Schicksal erlitt, so bietet Nordostbayern immer noch verhältnismäßig viel an Mineralen, Gesteinen und auch Fossilen. Kein Wunder also, daß unser Grenzgebirge ein Gebiet blieb, in dem die geologische Forschung ein noch recht fruchtbares Betätigungsfeld sieht und in das alljährlich viele Freunde der Gesteinswelt reisen, um die Schätze der Erde zu studieren und zu suchen.

Es gibt kaum eine Gegend in der Bundesrepublik, an die Forscher und Sammler so große Erwartungen stellen. Wer Erkenntnisse zu gewinnen versucht, wer die Schönheit der Landschaft unter geologischem Aspekt zu erleben gewillt ist und wer Gesteine sammelt, wird sicherlich nicht enttäuscht sein. Wer allerdings meint, noch heute lägen hier Topase und Turmaline, Rauchquarz und Uranerz massenhaft umher, wird betrübt nach Hause ziehen müssen.

Vielfach haben Berichte in Zeitschriften, Werbespots des örtlichen Fremdenverkehrs, aber auch ältere Fachliteratur bei Mineraliensammlern Deutschlands und seiner Nachbargebiete die Gewißheit hervorgerufen, hier könne man auch heute noch all das finden, was es früher einmal in beachtlicher Menge und in herrlichen Stufen gegeben hat. Leider fehlte bisher ein Buch darüber, was heute an Mineralen noch auffindbar ist. So waren Gäste und Einheimische eigentlich nur auf das Hörensagen oder die Einführung durch Kundige angewiesen.

Gewiß zählt das Schrifttum über geologische, mineralogische und paläontologische Verhältnisse Nordostbayerns weit mehr Titel als dies für die meisten anderen Gebiete Europas der Fall ist. Aber nur ganz wenige Veröffentlichungen entsprechen hinsichtlich ihrer Fundstellenhinweise unserer Zeit; sie erschienen außerdem meist nur in Fachorganen und sind daher dem Amateur kaum zugänglich. Schließlich sind die wenigen auch dem Laien verständlichen Werke fast ausschließlich vergriffen.

Daher versuchten Verlag und Autor, die geologische Situation dieses Gebietes populärwissenschaftlich so darzustellen, daß derjenige damit etwas anfangen kann, der wenigstens über die Grundbegriffe der Geologie und Mineralogie verfügt. Dabei sind historische und aktuelle Verhältnisse ausgewogen behandelt. Die Erdgeschichte selbst zieht sich als roter Faden durch die Schrift und auch die einzelnen Paragenesen erfuhren eine Einbettung in den geologischen und petrographischen Rahmen.

Dem Beliebtheitsgrad der Wissensgebiete Mineralogie, Petrographie, Paläontologie in der breiten Öffentlichkeit folgend, mußte der Darstellung der Minerale der Vorzug gegeben werden. Daß dennoch auch die Gesteine recht ausführlich beschrieben werden, deutet auf unsere Absicht, für dieses meist etwas stiefmütterlich betrachtete Gebiet zu werben, denn gerade hierin eröffnen sich dem Liebhaber noch lohnende Reviere. Weil die fast ausschließlich paläozoischen Versteinerungen des Frankenwaldes wegen ihres doch ziemlich fragmentarischen Auftretens in meist unscheinbaren Belegen für die Wissenschaft zwar ungemein interessant, für den Liebhaber jedoch kaum auffindbar und selten bestimmbar sind, konnten wir sie nur anhangsweise erwähnen, obwohl wir uns durchaus darüber im klaren sind, daß die Fossile im Frankenwald für Forschung und Lehre eine weit größere Rollen spielen, als die dort auftretenden Minerale.

Erstmalig konnten die Gesteine und Minerale unseres Raumes umfassend und in Farbe dargestellt werden, wobei die jetzt auch bei Liebhabern modern gewordene Mikrofotografie starke Berücksichtigung fand, denn gerade in diesem Bereich treten die klarsten Formen auf und überhaupt auch Minerale, die in unserem Raum bisher gar nicht bekannt waren. Im Auffinden von micromounts können Mineralienfreunde auch heute noch Unerwartetes sehen. Sachlich konzipierte Fotos, viele Karten und Fundortskizzen sollen dem Leser anschaulich Wissen vermitteln und ihm die Möglichkeit geben, die noch lohnenden Fundstellen aufzusuchen. Auf die Einschränkung, daß sich aufgezeigte Verhältnisse oft über Nacht ändern können, soll noch hingewiesen sein.

Für das Zustandekommen des vorliegenden Buches habe ich all jenen Dank zu sagen, die mich durch Wort und Tat unterstützten. Dieser gilt zunächst den Besitzern der Sammlungen, aus denen die aufgenommenen Minerale, Gesteine und Fossile stammen (Nachweis hierüber siehe Seite 276), ferner jenen Herren, die mir ihre mit sehr viel Liebe, Mühe und Sachverstand selbst gefertigten Fotos zwecks Veröffentlichung zur Verfügung stellten (Nachweis hierüber siehe Seite 276), stellvertretend für alle möchte ich hier Herrn Erich Flügel, Bayreuth, nennen. Für wertvolle Hinweise danke ich den Herren Professoren Matthes, Schmidt, Sdzuy und Gandel von der Universität Würzburg. Wichtige Hinweise über die neueren Mineralvorkommen erhielt ich von vielen Mitgliedern der VFMG-Sektion Fichtelgebirge, vor allem von Herrn Manfred Böttig, Arzberg.

Der Oberfränkischen Verlagsanstalt und Druckerei in Hof/Saale danke ich für die spontane Bereitschaft, dieses Buch in der von mir vorausgesetzten großzügigen Ausstattung aufzulegen. Meiner lieben Frau Ilse gebührt herzlicher Dank für die Durchsicht des Manuskriptes sowie für ungezählte Stunden der Mitarbeit.

Möge dieses Buch eine Lücke im Heimatschrifttum schließen und mögen viele Freunde der Mineralogie und Geologie daran Gefallen finden.

15. 1. 1979 Friedrich Müller

Vorwort zur zweiten Auflage

Seit dem Erscheinen der ersten Auflage von „Bayerns steinreicher Ecke" im Jahr 1979 sind die Menschen unseres hochtechnisierten Zeitalters noch umweltbewußter geworden. So wird über die Verschmutzung der Luft, der Gewässer und des Bodens und die damit verbundenen Erscheinungen des Baum- und Waldsterbens heute in allen Bevölkerungskreisen mit tiefer Besorgnis diskutiert. Je größer aber die Befürchtungen im Hinblick auf eine Zerstörung unseres Lebensraumes, desto höher die Wertschätzung kostbarer Naturgüter, mit denen man jahrhundertelang allzu leichtfertig und verschwenderisch umging. In diesem Zusammenhang gewinnen auch Geologie und Mineralogie eine neue Bedeutung. Sie stellen nicht mehr ausschließlich wissenschaftliche Fachbereiche dar, nicht nur interessante Gebiete für Wirtschaftsfachleute, Sammler und Forscher, vielmehr zeigen sie allen Naturfreunden das wundervolle Zusammenwirken von Gesteinswelt, Landschaft und Menschenleben.

Das mag der tiefere Grund dafür sein, daß eine zweite Auflage des hervorragenden Werkes von Friedrich Müller notwendig wurde. Dieses Buch, durch einige Veränderungen im Text und in der bildlichen Gestaltung auf den neuesten Stand der Wissenschaft gebracht, erschließt den ganzen Reichtum unserer nordostbayerischen Heimat an Gesteinen und Mineralen. Trotz seiner umfassenden Darstellung der verschiedenen Wissensgebiete wirkt es in allen Kapiteln äußerst klar, übersichtlich und kompakt, trotz der vielen unvermeidbaren wissenschaftlichen Begriffe für jeden verständlich, der nur gewisse Grundvoraussetzungen mitbringt. Selbst der Laie, der außer seiner Liebe zur Heimatnatur in keiner Weise vorbelastet ist, wird – etwa durch die Betrachtung der zahlreichen farbigen Mikrofotos und der Landschaftsaufnahmen oder durch die Beschreibung der Gesteine, Minerale und Fossile samt ihrer Fundorte – angeregt werden zu einem weiteren Eindringen in die Geheimnisse des wunderbaren Baues unserer Erdrinde. Es bleibt zu wünschen, daß dieser bestens orientierte Führer vielen den Weg zeigen möge zu den Schätzen der Natur, die es heute mehr denn je in ihrer Bedeutung für alles organische Leben zu erkennen und vor schädigenden Einflüssen zu bewahren gilt.

Hof, im Frühjahr 1984

Oberfränkische Verlagsanstalt und Druckerei GmbH

Inhalt

Hinweise

Die Bezeichnung der Gesteine richtet sich nach der IUGS-Nomenklatur. Für Minerale wurde die internationale Schreibweise gewählt (. . . lit statt . . . lith). Die lokal gebräuchlichen Mineral- und Gesteinsnamen, auch wenn allgemein nicht mehr gültig, erwähnten wir noch.

□ gibt in mm die Größe des Bildausschnittes bei Mineralen, Gesteinen und Fossilen an.

→ bei Fotos: verweist auf dazugehörige Textstellen (Seiten).

→ im Text: verweist auf dazugehörige Fotos (laufende Nummer der Abb.)

N, O, S, W = Norden, Osten, Süden, Westen
n, ö, s, w = nördlich, östlich, südlich, westlich.

Bei den stratigraphischen Tabellen darf man sich die Grenzen der einzelnen Schichten nicht so klar begrenzt vorstellen. Die angegebenen Zahlen bedeuten die durchschnittliche Mächtigkeit in m, die jedoch örtlich ganz wesentlich zu- oder abnehmen kann. Für das metamorphe Paläozoikum gelten die stratigraphischen Darstellungen überhaupt nur schematisch.

Abbildungen auf der Einband-Vorderseite:

1 (oben links) = Euklas-Einzelkristall vom Epprechtstein □ 10 → 187

2 (oben Mitte) = Cuprit aus dem ehemaligen Bergwerk Eichenstein bei Hölle □ 2,8 → 138

3 (oben rechts) = Kristallverwachsung von Torbernit vom Rudolfstein □ 30 → 202

4 (unten links) = Quarz-Kristallgarbe aus der Johanneszeche □ 120 → 51

5 (unten Mitte) = Pyrit-Aggregat aus der Grube Bayerland bei Waldsassen □ 160 → 29

6 (unten rechts) = idiomorphe Azurite aus Tauperlitz □ 2,8 → 136

Abbildung auf der Einband-Rückseite:

526 (ganzseitig) = Orbiculit (anatektisch gebildeter Kugelgranit) aus Heidelheim bei Selb □ annähernd natürl. Größe. → 181

Räumlicher Überblick

Das von uns behandelte Gebiet verfügt über keine zusammenfassende Bezeichnung. Es zählt zum Ostbayerischen Grundgebirge, das sich entlang der Grenze zur CSSR vom bayerischen Vogtland bis zum österreichischen Mühlviertel hinzieht. Die politischen Grenzen durchschneiden dabei zusammenhängende Landschaften, denn der ostbayerische Gebirgssaum ist in der Tat ein Teil der großen Böhmischen Masse, die fast die gesamte westliche CSSR einnimmt.

Eine geologisch und wohl auch morphologisch wichtigere Scheide durchquert ganz Nordbayern, also Oberfranken und die Oberpfalz. Diese *Fränkische Linie* begrenzt den hier behandelten Raum im Westen; sie stellt ein seit vielen Millionen Jahren existierendes Lineament dar, eine Bruchlinie, eine Abreißkante, an der sich altes Kristallin vom jüngeren ungefalteten *Vorland* abhebt. Die meisten unserer Landkarten von den Teilräumen werden daher diese Verwerfung am linken Rand aufweisen. → 13

Dagegen fällt die Begrenzung des behandelten Gebietes im Norden und Osten mit den politischen Grenzen zusammen – aus rein praktischen Gründen, denn die natürlichen Landschaften finden in diesen Richtungen völlig analoge Fortsetzungen.

Weit schwieriger wird die Frage zu beantworten sein, wie weit Nordbayern nach Süden reicht. Die Grenze Oberfranken/Oberpfalz zu nehmen, wäre wenig sinnvoll, da wichtige geologische Erscheinungen beiderseits anzutreffen sind. Der Bayerische Wald zeigt in mancherlei Hinsicht geringfügig andere Verhältnisse als der nordbayerische Raum; jedoch geht er kontinuierlich in Steinwald und Fichtelgebirge über. Daher muß die Grenzziehung hier auch willkürlich erfolgen. Wir legten sie auf die geographische Breite von Weiden. Südlich davon kommen keine Basalte mehr vor; ab hier nehmen die Paragneise eine dominierende Stellung ein; es treten vermehrt phosphatbetonte Pegmatite auf und schließlich hat sich die Pfahlverwerfung mit den vielfältigen Nebenerscheinungen (z. B. die Flußspatgänge) erst südlich von Weiden ausgewirkt.

Innerhalb des nordostbayerischen Grundgebirges, wie wir das zu behandelnde Gebiet weiterhin nennen wollen, treten 3–4 Landschaftstypen auf, die sich morphologisch weniger, geologisch dagegen doch merklich unterscheiden. → 14

Fichtelgebirge

Das markanteste Gebiet, das auch die höchsten Erhebungen aufweist. Es ist ein Granitgebirge, von einem Mantel älterer Kristalliner Schiefer umgeben, von Vulkansystemen verschiedener Perioden vielfach durchbrochen und nur an wenigen Stellen von jungen Ablagerungen überdeckt. Es gleicht einem nach Osten offenen *Hufeisen*, denn die Kammlinie der höheren Berge bildet annähernd einen Halbkreis. Lokalpatrioten nannten das Fichtelgebirge die *Drehscheibe* Mitteleuropas, weil sich hier variskisches Streichen (südwest – nordost) mit hercynischem (südost – nordwest) trifft. Diese Feststellung pflegten sie durch die Tatsache zu erhärten, daß vom Fichtelgebirge in die Nebenhimmelsrichtungen 4 Gebirgszüge und in die Haupthimmelsrichtungen 4 Flußläufe abgehen. → 7

Gewiß handelt es sich um bemerkenswerte Zufälligkeiten, doch kommt ihnen keinerlei Bedeutung zu, die eine Sonderstellung gegenüber anderen Landschaften rechtfertigt. Schließlich könnte man für viele Gebirge ähnliche Merkwürdigkeiten konstruieren. Die Bedeutung des Fichtelgebirges als Wasserscheide Nordsee/Schwarzes Meer jedoch soll nicht unerwähnt bleiben, zumal man zwei Quellen diametral verlaufender Flüsse (Main, Naab) nur wenige hundert Meter voneinander entfernt antrifft.

Das Fichtelgebirge hat in jeder Hinsicht viel Ähnlichkeit mit den anderen deutschen Granitgebirgen: Schwarzwald, Odenwald, Harz, Erzgebirge, Riesengebirge und natürlich dem Bayerischen Wald mit der Verlängerung bis Niederösterreich. An dieser Stelle sei die Belehrung gestattet, daß der vielfach dafür gebrauchte Ausdruck *Urgebirge* unrichtig ist: in der Vorsilbe *Ur-* wird eine zeitliche Aussage getroffen, die nicht stimmt, denn andere Landschaften (nicht immer Gebirge) können weit älter sein. Der Begriff *Grundgebirge* sagt mehr aus. → 8

Es verdient vielleicht noch erwähnt zu werden, daß man dieses Gebirge in früherer Zeit *Fichtelberg* nannte, wozu allerdings der Nordzug nicht zu rechnen war, der damals *Waldsteingebirge* hieß. Man darf nicht meinen, die Fichten, die heutzutage als wichtigster Nutzbaum unsere Berge zieren, hätten Pate gestanden. Als der Name aufkam, herrschte überall Laub-, zumindest Mischwald vor. Sprachforscher führen den Namen auf die *Wichtelmännlein* zurück, Berggeister, die die tatsächlichen oder vermeintlichen reichen Schätze dieses Gebietes im Besitz hätten.

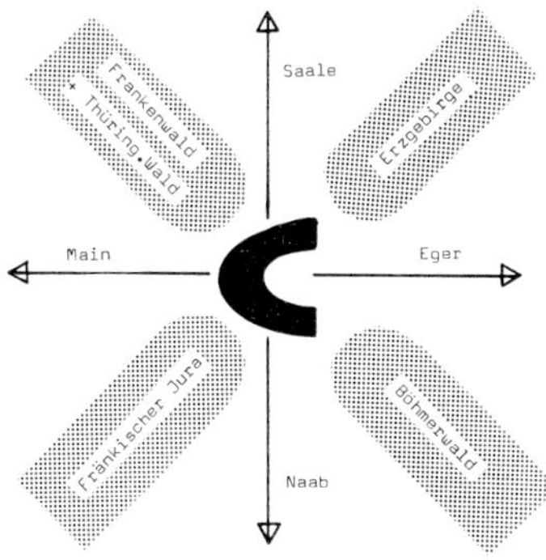

7 Diese idealisierte Skizze zeigt die vier vom Fichtelgebirge ausgehenden Gebirge mit den vier Flüssen, die ihr Bett dazwischen in die Haupthimmelsrichtungen bahnten.

Steinwald

Es gibt keinen Unterschied gegenüber dem Fichtelgebirge, außer, daß die Basaltdurchbrüche hier an Häufigkeit zunehmen. Ansonsten liegen völlig gleiche geologische und morphologische Verhältnisse vor. Wahrscheinlich sind historische Gründe für diese überflüssige Bezeichnung verantwortlich: Das Fichtelgebirge erfuhr seine Besiedlung vorwiegend von Osten (Eger) aus, weil von hier aus am leichtesten zugänglich. Der Steinwald hingegen wurde von Süden aus (Sulzbach, Regensburg) kolonisiert. Die unterschiedliche Erschließungsrichtung, die sich ja auch in der Grenzziehung zwischen Franken und der Oberen Pfalz widerspiegelt, mußte natürlich zwei verschiedene Bezeichnungen bringen.

Somit ist es keinesfalls abwegig, wenn, wie es des öfteren geschieht, der Steinwald als die Südflanke des erwähnten Hufeisens angesehen wird.

Oberpfälzer Wald

(nördlicher Teil). Auch dieses Gebiet kann man als Fortsetzung des Fichtelgebirges auffassen, ebensogut allerdings, als Übergang vom Bayerischen Wald her. Es unterscheidet sich von beiden eigentlich nur durch das Fehlen markanter Erhebungen. An seinem Aufbau sind Kristalline Schiefer weniger, Gneise (Paragneise) hingegen stärker beteiligt. Wegen seines hügeligen Charakters tritt im Landschaftsbild die Abgrenzung zum Vorland kaum hervor; nur an wenigen Stellen fällt die Fränkische Linie oberflächlich auf. Andererseits kann man den Oberpfälzer Wald auch als Anstieg zum Böhmerwald auffassen, dessen nördlicher Teil jenseits der tschechischen Grenze liegt, dessen Vorboten jedoch bereits auf der Grenze selbst stehen, z. B. der Tillenberg bei Neualbenreuth, der zusammen mit dem Entenbühl auch schon knapp an die 1000-m-Marke reicht. Diese politische Grenze deckt sich überdies ziemlich mit der Wasserscheide Nordsee/Schwarzes Meer. → 11, 12

Frankenwald

Gebirge der Franken, von Westen aus erschlossen, tatsächlich von *Franken* besiedelt (im Gegensatz zu dem gleichfalls in Franken liegenden Fichtelgebirge, dessen Bewohner sich von Bajuwaren und Bojern ableiten).

Es handelt sich um ein Rumpfgebirge, d. h. um den Sockel eines ehemaligen Faltengebirges, dessen obere Etagen längst der Abtragung anheimgefallen sind. Es besitzt den nämlichen Unterbau wie ihn Fichtelgebirge und Oberpfälzer Wald heute an der Oberfläche zeigen, aber es erfuhr eine geringere Anhebung und damit eine schwächere Abtragung der Decke, weswegen auch verhältnismäßig jüngere Ablagerungen des Erdaltertums in Form stark gefalteter aber nichtkristalliner Schiefer vorliegen. Die Faltenkonstruktion ist Ursache für die charakteristische Oberflächengestalt des Frankenwaldes: stark gegliederte Landschaft mit tiefeingeschnittenen Tälern innerhalb weiträumiger Hochebenen, die keine Berge von großer relativer Höhe aufsitzen haben. → 9

Eine weitere Eigenart des Frankenwaldes stellt die heftige Durchsetzung mit vulkanischen Massen dar, die infolge ihres beachtlichen Alters von späteren Faltungen betroffen und somit schichtig eingebaut wurden. Von jüngeren Durchbrüchen hingegen blieb der Frankenwald verschont.

In Mitteleuropa gibt es eine ganze Reihe von analogen Landschaften: Thüringer Wald und sächsisches Vogtland als unmittelbare Fortsetzung, dann den Westerwald, das Rothaargebirge und die gesamte linksrheinische Eifel mit dem Übergang in die belgischen Ardennen. Uns zeigen sich dort die nämlichen Gesteinsserien und daher auch völlig entsprechende Morphologie.

Münchberger Masse

Kaum ein Atlas verwendet diese Bezeichnung für das zwischen Fichtelgebirge und Frankenwald liegende Gebiet. Wer geologische Verhältnisse nicht kennt, wird es diesem oder jenem zuordnen. Hinsichtlich seiner Oberflächenformen paßt es schlecht und recht zu beiden. Seine Bewohner fühlen sich sicher auch den Heimatbegriffen Frankenwald und Fichtelgebirge ver-

Typische Landschafts- formen

8
Langgezogene Höhen kennzeichnen das Fichtelgebirge. Hinten links der Ochsenkopf, rechts die Schneebergkette.

9
Enge Einschnitte treffen wir im Frankenwald an. Blick von der Burg Lauenstein in das Tal der Loquitz.

10
Die sanftwellige Hügellandschaft der Münchberger Gneismasse beobachtet man am besten vom Turm des Weißensteins bei Stammbach aus.

11
Die Basaltkuppen-Landschaft, gelegentlich auch „Oberpfälzer Hegau" bezeichnet, zeigt hier den Waldecker Schloßberg im Vordergrund und in der Ferne den Rauhen Kulm.

12
Die tertiären Einebnungsflächen in der nördlichen Oberpfalz sind von großen Teichen bedeckt, die in zunehmendem Maße für intensive Fischzucht genutzt werden.

13
Das mesozoische Vorland (im Bild links oben) grenzt morphologisch sehr deutlich an das alte Gebirge. Hier die Pforte zum Grundgebirge (Gneis und Diabas) in Bad Berneck. Nicht überall tritt die fränkische Linie so markant hervor.

bunden, je nachdem, ob sie im nordwestlichen oder südöstlichen Teil des Gebietes wohnen; so gibt es z. B. im Vergleich zu *Fichtelgebirgsverein* und *Frankenwaldverein* keinen „*Münchberger Massen-Verein*".

Bereits zu Anfang des vergangenen Jahrhunderts hat man die Münchberger Masse als etwas Eigenständiges erkannt und seither gab sie der erdgeschichtlichen Forschung in stets zunehmendem Maße Rätsel auf, die heutzutage in den Grundzügen zuverlässig gelöst, in Details jedoch immer noch offen sind. Für kaum eine Landschaft dieser Größenordnung wurden so viele Entstehungstheorien aufgestellt und wieder verworfen. Bezogen auf den km^2 Ausdehnung wird von kaum einer Gegend so viel Fachliteratur vorliegen, als vom Münchberger Gebiet, allenfalls ausgenommen Lagerstätten begehrter Bodenschätze, an denen diese Masse merkwürdigerweise sehr arm ist. → 10

Eine deutlich abgegrenzte Scholle der Erdkruste gelangte in große Tiefe, stand dort unter heftiger Wirkung stofflicher Umwandlung und wurde später wieder an die Oberfläche gehoben. Daher bestimmen metamorphe Gesteine (verschiedene Gneise mit eingelagerten Matabasiten) diese Fläche, deren Ränder den vorhandenen Blöcken im Nordwesten und Südosten

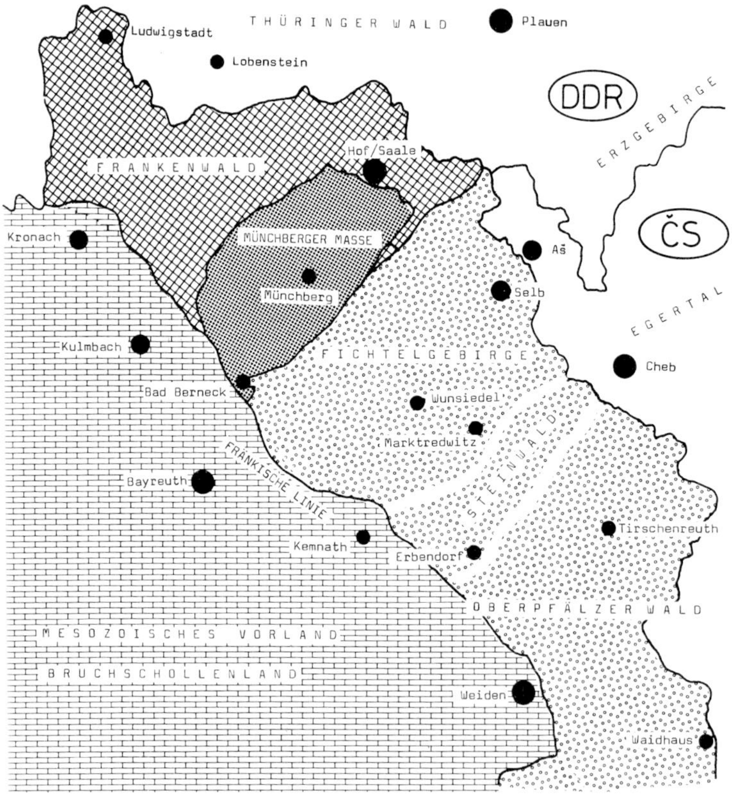

14
Gliederung Nordostbayerns nach geologischen Gesichtspunkten. Durch die Fränkische Linie wird das Schichtstufenland, das gegen Nordosten in ein Bruchschollenland übergeht, vom Grundgebirge deutlich abgetrennt. Das alte Gebirge selbst weist eine weitere Unterteilung in drei wesentlich voneinander abweichende Gebiete auf.

aufgeschoben wurden und welche sich in einer abermals ganz eigenartigen Weise von der Münchberger Scholle selbst und den Nachbargebieten unterscheiden. Kein Element des Frankenwaldes oder Fichtelgebirges findet sich da, aber auch kein Bauteil der Münchberger Masse kommt in den Nachbarlandschaften vor.

Daher kann man für Mitteleuropa auch kein Gebiet nennen, das dem von Münchberg gleicht. Im alpinen Raum haben sich zwar ähnliche Ereignisse abgespielt, jedoch mit anderem Ausgangsmaterial.

Zeitlicher Überblick

Man hat immer schon vermutet, daß das ostbayerische Grundgebirge eine recht alte Landschaft darstellt.

Die Gesteine des Frankenwaldes führen in vielen Horizonten genug Fossile; ihre Datierung bereitete daher keinerlei Schwierigkeiten. Der Mangel an Versteinerungen im Fichtelgebirge hingegen verhinderte bis fast in unsere Tage eine zeitliche Festlegung. Dies gilt in besonderem Maße auch für die Münchberger Masse. Für diese Gebiete mußten andere Methoden zur Altersbestimmung verwendet werden, z. B. die Messung radioaktiver Zerfallsprodukte. Sie bestätigten dann auch die Mutmaßung, daß diese Gebiete zu den geologisch ältesten der Bundesrepublik gehören. Sie wiesen aber auch jene Theorien zurück, nach denen für die Münchberger Scholle archaisches Alter angenommen wurde.

Dem vorliegenden Buch liegt eine zeitliche Ordnung zugrunde, d. h. wir schildern das geologische Geschehen vom Beginn der heute noch nachweisbaren Vorgänge bis zur Jetztzeit. Vorab gibt die folgende Tabelle einen Überblick über die wichtigsten erdgeschichtlichen Ereignisse.

Unser Gebiet hat des öfteren seine Höhenlage zum Meeresspiegel geändert. Die uns heute geläufige Landkarte, gleichgültig ob für einen kleinen Raum oder einen ganzen Erdteil, gilt nur für die Jetztzeit. Bereits vor wenigen Jahrmillionen und erst recht in noch früherer Zeit herrschten völlig andere Oberflächenbilder, vor allem hinsichtlich der Land/Wasser-Verteilung.

Nordostbayern war vorwiegend

Hochgebirge	Ende Karbon und Perm
Festland	Perm, Trias, Tertiär, Quartär
Küstenlandschaft .	Devon, Karbon, Jura, Kreide
Flachmeer	Silur, Trias, Kreide
Tiefsee	Kambrium

Fast alle Perioden hinterließen in den vergangenen 600 Millionen Jahren Spuren in Form von mehr oder weniger starken Gesteinsschichten. Diese liegen jedoch nicht mehr in ihrer ursprünglichen Position vor. Die Profile auf S. 19–21 zeigen die Vielfalt im Aufbau der Oberfläche unseres Raumes.

Formation (vor . . . Mill. Jahren)	Geologisches Geschehen
Quartär (0–2)	Abtragungstätigkeit, Eiszeiten, Blockmeere und Labyrinthe, Bildung der Hochmoore mit Torf
Tertiär (2–70)	erneute Heraushebung des Gebirges, Freilegung der Granite, Basaltvulkanismus in Fichtelgebirge und Oberpfalz, postvulkanische Erscheinungen (Mineralquellen), Bildung der Kaolinlagerstätten, Bildung der Braunkohlen, Einebnung der Eger-Wondreb-Senke
Kreide (70–140) Jura (140–180) Trias (180–230)	tektonische Ruhe, kein Vulkanismus, Abtragung des alten Gebirges, Ablagerung im Vorland
Perm (230–280)	besonders heftige Abtragungstätigkeit, Ablagerung am Gebirgsrand (Fränkische Linie) Vulkanismus von Rhyolit und Proterobas, Aplit- und Pegmatitgänge
Oberkarbon (280–350) Unterkarbon	Auffaltung des gesamten Gebirges mit Granitintrusionen, Bildung vieler Mineral- und Erzgänge, Hebung der Münchberger Masse küstennahe Ablagerungen im Frankenwald
Devon (350–400)	schwächere Gebirgsbildungsvorgänge, Granitintrusionen (jetzt Gneis), Münchberger Masse: Metamorphose, Frankenwald: Ablagerungen, Diabasvulkanismus
Silur (400–500)	mächtige Ablagerungen im gesamten Raum, Diabasvulkanismus (jetzt Amphibolit)
Kambrium (500–570)	mächtige Ablagerungen im gesamten Raum
Algonkium (570 . . .)	? Ablagerungen im Oberpfälzer und Bayerischen Wald

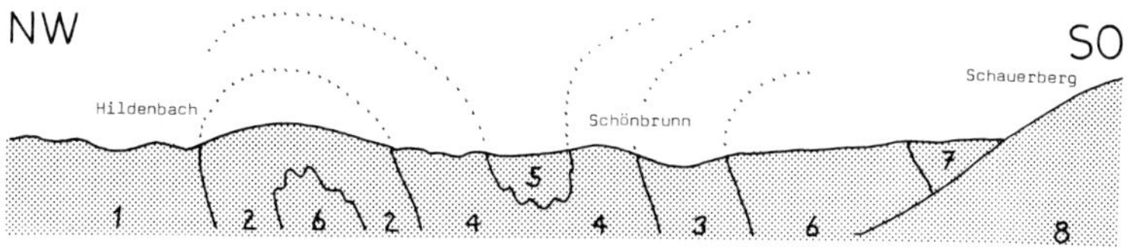

15
Typisches Profil durch das Innere des Fichtelgebirgs-Hufeisens

1 = Orthogneis
2 = Kalksilikat
3 = Marmor
4 = Graphitschiefer
5 = gebänderter Quarzit
6 = Glimmerschiefer
7 = Porphyroid
8 = (Dach-)Granit

Mittels gestrichelter Linie sind die sog. Luftsättel eingezeichnet = vermutete Weiterführung der Schichtbegrenzungen in den ehemals vorhandenen, heute jedoch längst abgetragenen Raum.

16
Typisches Profil durch den Zentralstock des Fichtelgebirges

1 = Zinngranit
2 = Dachgranit
3 = Kerngranit
4 = Orthogneis

Wir erkennen daran, daß sich die Intrusionen des Granits in mehreren „Generationen" vollzogen, die sich linsenartig ineinanderschoben.

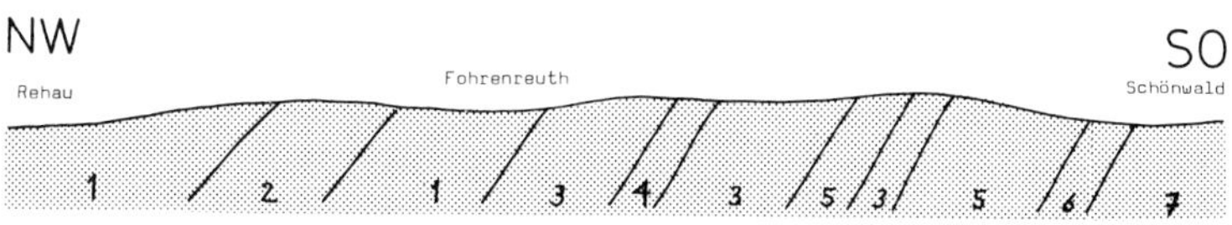

17
Typisches Profil durch den nordöstlichen Fichtelgebirgsrand

1 = Frauenbach-Phyllit
2 = roter Frauenbach-Phyllit
3 = Fleckphyllit
4 = Frauenbach-Quarzit
5 = Albitphyllit
6 = Plattenquarzit
7 = kambrischer Glimmerschiefer

Dieses, wie auch die meisten der folgenden Profile zeigt die starke Neigung der ansonsten ziemlich konkordanten Schichten, ausgelöst durch die Variskische Faltung im Oberkarbon.

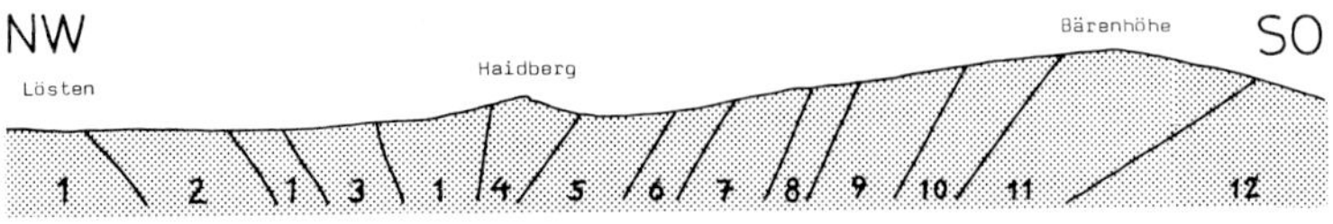

18
Typisches Profil durch den Südostrand der Münchberger Masse.

1 = heller Hornblendegneis
2 = Muskowit-Albit-Gneis
3 = Amphibolitgneis
4 = Serpentinit
5 = Amphibolit
6 = unterkarbonische Grauwacke
7 = Diabastuffit
8 = (Gräfentaler) Tonschiefer
9 = Phycodenphyllit
10 = kontaktmetamorpher Phyllit
11 = Knotenglimmerschiefer
12 = (Porphyr-)Granit

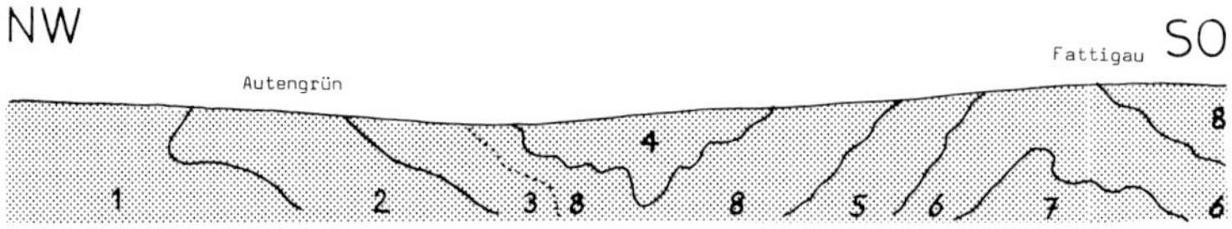

19
Typisches Profil durch ein Eklogit-Gebiet in der Münchberger Masse.

1 = Muskowit-Hornfelsgneis
2 = Eklogit
3 = granatamphibolitischer Bändergneis
4 = Hornblende-Bändergneis
5 = Amphibolit und Epidotamphibolit
6 = Muskowit-Biotit-Granat-Gneis
7 = Orthogneis
8 = amphibolitischer Bändergneis

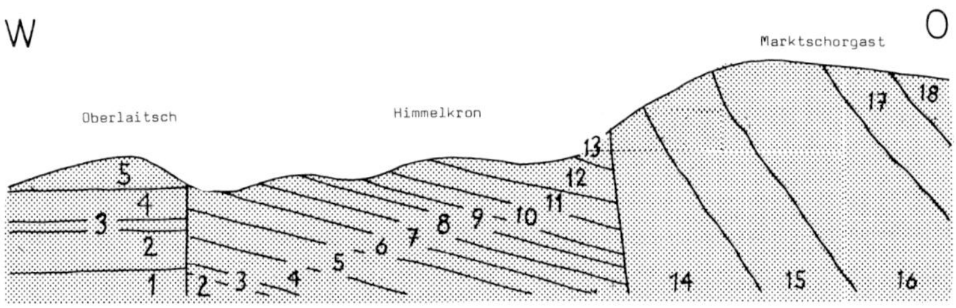

20
Typisches Profil durch die Fränkische Linie gegen Münchberger Masse

1 = Kulmbacher Konglomerat
2 = Hauptbuntsandstein
3 = Karneolhorizont
4 = Plattensandstein rot
5 = Plattensandstein weiß
6 = Wellenkalk (Muschelkalk)
7 = mittlerer Muschelkalk
8 = Hauptmuschelkalk
9 = Lettenkohlenkeuper
10 = Benker Sandstein
11 = Estherienschichten des Keupers
12 = Lehrbergschichten
13 = Blasensandstein
14 = ordovizische Randschiefer
15 = Prasinit
16 = Amphibolit
17 = Gneis der Liegendserie
18 = Gneis der Hangendserie

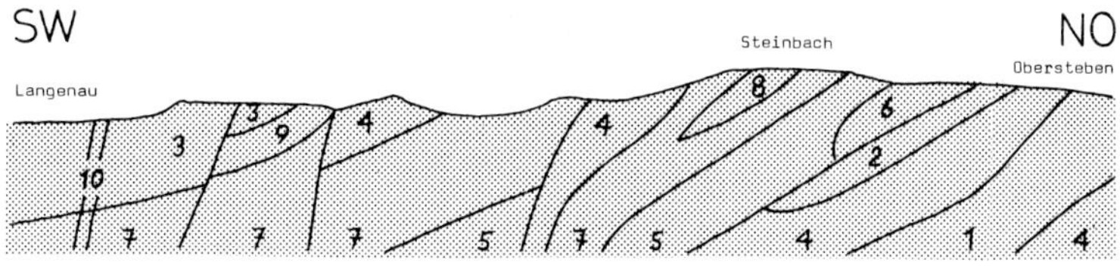

21
Typisches Profil durch ein Diabas-Gebiet

1 = Tentakulitenschiefer (mittleres Devon)
2 = dunkle devonische Tonschiefer
3 = Unterkarbon
4 = feinkörniger Diabas
5 = Diabasmandelstein
6 = grobkörniger Diabas
7 = Diabasbrekzie
8 = Diabaskonglomerat
9 = Diabastuffit
10 = jüngerer, postorogener Gangdiabas (Perm)

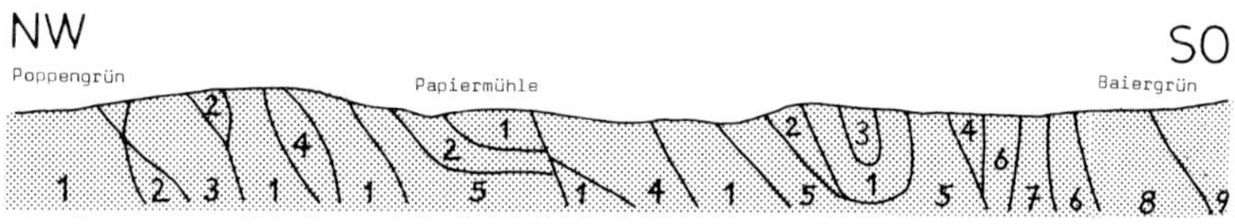

22
Typisches Profil durch den südlichen Frankenwald

1 = unterkarbonische Grauwacke
2 = karbonisches Hauptkonglomerat
3 = Kohlenkalk
4 = Graptolithenschiefer (Gotland)
5 = devonischer Kieselschiefer
6 = ordovizische Randschiefer
7 = Diabastuff
8 = ordovizischer Plattensandstein
9 = Orthogneis

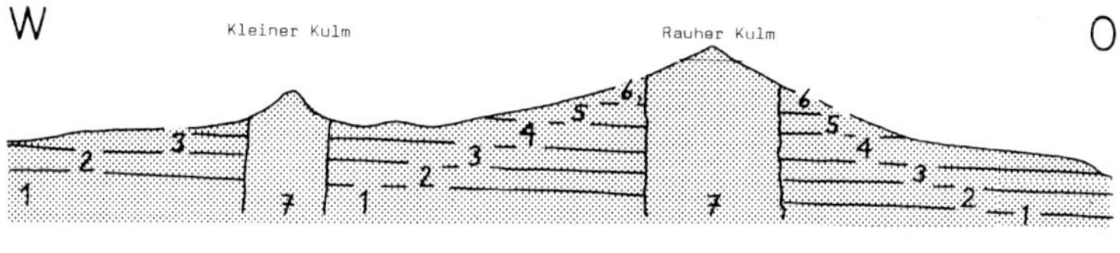

23
Typisches Profil durch die Basalt-Vulkane im Bruchschollenland

1 = oberer Muschelkalk
2 = unterer Keuper (Kaolinsandstein)
3 = mittlerer Keuper (Benker Sandstein)
4 = Lehrberg-Schichten
5 = unterer Burgsandstein
6 = oberer Burgsandstein
7 = Nephelinit („Basalt")

Die Arzberger Serie

Vor gut ½ Milliarde Jahren begann für unser Gebiet die überschaubare Erdgeschichte. Überschaubar, weil erst aus dieser Zeit geologische Urkunden in Form von Gesteinen vorliegen. Im Kambrium, wie diese Formation genannt wird, herrschte in weiten Teilen des heutigen Europa Tiefsee. Der Meeresgrund wurde mit Abtragungsgut gefüllt, das aus den umgebenden Kontinenten hertransportiert wurde. Unser Gebiet befand sich recht weit vom Ausgangsort des Verwitterungsgutes entfernt, denn die weitgehende Aufbereitung des Materials zu Schweb und feinstkörnigem Sand deutet auf lange Verfrachtungswege.

Welche Mächtigkeit die untermeerischen Ablagerungen erreichten, läßt sich kaum ermitteln, da der ehemals horizontale Meeresboden später vielfach gefaltet, gebrochen, überkippt und überschoben wurde. Eine Messung der heutigen Schichtpakete bringt uns daher nicht weiter. Wahrscheinlich machen die Gesteine der kambrischen Schichtenfolge 3 – 5 km aus.

Es waren Ablagerungen toniger, sandiger und kalkiger Natur. Von ihrem primären Zustand, nämlich Tonstein, Sandstein, Kalkstein hat sich nur die Substanz, nicht aber die Struktur erhalten. Die Schichten erlitten eine weitgehende Umprägung in späterer Zeit, eine Regionalmetamorphose. Sie veränderte das Ausgangsmaterial graduell verschieden: in Mittelböhmen kaum, im Frankenwald deutlich und im Fichtelgebirge sehr stark. In der Umgebung der *Stadt Arzberg* hat man die Zusammengehörigkeit der metamorphen Tone, Sande und Kalke erstmalig erkannt und danach die ganze Formation unseres Raumes benannt.

Die Arzberger Serie umfaßt sicher das ganze Kambrium und greift ins Ordoviz über. Wieweit ältere (algonkische) Bildungen beteiligt sind, war in den letzten Jahrzehnten immer wieder Anlaß für Streitgespräche; hier müssen weitere Fakten gefunden werden. Im angrenzenden Böhmerwald scheinen tatsächlich präkambrische Schichten vorzuliegen. Ob sie sich bei uns in größerer Tiefe noch finden, könnten nur weitere Bohrungen klären.

Der auffallendste Horizont der Arzberger Serie ist ein durchschnittlich 200 m mächtiger Streifen von Marmor, der Wunsiedler Marmor. Er tritt in einem nördlichen und einem südlichen Zug auf, die spitzwinklig einander zulaufen und sich im Egerland treffen. Wie aus dem Profil hervorgeht, fällt der Marmor steil ein, denn die bereits erwähnte spätere Gebirgsfaltung brachte ihn aus seiner einstmals waagrechten Lage. Der markante Marmor unterteilt die Arzberger Serie in eine ältere Liegendserie (einstmals unter dem Kalk) und eine jüngere Hangendserie (einstmals darüber).

Die Metamorphose vollzog sich erst im Karbon, also in der Zeit, in die auch die Granitbildung fällt. Dabei gelangten die Arzberger Schichten in große Tiefe, in die Epi- und Mesozone. Die dort herrschenden hohen Temperaturen und Drücke bewirkten eine starke Gefüge- und auch eine geringere stoffliche Umwandlung. Vor allem wurde das abgesunkene Material geradezu zu einer Volumenverminderung *gezwungen*. Da ein Feststoff jedoch, sofern er keine Hohlräume aufweist, keinen geringeren Rauminhalt annehmen kann, als er an sich hat, so können die Moleküle diesem Zwang nur dadurch begegnen, daß sie sich vom amorphen in den kristallinen

Zustand begeben, d. h. die bisher unregelmäßig angeordneten Atome nehmen eine regelmäßige Ordnung, ein Raumgitter, ein. Es entstehen also Kristalle, besser gesagt, Kristallite = Kristalle ohne Endflächen.

Aus den amorphen kambrischen Sedimenten wurden also kristalline Schiefer. Je nach dem Ausgangsmaterial bildete sich:

Ehemaliges Abtragungsgut	verfestigt zu	durch Regionalmetamorphose umgewandelt zu
Kalk	Kalkstein	Marmor *(Urkalk)*
Sand	Sandstein	Quarzit *(Ursandschiefer)*
Ton	Tonschiefer	Phyllit *(Urtonschiefer)* oder Glimmerschiefer

Jedes dieser metamorphen Gesteine tritt in mehreren Typen auf, die sich im Mineralbestand, im Gefüge und daher auch im Aussehen unterscheiden. Zum Teil gehen sie sogar ineinander über.

Phyllit

Er nimmt im Fichtelgebirge oberflächlich eine fast ebenso große Ausdehnung ein, wie der Granit. Er ummantelt die Granitberge. Die Stellen, an denen er mit Granit zusammentrifft, stimmen häufig mit der Grenze Feld/Wald überein, denn Phyllit gilt wegen seiner raschen und tiefgründigen Verwitterung als guter Ackerboden, weswegen man während der mittelalterlichen Rodungsphase das Land eben bis an diese Grenze kultiviert hat.

Die Phyllite bilden keine Berge, allenfalls flache Hügel, z. B. den Katharinenberg, den Schönbrunner Berg und den Hildenbühl bei Wunsiedel. Aufschlüsse gibt es wenig und dann nur unscheinbare. Eine Ausnahme macht hierbei die imposante Felspartie des Wenderner Steins (Wendensteins) bei Kleinwendern. Dort läßt sich überdies auch die Kleinfältelung hervorragend studieren. Ansonsten treffen wir Phyllite aller Ausprägungen im gesamten Verbreitungsgebiet nur als Lesesteine an. Die Landwirte klauben die Steine von den Feldern und schütten sie gewöhnlich an Waldrändern oder in ehemaligen Hohlwegen auf. → 232,448

Die meisten Phyllite sondern sich plattig ab, wobei die dabei entstehenden ebenen Spaltflächen einen auffälligen Seidenglanz zeigen, der besonders im nassen Zustand typisch zu erkennen ist. Größere Platten hat man früher zum Belegen von Ställen, Tennen, Scheunen und wohl auch Stuben genommen. Außerdem konnte man Phyllit für Böschungsmauern, Fundamente, Dammbauten und auch zum Hausbau gut verwenden, da sich die Steine leicht formatisieren und dann gut schlichten lassen. Für den Laien sehen die einzelnen Typen der Phyllite ziemlich gleich aus, doch zeigen sie erhebliche Unterschiede in der Zusammensetzung. Wir beschreiben im folgenden die wichtigsten Ausbildungsformen sowie nahestehende andere Schiefer. → 50

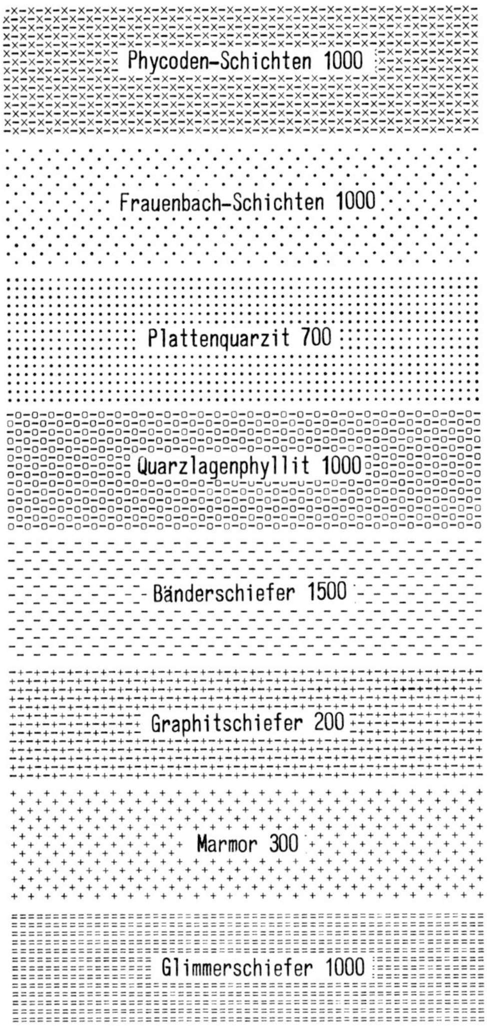

24
Sehr vereinfachte und idealisiert dargestellte Schichtenfolge der Arzberger Serie. Die angegebenen Mächtigkeiten (in m) deuten nur die Größenordnung an, da die einzelnen Schichten wegen der starken Verschuppung auch nicht annähernd ausgemessen werden können. Sie gehen ferner vielfach ineinander über und sind von Ort zu Ort unterschiedlich im Mineralbestand und in ihrer Stärke ausgebildet.

Glimmerschiefer

Er tritt in einem schmalen Streifen zwischen dem Röslatal und dem Granit des Luisenburgmassivs auf und ist nirgends unmittelbar aufgeschlossen. Man muß Belegstücke also auf den Feldern suchen, was besonders in der Umgebung von Breitenbrunn sowie am Rande der Luisenburgparkplätze möglich ist. Das Gestein hat wenig Ähnlichkeit mit den allseits geläufigen Glimmerschiefern der Zentralalpen. Es zeigt bei ziemlich feiner Struktur Muskowit- und Biotit-Schuppen in einer Quarzgrundmasse. Die Farben wechseln von blaßbräunlich nach hellgraublau, je nach dem Oxidationsgrad der Glimmer. Gegenüber den Phylliten gilt die geringere Spaltbarkeit als weiteres Unterscheidungsmerkmal.

Glasquarzit

Gelegentliche linsenartige Einlagerungen im Glimmerschiefer fallen durch gelbliche Färbung und große Härte auf. Auch hiervon gibt es nur Lesesteine.

Porphyroid

Vom gleichen Gebiet kennt man grobkörnige Schiefer mit markanten augenartigen Bildungen. Man hält diese Gesteine für ehemalige Rhyolite, also Ergußgesteine, die durch die Faltung ihre ursprüngliche Struktur weitgehend verloren. Die Augen entsprechen den Feldspateinsprenglingen des „Quarzporphyrs", wie man ihn früher nannte. In der stratigraphischen Skizze nicht ausgewiesen, da nur lokal gebildet.

Arzberger Serie im Fichtelgebirge

25

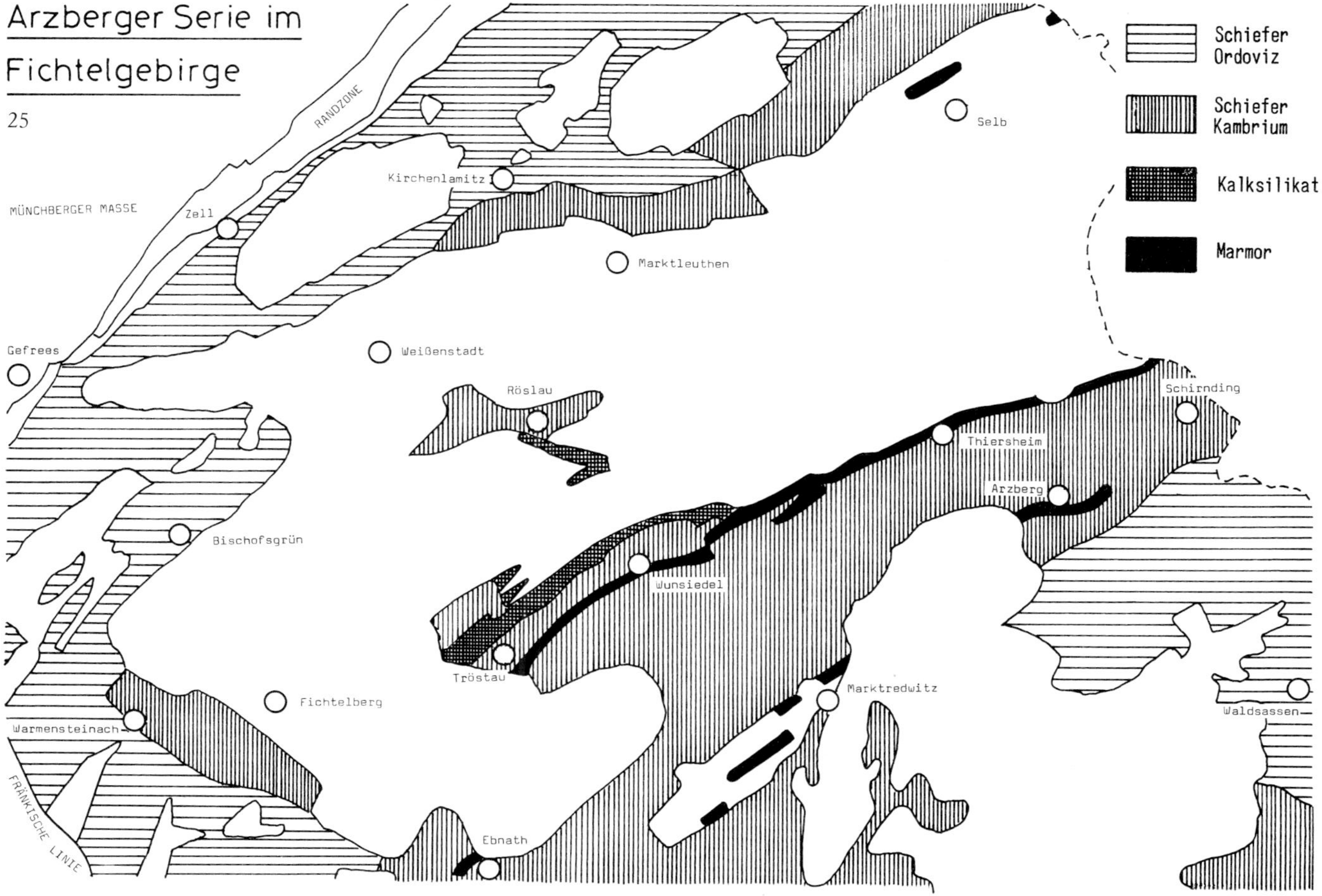

Bänderschiefer

sind graugrüne, sich leicht fettig anfühlende Gesteine, die an der Oberfläche einen seidigen Glanz aufweisen. Sie bestehen vorwiegend aus Serizitglimmer, der meist stark mit Ton (= Verwitterungsprodukt) durchsetzt ist. Die starke Schieferung gestattet ein müheloses Spalten, wobei immer wieder glänzende Flächen freigelegt werden. Im Bruch quer zur Schieferungsrichtung erkennt man mm- bis cm-dicke Lagen von Quarz, häufig gelblich bis rötlich ausgerostet. Es bestehen Aufschlüsse an der Gaststätte Königshöhe und den dahinterliegenden Hängen des Katharinenberges in Wunsiedel. Der bereits erwähnte Wenderner Stein bei Kleinwendern, Felsen im Röslatal zwischen Juliushammer und Thölau sowie Felspartien zwischen Unter- und Oberthölau bestehen gleichfalls aus gebändertem Phyllit.

→ 50,232

Graphitphyllit

Dunkelgrauer bis blauschwarzer, spröder und splitterig spaltender Schiefer mit C-Gehalt bis 5 %, häufig stark angerostet. Lesesteine w Wunsiedel und im Stadtteil „Siedlung".

Phycodenschiefer

gehört bereits zum Ordoviz (unteres Silur), ist also die jüngste Schicht der Arzberger Serie. Seine Benennung beruht auf den wenigen Funden von Phycodes circinnatum, einem Meerwurm, dessen büschelförmig angeordnete Wohnröhren sich trotz der Metamorphose andeutungsweise im Gestein erhalten haben. Solche Schichten treten vor allem im Raum w, n und nö Rehau (bis Schwesendorf) auf. Die Felder der Katharinenhöhe und des Gansberges führen Lesesteine, die hin und wieder Phycoden erkennen lassen.

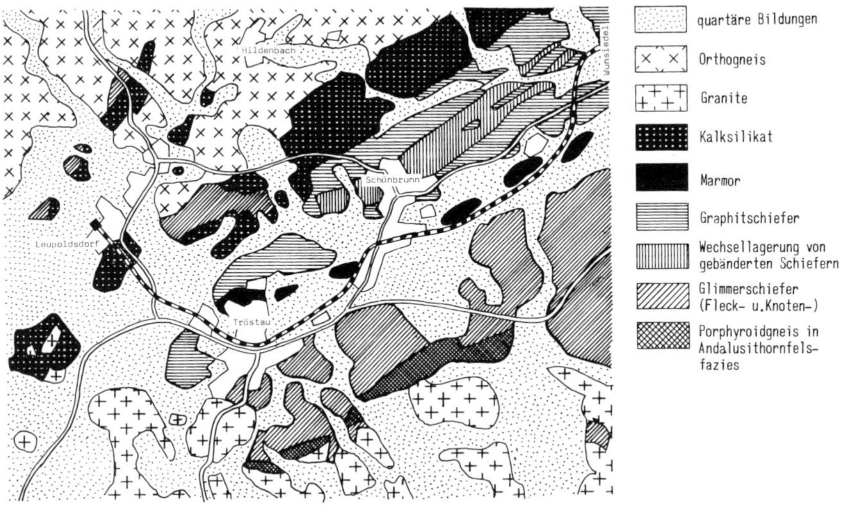

26
Da die vorhergehende Karte über die Verbreitung der Arzberger Serie Details nicht ausweisen kann, soll für den kleinen Raum westlich Wunsiedel gezeigt werden, wie verhältnismäßig kompliziert die Lage der verschiedenen kambrischen Schichten ist.

Die Phycodenschichten zeigen ein recht vielseitiges Gepräge, nur im Bereich des Fichtelgebirges können sie als Phyllit bezeichnet werden; nach N zu werden sie quarzitisch, feinsandig, tonig, wobei sie gelbliche bis rötliche Farben annehmen.

Hornfels

Phyllite, die anläßlich der späteren Granitbildung in Berührung mit dem Magmaherd kamen, also kontaktmetamorph überprägt wurden, nennt man Hornfels, wobei je nach hervortretendem Mineral zwischen Sillimanit-, Andalusit- und Biotithornfels zu unterscheiden ist. Man darf allerdings diese Minerale nicht in idiomorpher makroskopischer Ausbildung erwarten. Aus der Reihe der vielgestaltigen Hornfelse heben wir einen blauschwarzen, kaum geschieferten, äußerst zähen Typus hervor, der in der Umgebung von Kleinwendern (heute nur als Lesestein) auftritt und früher Wenderit genannt wurde. Besonders schöne Faltungsformen zeigen die beim Gasthaus Buchhaus (südlich Epprechtstein) umherliegenden Brocken eines schwarz/grau gebänderten Hornfelses.

→ 51

Quarzit

Kontinuierlich gehen die jüngeren Phyllite in ihre quarzreichen Äquivalente über. Diese ursprünglich sehr harten Gesteine sind metamorphe Sandsteine, zeigen aber kaum mehr ihre primäre Körnigkeit. Bei der Verwitterung gehen sie jedoch wieder in Feinsand über. Landschaftsbildend treten sie kaum hervor und haben auch keine Aufschlüsse geschaffen, außer einigen Felsen an den Bahneinschnitten zwischen Arzberg und Schirnding. Lesesteine gibt es in der Umgebung von Arzberg, besonders am Kohlberg, ferner in den Wäldern zwischen Tiefenbach und Marktredwitz.

Im allgemeinen sehen unsere Quarzite schmutzigweiß bis gelblich aus, können aber durch Eisenoxide braun oder rot werden. Vermutlich durch Graphit tritt in Nachbarschaft vom graublauen Marmor (des Südzugs) s der Landstraße Waldershof–Neusorg eine ebenso gefärbte Varietät auf. Beim Weiler Rotenfurt weist sie eine starke Verkieselung auf. Probestücke von dort, die alle Regenbogenfarben außer Grün zeigen, können sogar poliert werden. Im anschließenden Naabtal von Neusorg bis Trevesen sind die Quarzite betont plattig ausgebildet.

Auch die Umgebung von Goldkronach sowie die Höhenzüge zwischen Mehlmeisel und Ahornberg führen Quarzit (ordovizischen Alters). Stellenweise ist das meist graue Material mit intensiv karminroten Flecken versehen, was auf die Eisenschüssigkeit des Gebietes deutet. Anreicherungen von Hämatit am Rotenfels südlich Mehlmeisel veranlaßten vor 100 Jahren sogar einen kurzlebigen Bergbau, von dem Übertagegruben heute noch offen daliegen.

Mineralogisch bieten die Quarzite gar nichts und auch technisch sind sie ohne Wert, allenfalls für den bäuerlichen Wegebau mag man sie früher verwendet haben. Auch der Landwirtschaft bringen sie keinen Nutzen, denn ihre Armut an Nährstoffen läßt – im Vergleich zum Phyllit – nur kärgliche Vegetation zu. Daher stehen auf Quarzitflächen vorwiegend Kiefern, wie sie ja auch für andere Sandböden typisch sind.

→ 53

Mineralisation in den alten Schiefern

Man darf nicht viel erwarten. Einige der im folgenden genannten idiomorph-makroskopischen Bildungen entstanden durch die Metamorphose selbst in Zentren höchster Drücke und Temperaturen; andere wiederum sind sekundäre Bildungen durch pegmatitische Injektionen im Zusammenhang mit den Granit-Intrusionen. Dies gilt besonders für

Andalusit

Er kommt an mehreren Stellen vor: bei Thölau, am Steilhang zwischen Holenbrunn und Wintersberg, in der Umgebung von Kaiserhammer und am Tillenberg (deutsche Seite) bei Neualbenreuth. Es handelt sich um prismatische Kristalle ohne Abschlußflächen von ursprünglich rosabrauner Farbe. Diese zeigt sich aber nur auf Bruchflächen, da die Mantelflächen in charakteristischer Weise von silbrigem Muskowit-Geschuppe bekleidet sind. Die größten Stücke (bis 3 cm Ø und fast 10 cm Länge) fand man am Katharinenberg bei Wunsiedel, und zwar in der Nähe des Schießhauses, wie es in der historischen Literatur heißt. Aber bereits vor 100 Jahren galt die einstmals sicher recht ergiebige Stelle als nicht mehr auffindbar. Rings um den Fuß des Tillenberges findet man auch heute noch immer Glimmerschiefer-Platten, die an der Oberfläche erstaunlich große (bis 10 cm) Stengel von Andalusit tragen; allerdings zuweilen leicht angewittert und von keiner einwandfreien Kristallform, aber in einer imposant wirren Anordnung. → 31, 37

Almandin-Granat

Nadelkopf- bis erbsengroße Dodekaeder sind von mehreren Stellen bekannt, die aber durchwegs seit Jahren keine Funde mehr brachten. Lediglich eine Sandgrube nördlich Waldsassen, an der Straße nach Schirnding, zeigt zuweilen noch angerostete unscheinbare Exemplare. Doch in der Waldabteilung Schwarzer Teich bei der Kornmühle unfern Waldsassen ist ein Granat-führender Glimmerschiefer noch aufgeschlossen. Dort wurde das Gestein bis gegen 1900 sogar bergmännisch gewonnen, denn vor Verwendung des Korunds und des synthetischen Siliziumkarbids diente Granat als Schleifmittel bei der Granitbearbeitung. Im heute anstehenden Gestein kommen die Almandine als rostbraune trübe Körner, gewissermaßen als Gesteinsbestandteil vor. Es sind aber frühere Belege bekannt, in denen der Granat in idiomorpher Ausbildung von über 1 cm Größe auftrat und sich leicht aus einem gelblichen großblätterigen Glimmergefüge lösen ließ.

Disthen

Aus jüngster Zeit stammen blätterige Aggregate von kräftig blauer Farbe. Sie tauchten beim Straßenbau auf, ca. 300 m w Ortsrand von Altenstadt bei Neustadt/Waldnaab. Auch an anderen Stellen des Oberpfälzer Waldes hin und wieder festzustellen. Einmaliger Fund am Schönbrunner Berg.

Zoisit

vom gleichen Fundpunkt und bei Hildenbach. Seit über 100 Jahren nicht mehr aufgetreten.

Quarz

in derben Massen, gelblich, rötlich, grau, seltener weiß, tritt allenthalben in Adern auf oder liegt auf den Feldern umher.

Kristallbildungen kommen immer wieder zum Vorschein, doch sind es meist nur trübe, kaum herausgewachsene Ansätze. → 386

Anatas
Winzige Kristalle, von mehreren Stellen nachgewiesen. → 34

Sulfiderze

Im tiefen Ordoviz, der auf das Kambrium folgenden Subperiode, herrschte in unserem Raum immer noch Tiefsee. Durch Zusammenspiel verschiedener chemischer Bedingungen und vermutlich auch unter Mitwirkung des Planktons fällte das reduzierende Milieu Schwefel aus, der sich am Grunde ablagerte und mit den später hinzutretenden Fe-Lösungen Sulfide bildete. So entstanden zwei beachtliche Erzkörper, die mit den Sulfidlagerstätten des Harzes und Mittelschwedens genetisch vergleichbar sind.
Sie liegen beim Dorf Pfaffenreuth, südlich Waldsassen, streichen bei ca. 500 m Länge und 50 m Breite von SW nach NO und fallen mit ca. 25° gegen SW ein. Die Mächtigkeit beträgt 10–40 m. Man unterscheidet das nördliche *P-Lager* (vorwiegend aus Pyrit) und das südliche *M-Lager* (aus Magnetkies).
Während des II. Weltkrieges wurde die Lagerstätte erschlossen und bis 400 m erteuft. Gegen 1960 erreichte die Jahresproduktion annähernd 100 000 t; 10 Jahre später jedoch mußte der Betrieb aus Rentabilitätsgründen eingestellt werden.
Es ist durchaus möglich, daß unseren Nachkommen die immerhin gesicherten Vorräte wieder lohnend erscheinen werden. → 225

Gangart sind quarzitischer Phyllit des Phycoden-Horizontes und ein Granatreicher Glimmerschiefer, beide stark von Quarzadern durchzogen.

27
Das Dreieck bezeichnet den Hügel im Wald, an dem Granatglimmerschiefer aufgeschlossen ist.

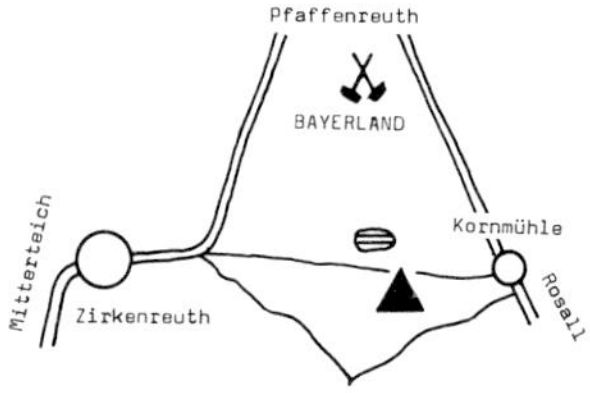

Der Wissenschaft, den Sammlern und Liebhabern bescherte die *Grube Bayerland,* wie die Lagerstätte genannt wurde, immer wieder reichhaltiges Material und schöne Stufen:

Pyrit
Das eigentliche Fördergut war meist körnig-sandig. Es kamen aber auch kompakte Massen oder putzen- bis schuppenartige Einwachsungen im Quarz vor. Je feinkörniger ein kristallitisches Aggregat, um so chemisch instabiler war es: es zerfiel an der Luft, gab elementaren Schwefel frei, der dann auch Sammlungsbehältnisse zerfraß, nach dem aber auch die ganze Gegend um Bayerland intensiv roch. Bis gegen 1960 zeigten sich kaum Makrokristalle, danach förderte man massenhaft gut ausgebildete Oktaeder, seltener Disdodekaeder und Pentagondodekaeder, nie Würfel. Manche Funde standen den berühmten Kristallen von Elba nicht nach. → 5, 137, 140

Markasit
Als Neubildung sitzen in Klüften gelegentlich metallisch glänzende Kugeln auf dem derben Pyrit, die aus derselben Substanz zu bestehen scheinen. Es handelt sich jedoch um die Raumgittermodifikation

Markasit, die bekanntlich sehr häufig zu radikaler Anordnung der Garben neigt, wodurch sich völlig runde Gebilde ergeben. Maximal erreichen sie 4 cm Ø. → 139

Magnetkies
kam als derbes Erz zum Vorschein. Beim Aufschlagen der äußerlich immer mit dicker Rostkruste versehenen Brocken glänzte das Sulfid „tombakfarben" = silbrig mit bräunlichem Schimmer. Kristalle wurden nie gefunden, auch nicht bei den in Quarz eingewachsenen Partien.

Kupferkies
war ständiger Begleiter von Magnetkies und in diesem schlierenartig einlammeliert. An der messinggelben Farbe gut zu erkennen. → 138, 319

Arsenkies
Selten, aber in hervorragend klaren Zwillingskristallen bis zu 1,5 cm Größe bekannt, meist in den stark angewitterten Quarziten eingebettet. → 77, 80

Zinkblende
Stellenweise in dunklen, schuppigen Putzen angereichert.

Bleiglanz
Dünne Auflagen auf anderen Sulfiden, mitunter büschelig.

Falkmanit
Dieses Blei-Antimon-Sulfid, eine Pb-reiche Varietät von Boulangerit, ist außer von hier nur noch aus Boliden in Nordschweden bekannt. Es bildete ansehnlich große, garbige, strahlige Aggregate von bleigrauer Metallfarbe. Zeitweise kam es häufig, dann wieder überhaupt nicht zutage. → 80, 141

Cronstedtit
Ein kompliziert aufgebautes Eisenhydrosilikat, das in schwarzen oktaedrischen Kriställchen bis etwa 6 mm Achsenlänge unscheinbar in Pyrit eingewachsen ist. An der geringen Härte (3½) findet man es aus jenen Erzpartien heraus, die auch mit anderen Mineralen angehäuft sind. An sich nicht selten, doch kaum deutlich hervortretend.

Vivianit
kam als azurblauer Anflug immer wieder vor. Als Kostbarkeit galten stahlblaue transparente Kristalltafeln, die bis zu 7 cm Länge erreichen konnten. → 76

Vitriol
als Eisen- und Kupfersulfat war während der ersten Abbauphase in Menge in den Stollen oberer Teufen zu bewundern. Es hing in großen traubigen Ausblühungen an den Wänden, zerfiel außerhalb der feuchten Grubenluft aber rasch zu einem weißlichen Pulver. Fe-Vitriol, hellgrün, war wesentlich häufiger als das blaugrüne Cu-Vitriol.

Quarz
In derber Form gilt Quarz als weitaus häufigstes nichtmetallisches Mineral der Lagerstätte und birgt in sich schuppige oder körnige Erzpartikel.
Wir finden es auch in kristalliertem Zustand. Da tauchten große Aggregate von fast glasklaren Säulen auf, von denen einzelne bis 10 cm maßen. Da fand man aber auch kaum herausgewachsene Pyramidenspitzen, die gleich einem Teppich Kluftwände schmückten. Vielfach nahmen die Kristalle Erzsubstanz in sich auf, weswegen sie, auf Zinnblende sitzend, grau aussahen und dann rot, wenn oxidierte Fe-

Sulfide den Untergrund bildeten. Besonders charakteristisch für die Grube Bayerland waren Kristallfelder von oft erstaunlichen Ausmaßen (bis ¼ m^2), deren in alle Richtungen zeigende Kristalle an der Spitze einen rötlichen Schimmer aufwiesen. → 82, 339
Ganz selten kam auch Rauchquarz vor.

Granat
trat hin und wieder in guten Dodekaedern in erzarmen Schiefern eingewachsen auf.

Weitere Erze
zeigten sich nur unter dem Mikroskop, was nicht ausschließt, daß sie vielleicht doch auch in größeren Kristallen aufgetreten, aber nicht beachtet worden sind. Es handelt sich um: Geokronit, Jamesonit, Boulangerit ieS., Bournonit, Wolfsbergit, Gudmuntit, Arsenfahlerz, Chalkosin, Covellin, Tenorit, Bravoit, Delafossit, Jordanit, Anglesit, Pyromorphit, Siderit, gediegen Silber, gediegen Wismut, gediegen Gold, elementarer Schwefel, Pittizit.

Die Selektion des Fördergutes erfolgte an der Kupferhütte in Duisburg, wo sich durchschnittlich folgende Gehalte ergaben:

S	=	30 %	Pb	=	1 %
Fe	=	30 %	P	=	0,3 %
Zn	=	5 %	As	=	0,3 %
Cu	=	4 %	Mo	=	0,1 %
Sb	=	1 %	Ag	=	0,1 %

Seit Stillegung der Grube ist sogar der ehemalige Schlämmteich eingeebnet worden, wozu man das Haldenmaterial verwendete. Deshalb ist die Chance gegeben, dort noch zuweilen ein Flöcklein Pyrit zu sehen. Der Förderturm gelangte, am Rande bemerkt, in das *Oberpfälzer Industriemuseum* zu Theuern.

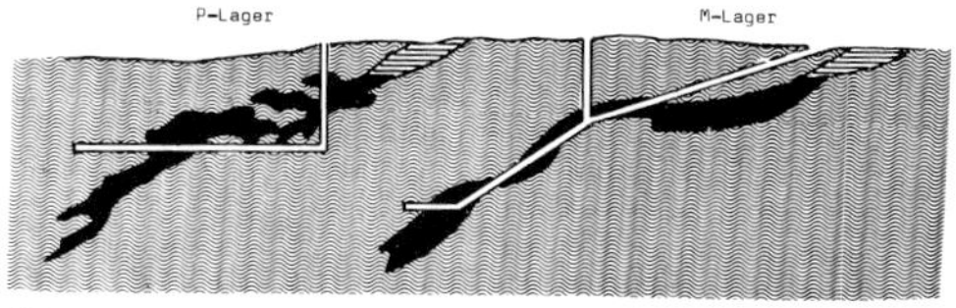

28
So liegen die durch die Grube Bayerland erschlossenen Körper sulfidischer Erze (Pyrit und Magnetkies) in den ordovizischen Schiefern bei Pfaffenreuth.

Eiserner Hut

Die Oxidationszone der Lagerstätte Bayerland reichte an die Oberfläche und wurde daher bereits vor Jahrhunderten abgebaut und in der nahegelegenen *Königshütte* aufbereitet. In den Wäldern östlich des ehemaligen Bergwerks konnte man bis vor kurzem noch die Pingen sehen. Dort haben nach Schließung der Grube Bayerland ganze Scharen von Steinsammlern den Waldboden durchwühlt, um nach Mineralen zu suchen, die seit langem von dieser Stelle bekannt waren, nämlich:

Hämatit
Nur in erdig-toniger Ausbildung, häufig brekziös mit Quarz verwachsen.

Limonit
stellte das Haupterz dar. Oberflächlich fanden sich knollige Konkretionen mit nierig-traubigen Verwachsungen. Hohlräume stets mit braunem Mulm gefüllt.

Brauner Glaskopf
Das massenhafte Auftreten dieses Gelhydroxids hat die Lagerstätte in den letzten Jahrzehnten so berühmt gemacht. Fast alle Trauben besaßen einen glasglänzenden Überzug, der metallisch schimmerte. Besonders die bunt angelaufenen Partien zo-

gen Tausende von Liebhabern an, die die herrlichen Gebilde sicherlich zentnerweise wegschleppten. Alle Regenbogenfarben waren vertreten, wobei intensives Magentarot und ein leuchtend gelbgrüner Ton dominierten. → 75, 78, 306

Schwarzer Glaskopf
fand sich verhältnismäßig selten und dann auch in nur kleinen Trauben.

Gold

Nebem dem bereits erwähnten Gold- und Silbergehalt der Sulfide von Bayerland sind in der weiteren Umgebung dieses Reviers mehrere historische Goldlagerstätten bekannt.
Bereits 1615 erloschen die Zechen *Güldenstern* und *Churfürst*, etwa 1,5 km s Neualbenreuth gelegen, nachdem sie mehrere Jahrhunderte lang neben Pyrit und Arsenkies Goldkörnchen, in zersetztem Phyllit eingewachsen, lieferten. Versuche um die letzte Jahrhundertwende, die alten Abbaue zu neuem Leben zu erwecken, scheiterten. Sekundäre Goldlagerstätten (Seifen) an der Kalmreuth bei Neualbenreuth und in der Planlohe bei Mähring überlebten das Mittelalter gleichfalls nicht.

Marmor

Das ist das auffallendste Gestein der Arzberger Serie; es teilt dessen Schichtenfolge in die *Liegend-* und die *Hangendserie.* Auffaltungen der kambrischen Horizonte sind die Ursache dafür, daß wir heute nur noch die Stellen sehen, an denen die Marmor-Schichten steil aus der Oberfläche heraustreten. Dabei ergeben sich zwei Bänder, die wir als *nördlichen* und *südlichen* Zug ansprechen. Selbst diese laufen nicht gleichmäßig durch, sondern sind häufig unterbrochen, verworfen, versetzt und stellenweise von einem dicken Lehmschleier überdeckt.

Minerale der Arzberger Serie

29
Gerüstartig strukturierter Limonit aus der ehemaligen Erzgrube von Eulenlohe.
□ 90 → 63

30
Chalcedon-Tapete aus Arzberg.
□ 110 → 66

31
Andulusit, dessen Prismen mit Serizit überzogen sind. Tillenberg.
□ 110 → 28

32
Rhodochrosit galt auch zur Blütezeit der Arzberger Gruben als Seltenheit.
□ 80 → 63

33
Stalaktitischer Glaskopf von der Lagerstätte Arzberg.
□ 200 → 63

34
Im Phyllit gebildeter Anatas-Kristall aus Sophienreuth.
□ 11 → 29

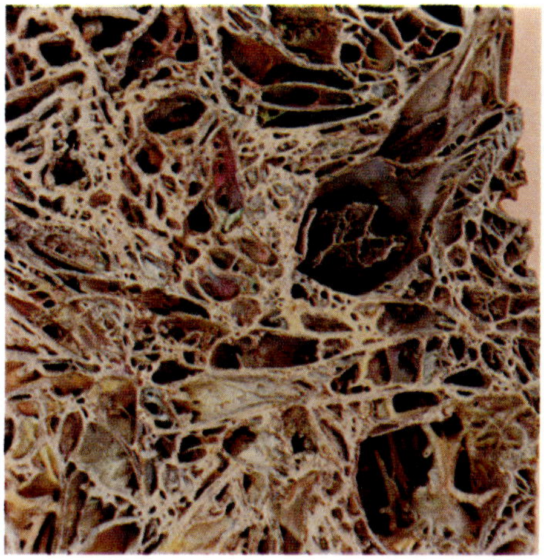
29

32

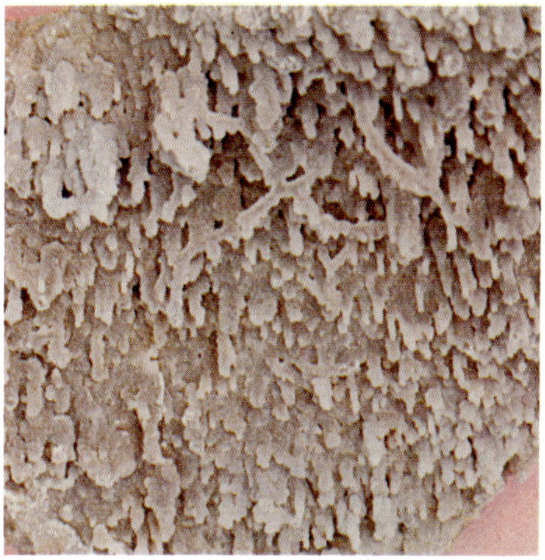
30

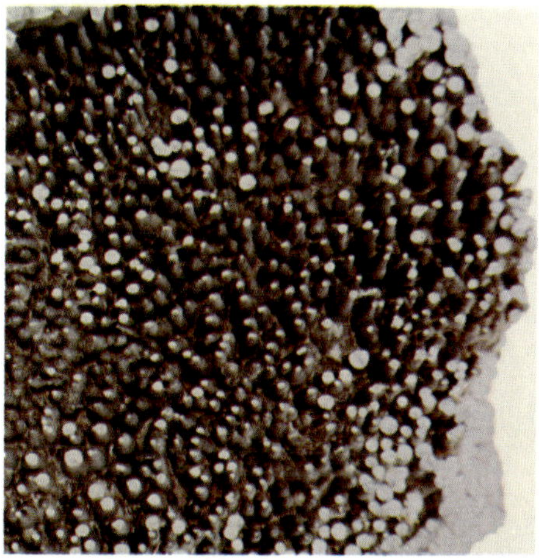
33

31

34

35
Der ganz bescheiden aus der Wiese herausragende Fels, nur 2–3 m² groß, gilt als einziges Vorkommen von Vesuvianfels in der Bundesrepublik. Schwingen bei Schwarzenbach/Saale.

36
Der erst seit dem II. Weltkrieg intensiv genutzte Steinbruch von Stemmas bietet neben Dendriten schöne Grammatit-Beläge, gelegentlich auch Granat und Disthen, die perlartig im Marmor liegen.

37
Die „Kellergasse" am N-Hang des Katharinenberges bei Wunsiedel führt an über 20 Felsenkellern vorbei. Höchstwahrscheinlich hat man im Mittelalter beim Ausschachten dieser Stollen, als Vorratsräume für Rüben, später auch Kartoffeln angelegt, die großen Andalusit-Stufen gefunden, von denen die historische Literatur berichtet.

Daß der Marmor vorwiegend in Tälern auftritt, beruht auf seiner geringeren Resistenz gegenüber ober- und unterirdischen Flußläufen, es mußten sich also Täler bilden. Der Nordzug nimmt die junge Rösla auf, der Südzug deren Unterlauf, vorher aber den Kösseinebach. Wegen der guten Wasserführung dieser Täler liegen auch die Siedlungen dort besonders dicht. → 305

Hier sei eine Bemerkung eingeflochten: der petrographische Begriff *Marmor* deckt sich nicht mit dem volkstümlichen und technischen. Im steinverarbeitenden Gewerbe nennt man jeden polierbaren Kalkstein so, besonders dann, wenn er attraktive Farben oder ein ansprechendes Dekor zeigt. Die Wissenschaft versteht dagegen darunter nur den kristallinen Kalk, der durch Metamorphose deutlich wahrnehmbare Calcit-Kristalle formiert hat. Die Unterscheidung läßt sich, von Übergangsfällen abgesehen, sehr leicht treffen, denn echter Marmor zeigt an den Bruchflächen bei Lichteinfall die glitzernden Kristallflächen.

Die Korngröße unseres Marmors bewegt sich zwischen 5 mm im Nordzug und 0,2 mm im Süden; selten wächst sie bis 2 cm an. Sie stellt einen Grad für die Wirkung der Metamorphose dar. In seiner typischen Ausbildung besteht der Marmor zu gut 99% aus Calcit; das restliche Hundertstel ist vorwiegend Kieselsäure. Es gibt aber, wie später dargelegt wird, eine Reihe Varietäten mit erheblichen Beimengungen anderer Minerale. → 492

Über die Entstehungsweise bestehen keine Zweifel: er ist, wie fast alle Kalke, organogener Herkunft. Offenbar war in einer relativ kurzen Periode des unteren Kambriums unser Gebiet Flachmeer, vielleicht Küstenregion oder eine mittelozeanische Barre. Durch zusätzliche klimatische Begünstigung entwickelte sich eine reiche Flora und Fauna. Kalkalgen und Riffschwämme siedelten sich an. Ihre Ausscheidungen und die absterbenden Wesen selbst bildeten die Kalkschichten. Es ist verständlich, daß die zarten Gebilde sich strukturell als Fossile nicht erhalten konn-

---

Wunsiedler Marmor

38
Die nur ganz gelegentlich auftretende orange Varietät (Kanalisationsarbeiten am Jean-Paul-Platz in Wunsiedel).
□ 60 → 38

39
Graphit ist für die Graufärbung verantwortlich. So sieht das Gestein des Südzugs (Dechantsees) gewöhnlich aus.
□ 60 → 38

40
Im Ophicalcit von Thiersheim wechseln apfelgrüne Partien mit dunkleren und mit Schlieren von Graphit ab.
□ 60 → 39

41
In Marktredwitz führt der Marmor häufig Limonit-Bänder, besonders dort, wo er dolomitische Anteile aufweist.
□ 80 → 38

42
Neben der grauen Streifung kann Graphit aber auch kompakte Einlagerungen bilden, was man früher in den Brüchen an der Hornschuchstraße in Wunsiedel gut beobachten konnte.
□ 80 → 46

43
Wie stark der kambrische Marmor gefaltet ist, zeigen eigentlich erst die eingelagerten Amphibolite. Häufig in Sinatengrün.
□ 150 → 128

38

39

40

41

42

43

44

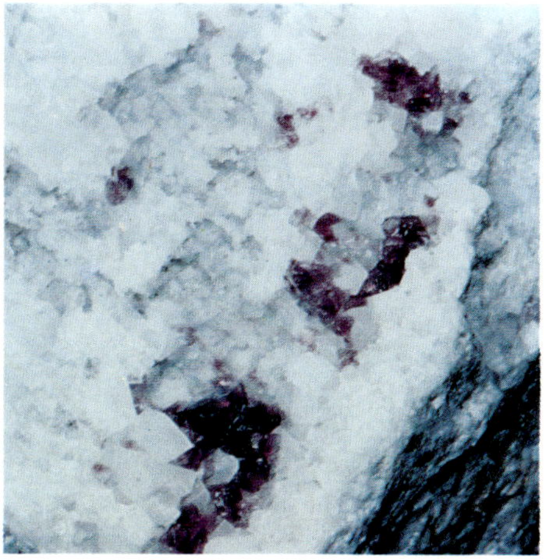
47

45

48

46

49

ten, zumal die spätere Metamorphose ohnehin alle organischen Strukturen zerstörte. Ursprünglich mag der Kalkstein dem heutigen Jurakalk geglichen haben. Die Umprägung des Kalksteins in der Tiefe (Mesozone) zerstörte auch alle eventuell vorhanden gewesenen Farbstoffe, weswegen Marmore immer rein weiß sind. Lediglich der Kohlenstoff der Organismen hat sich, gewandelt zu Graphit, erhalten und äußert sich als schwarze Schlieren, Wolken, Flecken oder als gleichmäßig graue Färbung des ganzen Gesteins.

Wenn dennoch unser Marmor auch bunt auftritt, so sind dafür sekundäre Ursachen verantwortlich. Wir unterscheiden nämlich:

a) rein weiß
und auch auffallend grobkörnig = besonders in Sinatengrün, Wunsiedel und Tröstau. → 223

b) gelblich
durch Limonit gefärbt = überall auftretend.

c) dunkelbraun
infolge hoher Limonit-Beimengung = Umgebung von Marktredwitz und Arzberg. → 41

d) leuchtend orange
durch Hämatit = im östlichen Bereich der Wunsiedler Altstadt, neuerdings auch in Dechantsees in einer kleineren Partie aufgetreten. Die Flure des Rathauses in Wunsiedel und der Zugang zum Fichtelgebirgsmuseum sind mit derartigen Platten belegt. → 38

e) gleichmäßig blaugrau
typisch für den gesamten Südzug, besonders Dechantsees. → 39

f) grau/weiß
gewolkt oder gestreift = besonders zwischen Wunsiedel und Holenbrunn.

g) hell- bis dunkelgrün =
Ophicalcit, eine Unterart von Marmor. Siehe nächste Seite!

Minerale im Marmor

44
Grammatit (früher Tremolit genannt) trifft man immer wieder an, vor allem in Stemmas, woher das abgebildete Stück stammt.
☐ 80 → 46

45
Magnetkies gab es häufig in Marmorbrüchen von Krohenhammer bis zur Wiesenmühle in Wunsiedel. An seinem „Metallic-Braun" war er leicht von anderen Sulfiden zu unterscheiden.
☐ 100 → 46

46
Sinatengrün war (und ist vielleicht auch noch) bekannt für die Pseudomorphosen von Limonit nach Pentagondodekaedrischen Pyrit, meist auf Bitterspat sitzend.
☐ 30 → 43, 47

47
Im Bruch Holenbrunn kam intensiv violetter Fluorit zeitweise nicht selten vor. Heute werden gelegentlich nur blasse Partien gefunden.
☐ 59 → 47

48
Als ausgesprochene Rarität gilt Arsenkies, der auch früher nur ganz selten auftrat und zwar im jetzt überbauten Bruch an der Hornschuchstraße in Wunsiedel.
☐ 50 → 47

49
In Dechantsees traf man höchst selten eine weitere Pseudomorphose an: Malachit nach Kupferkies.
☐ → 47

Ophicalcit

Dies ist ein Marmor mit hohem Gehalt an basischen Silikaten wie Olivin, Forsterit, Serpentin, Antigorit, Chlorit u. a. Während der Metamorphose kam der Marmor mit basischem Magma in Berührung und es erfolgte eine Durchtränkung unterschiedlichen Grades. Wir finden daher entweder eine gleichmäßige Färbung (meist zartes Hellgrün) oder eine lebhafte Fleckung, Tigerung, Wolkung hellerer und dunkelgrüner Partien. Angeschliffene Steine zeigen oft ein äußerst reizvolles Dekor.

Ophicalcite kommen ausschließlich im Nordzug zum Vorschein. Als klassische Fundstelle gelten die ehemaligen Steinbrüche von Hohenberg (2 km w Ortschaft), die heute leider völlig aufgelassen sind. Vor wenigen Jahren versuchte eine Westfälische Firma, sie zwecks Granulatgewinnung wieder zu eröffnen: ohne Erfolg. In Kothigenbibersbach traten früher gleichfalls grüne Partien auf, wovon heute kaum mehr etwas zu sehen ist. Graugrüne Einlagerungen, meist aber nur recht dünne farbige Kluftfüllungen finden wir in Stemmas. Das weitaus schönste Material hingegen kommt aus dem neuen Bruch ö Thiersheim. Hier lassen sich zuweilen m^3-große Steine von mildgrüner bis dunkeloliver Farbe gewinnen, die auch höchst aparte Zeichnungen tragen. → 40

Marmor galt früher als geschätzter Baustein und die *marbelsteinerne Stadtmauer* Wunsiedels war weithin bekannt. Versuche, aus den Brüchen Blöcke für Architektur und Skulptur zu fördern, enttäuschten, obwohl bereits in der Barockzeit hin und wieder Platten für profane und sakrale Bauzwecke poliert werden. Vor allem aber hat man damals viele mit Schrift und Flachreliefs versehene Grabplatten hergestellt, von denen etliche an der Wunsiedler Friedhofskirche angebracht worden sind. Heutigen Ansprüchen kann unser Marmor nicht genügen, zumal die inzwischen problemlos gewordenen Transportmöglichkeiten den Import aus Italien, Portugal, den Balkanstaaten usw. begünstigten. Die um die letzte Jahrhundertwende eingeführten Handelsbezeichnungen DEUTSCHWEISS bzw. DEUTSCHGRÜN gerieten deshalb rasch wieder in Vergessenheit, obwohl es sich eigentlich, von Vorkommen in Schlesien abgesehen,

---

Alte Schiefer

50
Kambrischer Phyllit. Hier eine Sonderausbildung mit Ilmenit-Kriställchen aus Sophienreuth.
□ 90 → 23

51
Hornfels in einer besonders eindrucksvollen Faltung. Buchhaus bei Kirchenlamitz.
□ 90 → 27

52
Silurischer Graptolithenschiefer aus Bad Steben.
□ 70 → 74

53
Quarzit aus Rotenfurt bei Waldershof.
□ 70 → 27

54
Chiastolitschiefer von Schamlesberg-Gottmannsberg.
□ 90 → 216

55
Lydit des Obersilurs. Thron bei Döbra.
□ 90 → 74

50

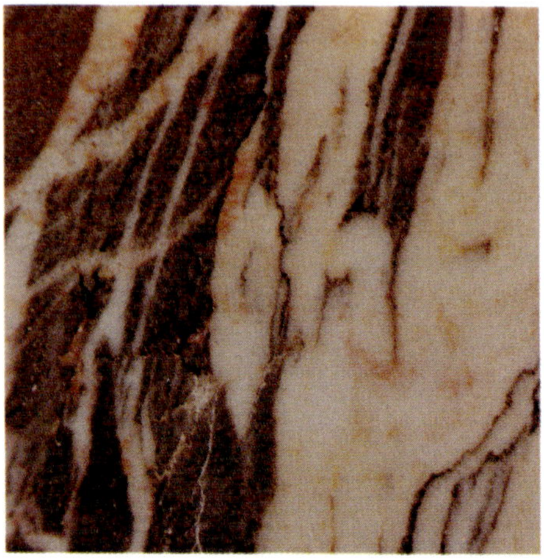
53

51

54

52

55

56

59

57

60

58

61

um die einzigen *echten* Marmore des Deutschen Reiches handelte. → 347
Heute werden die Marmorzüge dennoch rege ausgebeutet: Straßenbau, Meliorationen, keramische und chemische Industrie, Hüttenzuschlag, Füll- und Tablettiermasse, Trägerstoff für Pflanzenschutzmittel, Signiermaterial, Filterkies, Branntkalk, Farbmehl. Vom Ophicalcit: Grünes Granulat für Kunststeinherstellung.
→ 36, 112

Erfreulicherweise erfuhr der Wunsiedler Marmor in jüngster Zeit eine Renaissance durch das Bestreben heimatverbundener Politiker und Bauplaner, historisch bedeutsames Baugestein in Erinnerung zu behalten: Die Kirche Fuchsmühl und die Stadthalle in Wunsiedel erhielten Bodenbeläge aus dem heimischen Marmor. In beiden Fällen wurden die Farb- und Texturvarianten sinnvoll angeordnet.

Mineralführung des Marmors

Früher, als an Mineralen kaum allgemeines Interesse bestand und über ein Dutzend Steinbrüche betrieben wurden, kamen herrliche Stufen vor – heute werden in den wenigen Abbaustellen relativ wenig Mineraleinschlüsse gefunden und diese müssen sich auf ein Heer von Sammlern und Liebhabern verteilen. Dennoch ist für diesen Personenkreis das Begehen der Brüche in Holenbrunn, Sinatengrün und Dechantsees nicht ganz aussichtslos. Es gab und gibt:

Tropfstein
erreichte mangels Höhlen und größerer Klüfte natürlich nie die Größe und Häufigkeit der beühmten Bildungen aus der Jura-Formation. Immerhin kennt man Indi-

---

Minerale im Kalksilikat → 60

56
Die Grossulare der Acherwiese zeigen, da idiomorph in Drusen gebildet, immer hervorragende klare Formen, meist auf Quarz sitzend.
□ 6

57
Roten Hessonit trifft man auf der Acherwiese nur in mikroskopischen Formaten an.
□ 11

58
Wirre Kristallisation von Vesuvian vom Otterbühl bei Göpfersgrün. Unbeschädigte Stufen sind selten.
□ 90

59
Neben den leuchtendgrünen und grünschwarzen kommen auch lindgrüne Grossulare vor. Sie sitzen direkt auf Kalksilikat.
□ 35

60
Diopsid, gelb bis grün stengelig, kann man leicht mit Epidot verwechseln. Auf diesem Acherwiesenfund erkennt man noch weiße Albit-Kriställchen.
□ 40

61
Die rotbraune Varietät von Vesuvian nannte man Egeran, weil in Haslau bei Eger nicht selten. Dieses Stück trat im Bereich der Johanneszeche auf.
□ 60

viduen bis zu 30 cm Ø und 70 cm Länge. Heute treten gewöhnlich nur kleinere Spitzen und flächige Überzüge auf.

→ 95, 97, 98

Calcit

Aus den früheren Wunsiedler Brüchen wurden Spaltkristalle bis 20 cm Rhomboederlänge bekannt, teils glasklar, teils schwach violett gefärbt. Eine kleine natürliche Grotte in dem Hügel inmitten des Dorfes Göpfersgrün war märchenhaft schön allseits mit Calcit ausgekleidet. In der Johanneszeche gilt Calcit auch heute noch als häufiges Mineral, doch fast ausschließlich sind trübe, unebene Bildungen zu finden, oft von riesigen Ausmaßen. In der Marthahütte traten klare und ebenflächig spaltende Rhomboeder auf, oft von leicht bläulicher Färbung. Im Bruch Dechantsees kamen sie immer schon selten und auch in kleinen Individuen vor. Die zweifellos schönsten Kristalle stammten aus Sinatengrün und Holenbrunn, wo auch jetzt noch gelegentlich ein Hohlraum durch den Bruchbetrieb freigelegt wird, der mit glasklaren Calciten ausgekleidet ist. → 88, 91, 432

Calcit der II. Generation

So bezeichnet man die spießigen skalenoedrischen Formen, die wegen ihrer strahlig-garbigen Anordnung an *Igel* erinnern. Im Volksmund nennt man sie *Kalkkristalle.* Sie bilden häufig Krusten, Überzüge, blätterige Verwachsungen und sitzen nicht selten auf den Kristallen der I. Generation auf, von denen sie sich auch durch ihre stets gelbliche Färbung unterscheiden. Sie kamen in allen früheren Brüchen massenhaft vor und zählen auch jetzt (in Sinatengrün und Johanneszeche) noch nicht zu den Seltenheiten, sofern man an die Größe der Einzelkristalle und ihre gute Ausbildung keine allzu großen Ansprüche stellt. → 89, 90, 93, 94, 96

Bitterspat

(Magnesit bis Dolomit) galt ebenfalls als vulgäres Mineral. In der Johanneszeche findet man Überzüge, die an *Streuselkuchen* oder *Bienenstich* erinnern, immer wieder in Hohlräumen direkt auf dem Gestein, manchmal aber auch auf Calcit-Kristallen sitzend. Besonders schöne Stufen kamen aus der Marthahütte. Aber selbst diesen fehlte die Transparenz, die

---

Gesteine und Minerale von der Acherwiese

62
Die grüne Farbe, die Härte und die flaserige Textur täuschen darüber hinweg, daß Kalksilikat ein Abkömmling des kristallinen Marmor ist.
□ 80 → 59

63
Kräftig gelber Wachsopal stellt sich als hydrothermale Bildung häufig ein.
□ 70 → 62

64
Wirr angeordnete Stengel von Epidot, Fundort Hildenbach.
□ 25 → 60

65
Während Albit Hauptgemengteil darstellt, kommt Adular (hier als Mikrofoto aus einer Druse) nur ganz selten vor.
□ 120 → 62

66
Weiß/braun gebänderter Jaspis vom Westhang des Hildenbühls gewährleistet hervorragende Schliffqualität, ist daher orientalischen Carneolen durchaus ebenbürtig.
□ 70 → 62

67
In Drusen beobachtet man zwar kleine, aber zum Teil hervorragend ausgebildete Epidot-Kristalle.
□ 40 → 60

62

65

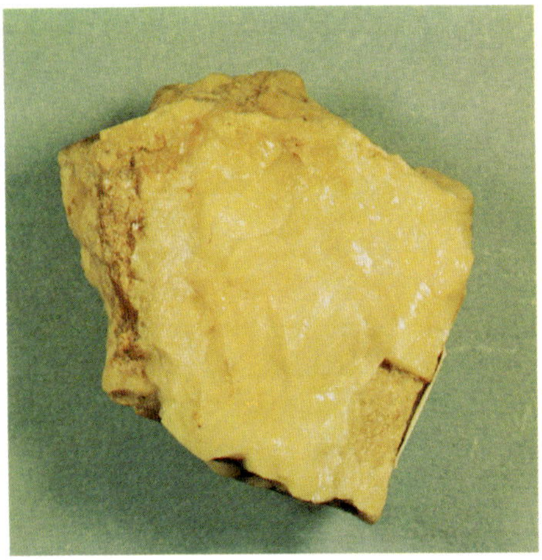
63

66

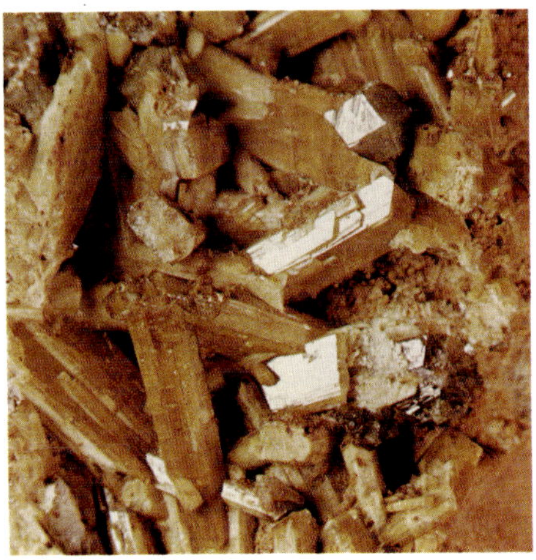
64

67

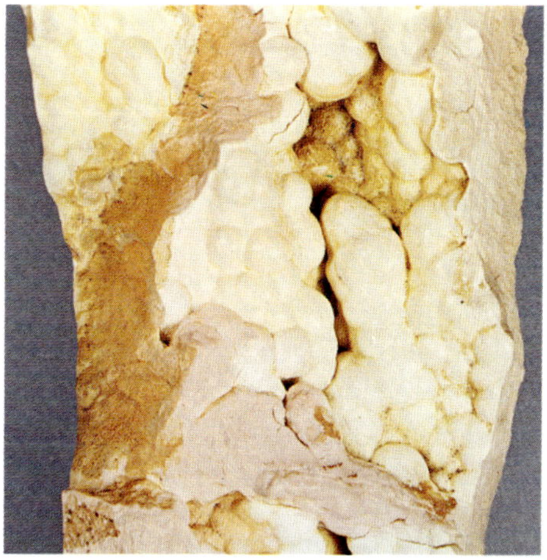
68

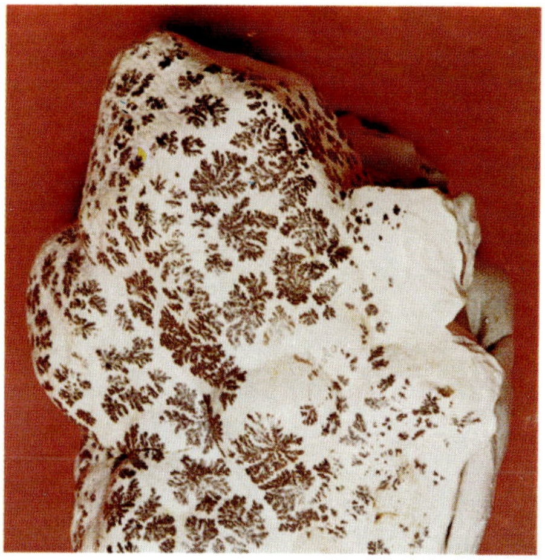
71

69

72

70

73

z. B. für die alpinen Vorkommen charakteristisch ist. → 99

Quarz

in zwar kleinen, aber hervorragend ausgebildeten, d. h. langprismatischen Kristallen trifft man heute noch gelegentlich im Steinbruch Holenbrunn, während sie früher auch von anderen Stellen bekannt waren. Im Gegensatz zu den pegmatitisch gebildeten Quarz-Kristallen (siehe S. 189), die annähernd parallel aufwachsen, zeigen die des Marmors eine recht wirre Wachstumsrichtung. Sie sind in sich auch wesentlich klarer als die aus den Graniten, doch tragen sie häufig einen dünnen Überzug von gelblich gefärbtem Calcit. → 84, 87

Graphit

als Gemengteil ist ja in fast allen Lagerstätten des Marmors festzustellen; als idiomorphe Bildung jedoch kam er eigentlich nur in den Wunsiedler Brüchen vor. In Form erbs- bis kirschgroßer Putzen von tiefschwarzer Farbe und starkem Glanz trat er konkordant zur ohnehin bestehenden Schichtstreifung auf. Zuweilen gab es in solch einer Lage ganze Ketten davon. Natürlich reichte das Vorkommen bei weitem nicht aus, um es technisch zu nutzen, wie dies in Kropfmühle bei Passau geschieht. → 42

Grammatit

(Tremolit) ist auch heute noch immer wieder einmal zu finden, und zwar als radiale oder parallelstrahlige Anhäufung von dünnen weißen Nadeln, die sich besonders deutlich aus den getönten Marmor-Typen abheben. Am meisten Aussicht besteht in den Steinbrüchen von Stemmas sowie im Ophicalcit von Thiersheim. → 44

Turmalin, Granat, Amphibol, Wollastonit

im Marmor sind Zufallsfunde; selbst alte Sammlungen beherbergen nur einzelne, schlecht ausgebildete Belege davon.

Pyrit und Magnetkies

war besonders in den jetzt aufgelassenen Brüchen an der Hornschuchstraße in Wunsiedel nicht selten. Diese Erze lagen plattig, mit spatigem Habitus im Gestein, oft in der Größe eines Handtellers. → 45

Minerale im Steatit (Johanneszeche)

68
Nierige Ausbildung des Steatits.
□ 110 → 49

69
Morion in der Kristallform von Hochquarz.
□ 90 → 51

70
Beryll auf Quarz des Pegmatit-Ganges.
□ 75 → 52

71
Pseudomorphose von Steatit nach Quarz mit reichlich Dendriten.
□ 55 → 50

72
Sternquarz in einer höchst seltenen und untypischen Ausbildung.
□ 60 → 51

73
Garbenbündel von Turmalin zwischen Muskowit-Platten.
□ 55 → 52

Arsenkies
von derselben Fundstelle bekannt, wird wohl nie mehr zu finden sein. Das Museum besitzt eine große Platte, die mit gut ausgebildeten Kristallen in Stecknadelkopfgröße übersät ist. → 48

Kupferkies, Tetraedrit, Bournonit und Antimonit
kennt man vom Südzug. Kleinere Kristalle hiervon werden auch heute noch gelegentlich in Dechantsees entdeckt.

Azurit und Malachit
traten im gleichen Steinbruch immer wieder einmal auf, meist jedoch nur als blauer bzw. grüner Anflug. Vor wenigen Jahren gelang dort ein Fund von einigen radialstrahligen Aggregaten von Malachit.

Fluorit
war in den 50er Jahren eine häufig auftretende Einlagerung im Holenbrunner Marmorbruch. Die blaßvioletten, unklar geformten Kristalle kamen zu ganzen Nestern angehäuft an der Südwand vor. Von neueren Funden ist nichts bekannt. → 47

Limonit pseudomorph nach Pyrit
Hervorragend ausgebildete braune Pentagondodekaeder bis Kirschkerngröße, einzeln auf Bitterspat sitzend, waren früher in Sinatengrün nicht selten. Seit Jahrzehnten wurden kaum mehr Funde bekannt. → 46

Pharmakosiderit
Als im Steinbruch Marthahütte bei Marktredwitz noch regelmäßig gefördert wurde, begehrten die Sammler nur große, glänzende Kristallstufen. Heutzutage, wo nurmehr ruppige und ausgewaschene Kalkfelsen mit limonitischem Mulm anstehen, fahnden Forscher und Amateure auch nach „Miniaturen". Daher tauchen zuweilen Minerale auf, die man vordem gar nicht beachtete. Dazu gehört das überschriebene K-Fe-Arsenat. Man fand Anhäufungen von dunkelgrünen Würfeln, die die Kantenlänge von 1 mm gerade noch erreichten.

Dolomitmarmor

Alle Fundstellen des kambrischen Marmors, besonders im nördlichen Zug, vom südlichen nur die Marthahütte, weisen einen geringen Magnesium-Gehalt auf. In Sinatengrün jedoch, und zwar im nördlichen Bruchteil, hat eine starke Mg-Zufuhr den Kalkmarmor zu Dolomitmarmor umgewandelt. Dieses Gestein unterscheidet sich deutlich von dem Ca-Gestein: es ist feinkörniger, zuckerkörnig, neigt zu plattiger Absonderung, zeigt an Bruchstellen rostige Überzüge und führt besonders häufig schwarze und braune Dendriten.

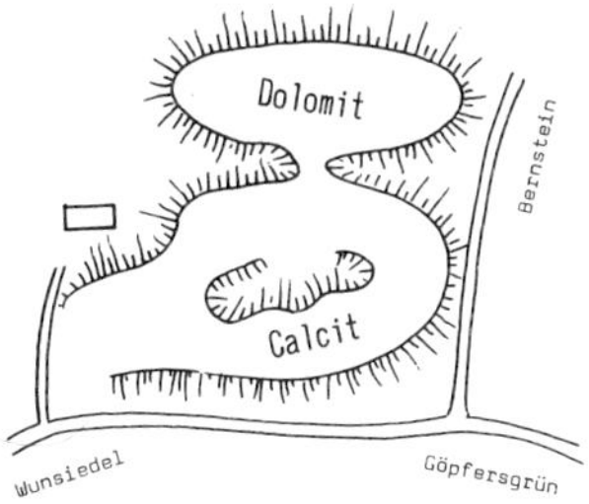

74
Der mineralogisch interessante Steinbruch von Sinatengrün birgt im Norden Dolomitmarmor, im Süden Calcitmarmor.

Diese Fließerscheinungen eingedrungener Mangan- bzw. Eisenlösungen werden, weil sie an organische Gebilde erinnern, im Volksmund als *versteinertes Moos* angesprochen. (Dies ist auch im Solnhofener Plattenkalk, wo Dendriten ungleich häufiger sind, der Fall.) → 436
Dolomit wird rege gewonnen, denn er

75

78

76

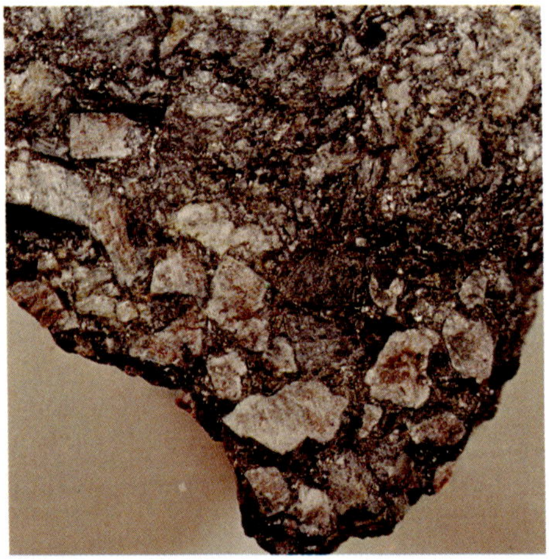
79

77

80

liefert keramische Rohstoffe und dient auch der Erzeugung metallischen Magnesiums. Mineralogisch bietet er überhaupt nichts. Das verwundert eigentlich, denn gerade in diesem Gestein müßte man Bitterspat erwarten. Offensichtlich konnten sich aus Mangel an Hohlräumen keine idiomorphen Kristalle bilden.

Steatit

Zwischen Göpfersgrün und Thiersheim erfuhren Marmor und Dolomit eine weitere stoffliche Umwandlung, eine Metasomatose, die durch das Zusammenwirken mehrerer Faktoren ausgelöst wurde. Dabei spielten Durchbrüche von Rhyolit, dem Perm zuzuordnen (vgl. Seite 209), die entscheidende Rolle. Die synvulkanischen Vorgänge führten abermals Magnesium und Kieselsäure zu, während sich der Karbonatsäurerest verflüchtigte. Es kam zur Bildung eines für Deutschland einmaligen Vorkommens von Steatit.

Darunter versteht man die besonders dichte, kryptokristalline Form von Talk, die im Volksmund *Speckstein* genannt wird. Diese Bezeichnung sollte man jedoch vermeiden, da im vulgären Sprachgebrauch auch andere Gesteine oder Minerale damit belegt sind. Dieses merkwürdige Magnesiumsilikat mit der Härte 1 fühlt sich in der Tat äußerst speckig an, läßt sich mit dem Fingernagel leicht ritzen und tritt in allen milden Farben zwischen graugrün, lichtgrünlich, weiß, elfenbein, gelblich, khaki bis rotbraun auf. → 68

Bereits in früherer Zeit hat es das Augenmerk auf sich gezogen; als Brennversuche sich als erfolgreich erwiesen, verarbeitete man es zu Flintenkugeln, Münzen, Siegeln, Pfeifenköpfen und sonstigen Gerätschaften. Heute gewinnt man Steatit im Großabbau unter- und übertage. Die vor 100 Jahren gegründete Steatit-Magnesia-AG – heute ein Zweig des Rosenthal-Konzerns – die die *Grube Johanneszeche* betreibt, während benachbarte Gruben eingegangen sind, fertigte früher vornehm-

---

Minerale aus der Grube Bayerland

75
Bunter Glaskopf vom eisernen Hut.
□ 150 → 31

76
Blätteriges Kristallaggregat von Vivianit.
□ 80 → 30

77
Oktaeder von Arsenkies im verwitterten Quarzit.
□ 90 → 30

78
Grün- und Blaufärbung kommt beim Glaskopf viel seltener vor als rote und braune Tönungen.
□ 50 → 31

79
Andalusit, in Falkmanit eingelagert, wobei durch den Bruch das rosa Interieur der Prismen zum Vorschein kommt.
□ 90 → 28

80
Einzelkristall (orthorhombische Säule) von Arsenkies in Limonit.
□ 20 → 30

lich Gasglühstrümpfe und Brenner, nunmehr fast ausschließlich hochwertige Elektrokeramik, vor allem Hochspannungsisolatoren. Nebenbei kommen noch Schneiderkreide, Schweißerkreide, Mahlgut für Puder und andere Kosmetika aus der Fertigung. → 115, 116, 117

Steatit bildet mehr oder weniger feste, amorph erscheinende Massen; hin und wieder aber auch lockere Erden (Mulm). Brocken zerfallen leicht in unregelmäßige Stücke, besonders dann, wenn andere Minerale, meist Quarz, eingewachsen sind. Eine Verwendung für das Kunstgewerbe (Schnitzereien, Dreharbeiten), so sehr das Material hierfür in kleinen Stücken auch geeignet erscheint, scheidet also aus. Es wird nämlich immer wieder nach großen Brocken gefragt.

Steatit bildet im Makrobereich keine Kristalle. Dennoch fand man schon zu Zeiten Goethes, der sich intensiv damit befaßte und die Vorkommen besucht hat, Kristalle aus Steatit. Offensichtlich sind sie anderen Mineralen zuzuordnen. Es handelt sich also um Scheinkristalle, Pseudomorphosen. Sie entstanden dadurch, daß ursprünglich vorhandene Minerale in ihrer Kristallform verspecksteinten, wobei ihre Form erhalten blieb. Durch diese Bildungen erlangte die Johanneszeche eine Berühmtheit weit über die Grenzen Deutschlands hinaus. In der heutigen Abbauzone kommt davon so gut wie nichts vor; die bekannten Funde, die die Mineraliensammlungen in aller Welt bereicherten, stammen wohl durchwegs aus den Bauen südlich der Eisenbahnlinie, die seit langem aufgelassen sind. → 113, 114

Pseudomorphosen nach Quarz

Dies sind die häufigsten und auch die schönsten. Dabei erreichten die größten, wie sie in Museen gezeigt werden, maximal 2 cm Ø bei doppelter Höhe. Es gibt auch Aggregate und wirre Verwachsungen. Schätzungsweise mehrere 1000 Stücke sind in der Johanneszeche je gesammelt worden; die meisten jedoch bewegten sich in mm-Dimensionen. Wegen der Weichheit des Materials sind die Spitzen der hexagonalen Dachpyramide meist rundgewetzt. Vor kurzem wurde wieder einmal ein Doppelender-Quarz pseudomorphosiert aufgefunden. Von Umwandlungen nach Sternquarz hingegen ist bisher nichts bekannt. Es besteht kein Grund zur Annahme, daß es solche nicht geben könne. Vielleicht besitzt ein Sammler ein derartiges Belegstück, weiß aber gar nicht, wie wichtig eine Information darüber wäre.

→ 71, 106, 109

Pseudomorphosen nach Calcit

Seinerzeit gleichfalls nicht selten. Die Kristalle kamen meist in Derbmasse eingebaut vor und fielen durch ihre Winkel von ca. 75° auf. Es gibt aber auch skalenoedrische Calcit-Pseudomorphosen. Bis vor kurzem dürften sie kaum bekannt gewesen sein, da sie in keiner älteren Sammlung ruhen und auch in der Literatur nicht beschrieben wurden. Erst 1978 traten sie bemerkenswert oft im Fördergut auf, zwar zuweilen leicht deformiert, aber immerhin in beachtlichen Größen bis zu 7 cm.

→ 107, 111

Pseudomorphosen nach Bitterspat

Selten. An den flacheren Winkeln erkennbar. Gebogen erscheinende Flächen.

→ 110

Pseudomorphosen nach Grammatit

Sehr selten. Parallelstrahlige oder radiale Verwachsungen als flache Reliefs. → 108

Pseudomorphosen nach Vesuvian

Winkelige Anhäufungen, schlecht erkennbar, nur im dunkelgrünen chloritisierten Steatit auftretend.

Dendriten

Als weitere habituelle Varietäten kennen wir nierige und traubige Gebilde, die sich gelartig in Hohlräumen absetzten. Häufig bedecken Dendriten ihre runden Flächen. Dendriten, also verästelte Lösungsabsätze von Manganhydroxid (schwarz), seltener von Eisenhydroxid (braun) kommen überall im Steatit vor. Einheimische, selbst Bergleute, halten das für fossile Pflanzen. Im Steatit wurden und werden noch viele andere Minerale gefunden, die meist einen vortrefflichen Erhaltungszustand aufweisen und sich natürlich leicht aus der weichen Matrix lösen lassen. → 434

Quarzkristalle

realtiv häufig, immer glasklar und in guter Formgebung. Einige allerdings besitzen helle rauhe Überzüge, andere eine kavernöse Basis. Doppelender kommen kaum vor. Typisch für diese Lagerstätte sind strahlige Verwachsungen, wobei die Wachstumsrichtung der Garben nicht selten diametral nach außen geht, so daß die Form einer *Fliege* entsteht. Diese Anordnung wird vielfach irrtümlich für Sternquarz gehalten, unterscheidet sich von diesem jedoch durch die glasklare Ausbildung. → 4, 100–105

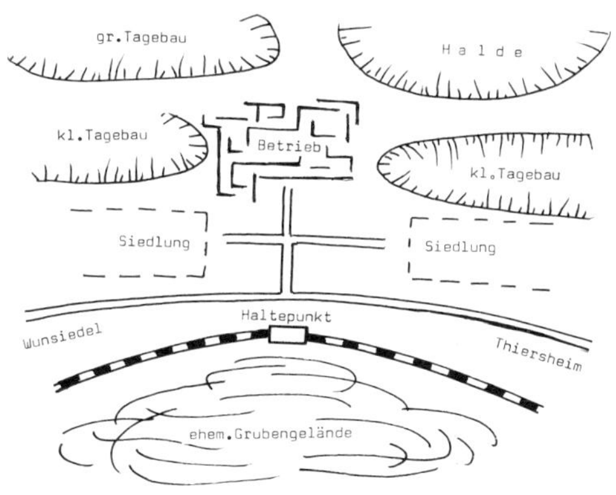

81
Schematischer Grundriß der Steatit-Grube Johanneszeche zwischen Göpfersgrün und Thiersheim. Die mineralogisch interessantesten Funde gab es vor dem I. Weltkrieg im Abbaugebiet südlich der Bahnlinie.

Sternquarz

Darunter versteht man radialstrahlige Gebilde trüber Quarzkristalle. Oft sind die Garben nur angedeutet. Man kann auch heute noch riesige Brocken finden, die total aus Sternquarz bestehen, wobei ein Radialsystem lückenlos in das andere übergeht. Viele Exemplare zeigen einen gelblichen bis grünlichen Schimmer. → 72

Amethyst

wurde hin und wieder in kleinen Individuen gefunden. Er wies eine schwach violette Färbung auf.

Rauchquarz

mit „rauchigem" Kern galt auch früher als Seltenheit. → 338, 341

Morion

also ein tiefschwarzer Rauchquarz, kam zeitweise häufig vor und kann auch heute noch zuweilen gefunden werden. Charakteristisch sind Andeutungen von Kappen- und Szepterform, zumindest Kristalle mit äußerst kurzem Prisma. → 69

Zitrin

Ganz zufällige Funde, klein, unscheinbar.

Calcit

findet sich immer noch in großen Anhäufungen. Diese ergeben beim Spalten keine klaren Rhomboeder, sondern in sich ,,verschachtelte" Kristallite, immer milchig weiß und inkonstant orientiert. Auch skalenoedrische Formen sind nicht selten; wie im Marmor selbst zeigen sie auch hier gelbliche Tönung mit dunkelbraunen Spitzen.

Kanonenspat
So bezeichnet man eine für die Johanneszeche typische habituelle Varietät von Calcit. Die oft ganz ansehnlichen Stufen, fast immer gelblich angehaucht oder ganz durchsetzt, kann man am besten als pseudohexagonales Prisma mit dreifach flach abgeschrägter Spitze ansprechen. Einzelkristalle und parallele Verwachsungen treten auf. → 92

Bitterspat
Überall vertreten, jedoch nur selten in Einzelkristallen von wenigen mm Kantenlänge. Eher in kleinkörnigen Kristallfeldern.

Beryll
Zeitweise nicht selten, dann wieder überhaupt nicht mehr aufgetreten. Blaßgrün bis gelblich, auch fast weiß. Prismen gut erkennbar, obwohl eingewachsen. Kaum Endflächen. Als Micromount sicher reichlich vorhanden. → 70

Turmalin
Unmittelbar am Granitkontakt vorkommend. Unschön ausgebildete wirre Anhäufungen von Nadeln, die kaum über 1 cm lang und 1 mm dick sind. Von tiefschwarzer Farbe, also Schörl. Indigolit nur hin und wieder einmal aufgetreten. → 73

Vesuvian
in olivgrauen prismatischen Verwachsungen kommt periodisch vor. Derbe braune Massen dagegen häufig. Endflächen konnten noch nicht entdeckt werden. Alle Aggregate bröckeln leicht.

Egeran
Diese rehbraune Farbvarietät von Vesuvian, die wir noch als Einlagerung im Kalksilikat erwähnen, gibt es auch in der Johanneszeche. Man hat schöne Prismen gefunden, zuweilen mit einem hauchdünnen Überzug von Pyrit. Merkwürdigerweise kommen farbliche Übergänge dieser Abart zur üblichen oliven Ausbildung nicht vor. → 61

Quarzkristalle

82
Jeweils 2 Pyramidenflächen sind mit Pyrit-Kriställchen überkrustet. Bayerland-Bergbau.
□ 65 → 30

83
Hervorragend ausgebildet großer Kristall vom Strehlenberg bei Marktredwitz
□ 70 → 46

84
Pyramidendach stark verschoben. Fundort = Holenbrunn.
□ 45 → 46

85
Schöne Quarzkristalle werden mitunter im Granitgrus gefunden, wie dieser Doppelender aus Reicholdsgrün.
□ 45 → 183

86
Doppelender-,,Zwilling" vom Silberhaus.
□ 45 → 183

87
Wirre Verwachsung von glasklaren Nadeln aus der Marthahütte.
□ 45 → 46

82

85

83

86

84
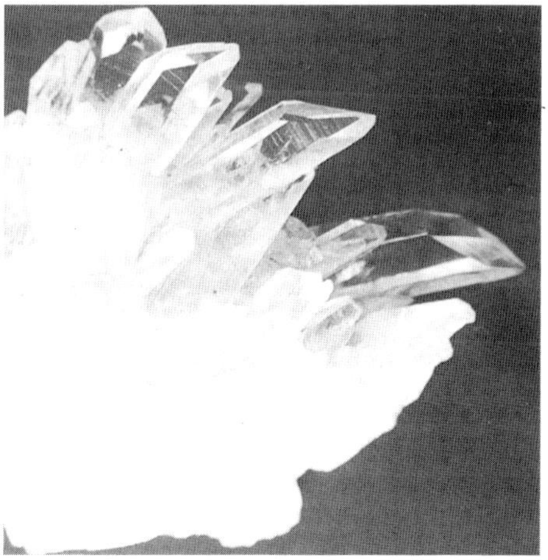

87

88

91

89

92

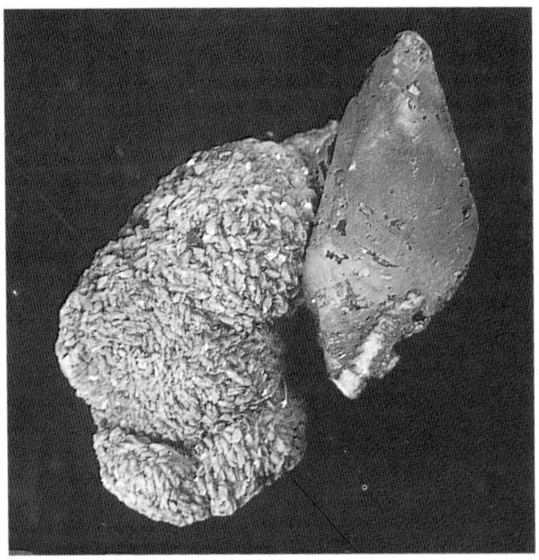
90

93

94

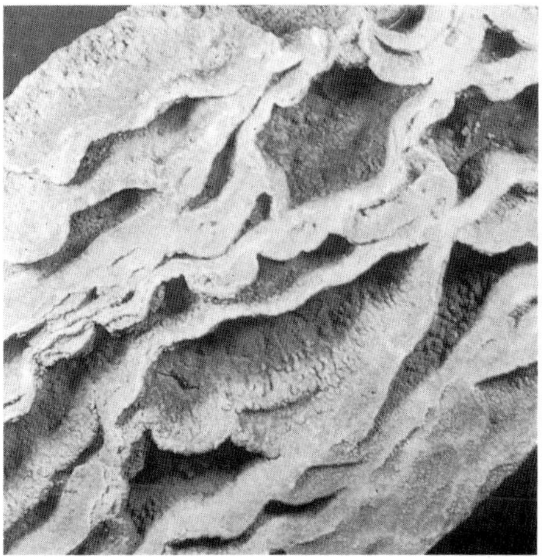
97

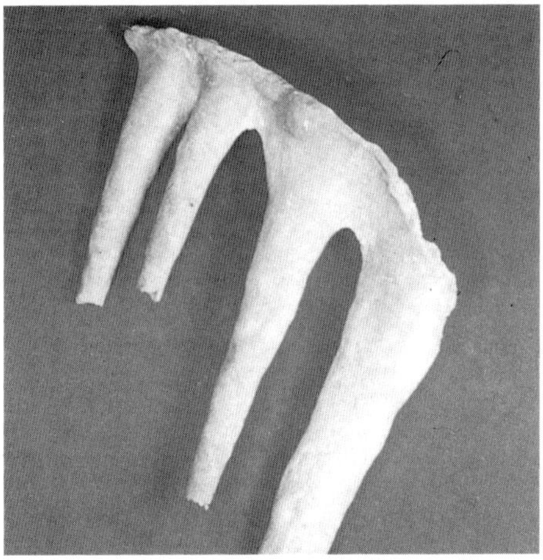
95

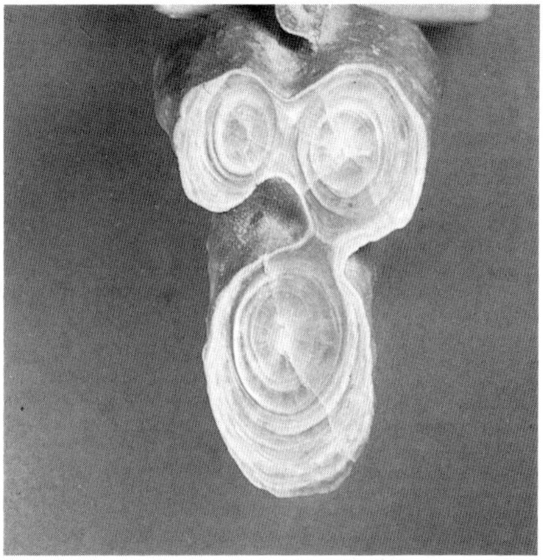
98

96

99

Ausbildungsformen von Calcit (Seite 54) → 43, 51

88
Fast glasklare Rhomboeder mit inneren Spaltflächen. Wunsiedel.
☐ 100

89
Solche Formen sind für die Johanneszeche typisch. Die außen etwas rauhen Kristalle scheinen leicht gelblich.
☐ 90

90
Ein Skalenoeder ist an eine nierige Bitterspat-Bildung angewachsen. Aus Marthahütte.
☐ 70

91
Rhomboedrisches Aggregat, nicht transparent. Früher sehr häufig in allen Marmorbrüchen. Fundort dieses Stückes = Wunsiedel.
☐ 170

92
Diesen Typus (Johanneszeche) hat man ,,Kanonenspat'' genannt.
☐ 75

93
Ein ganzer Wald von skalenoedrischen Spitzen. Früher in Sinatengrün massenhaft aufgetreten.
☐ 100

Ausbildungsformen von Calcit (Seite 55) → 43, 51

94
Oft zeigen sich in den Steinbrüchen als jüngste Bildung tuffartige Krusten, die beiderseits mit Kristallrasen von Calcit bedeckt sind und daher stark glitzern. Holenbrunn.
☐ 90

95
Tropfsteine aller Größen, aber nie in der vom Jura bekannten Vielfalt, tauchen immer wieder einmal auf.
☐ 190

96
Calcite sitzen oft in Form blaugrauer Halbkugeln auf Bitterspat. Wunsiedel.
☐ 210

97
Draperien von lehmigem Kalk, wie er nicht selten in Hohlräumen auftritt.
☐ 200

98
Im Anschnitt zeigen die Stalaktiten konzentrische Ringe. Ein Stück aus Göpfersgrün.
☐ 140

99
Hier überkrusten Calcit-Kriställchen fächerförmige Kristalle von Bitterspat.
☐ 40

Quarzkristalle von der Johanneszeche (Seite 57) → 51

100
Häufig auftretende Anordnung: wie ein ,,Mascherl''.
☐ 70

101
Völlig wirre Verwachsung.
☐ 45

102
Einzelkristalle, wie sie auf den umliegenden Feldern immer wieder gefunden werden.
☐ 50

103
In Form eines räumlichen Sektors aus einem Sternsystem herausgespalten.
☐ 80

104
Kreuz und quer gerichtete Doppelender.
☐ 45

105
Gerötete Einzelkristalle im Steatit-Mulm auftretend.
☐ 50

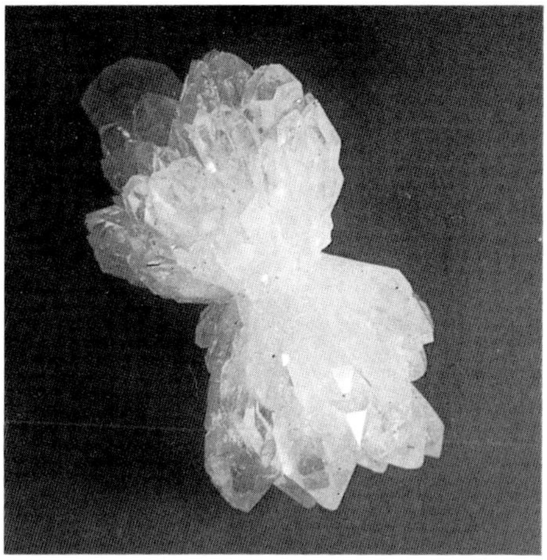

100

103

101

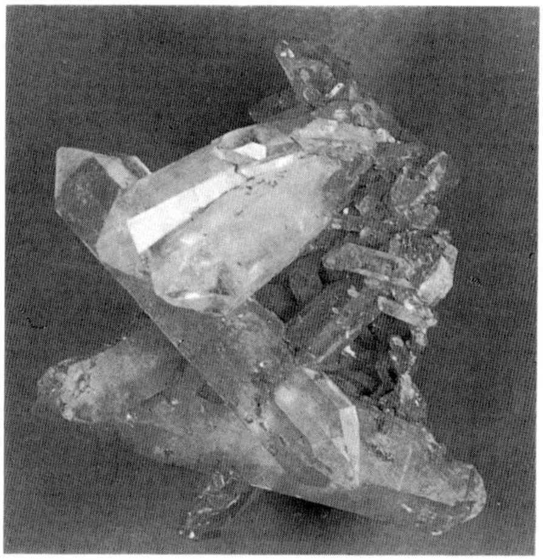

104

102

105

106

109

107

110

108

111

Erze
(Pyrit, Magnetkies, Limonit) gelten als Seltenheiten.

Viele Sammler begehren in der Saison Einlaß in die Johanneszeche. Sie fühlen nicht, wie sehr sie den Betrieb stören und welches Sicherheitsrisiko ein Haldenbesuch mit sich bringt. Daher werden nur Studiengruppen eingelassen.

Kalksilikat

Parallel zum Wunsiedler Marmorzug, etwa längs der Linie Leupoldsdorf – Hildenbach – Göpfersgrün, grenzt ein Kalkband unmittelbar an den Gneis (siehe Seite 67). Als dieser vor dem Devon noch glutflüssig war, nämlich granitisches Magma, durchtränkte er den Kalk so innig, daß dieser zu einem „Hartgestein" verkieselte, dem man seine Herkunft aus Kalkstein kaum mehr ansieht. Da die Injektion vorwiegend Kieselsäure zuführte, sprechen wir von Kalksilikat, in der frühen Literatur Erlan genannt. Es ist ein sehr zähes, wenig geschiefertes Material von weißlicher, hellgrauer, grünlicher oder blaugrauer Farbe, das infolge Ausrostung Fe-haltiger Gemengteile in Schwartenzonen auch gelbe bis rotbraune Färbung annahm. Der gesamte Karbonatgehalt ist in Silikate umgesetzt: Epidot, Diopsid, Vesuvian, Granat, Prehnit und natürlich noch Quarz. Leider sind diese Komponenten nur unter dem Mikroskop auszumachen. → 62
Doch können sie in Drusen und Klüften zuweilen idiomorph hervortreten und bilden dann ein wahres Eldorado für Forscher und Sammler. Das ist besonders an 4 Stellen der Fall:

Pseudomorphosen von Steatit → 50
von der Johanneszeche bei Göpfersgrün, vorwiegend neuere Funde.

106
. . . nach Quarz. Aggregate mit wirr angeordneten Kristallen sind häufiger als Einzelbildungen.
☐ 45

107
. . . nach Calcit. Wegen der geringen Mineralhärte sind die Kanten fast immer gerundet.
☐ 60

108
. . . nach Grammatit. Sie waren früher sicherlich häufig, konnten aber nur selten entdeckt werden, da sie im Fördergut kaum auffallen.
☐ 130

109
. . . nach Doppelender-Quarz, solche Formen gelten als ausgesprochene Seltenheiten.
☐ 40

110
. . . nach Bitterspat. Nur mit Schwierigkeiten von den Pseudomorphosen nach Calcit zu unterscheiden.
☐ 80

111
. . . nach skalenoedrischem Calcit. Erst 1978 in mehreren Exemplaren erstmalig aufgetreten.
☐ 50

- Acherwiese = eine flache Mulde zwischen Schönbrunn und Leupoldsdorf → 118
- Feuerberg (alter Flurname) = westlicher Abhang des Hildenbühls
- Im Zwickel der nach Hof bzw. Selb führenden Bahnlinien nördlich Holenbrunn-Bahnhof
- Otterbühl (wenig bekannter Flurname) = Wäldchen bei Göpfersgrün an der Bahnlinie.

Bedauerlicherweise bestehen an keinem dieser Punkte Aufschlüsse. Man kann sich daher nur mit den spärlich auftretenden Lesesteinen befassen. Nur am Rande der beiden Wäldchen der Acherwiese liegen größere Brocken herum. Natürlich sind sie alle schon rege obduziert worden. Es kommt daher einem Wunder gleich, daß immer wieder einmal schöne Funde gemacht werden. Die einzige Möglichkeit, auch künftig zu Material zu gelangen, gründet sich auf die Neigung der Grundbesitzer, im Acherwiesengebiet Teiche anzulegen, wodurch doch hin und wieder ein größerer Fels zutage kommt. Ausdauer erfordert die Begehung der Felder nach dem Pflügen, aber gelegentlich lohnt sie sich. Man fand und findet eventuell noch:

Grossular

in gut ausgebildeten hellolivgrünen Rhombendodekaedern. Größtes bekanntes Exemplar 7 mm ∅. Sitzt meist direkt im Kalksilikat normaler Mischung. Gelegentlich im Kern rot = Übergang zu Hessonit. → 56, 59

Andradit

Schwarzgrüne, hervorragend bekantete Kristalle von gleicher Form wie Grossular. Sie treten in winzigen bis etwa 3 mm großen Individuen auf, und zwar in Gesellschaft mit Albit auf Quarz sitzend. Man fand Stücke, die geradezu mit diesem Granat übersät sind.

Hessonit

kommt ungleich seltener vor als die anderen beiden Granat-Varietäten und dann auch nur in sehr feinen Kristallen von oranger Färbung, jedoch mit gut ausgebildeten Flächen. Nur von der Acherwiese. → 57

Epidot

Stengelige Kristalle, zum Teil mit Endflächen, von gelbgrüner, lauchgrüner, seltener weißlichgelber Farbe. Oft als Kristallrasen ausgebildet. Häufig mit Grossular und Andradit vergesellschaftet. Auch heute lassen sich micromounts immer wieder finden. → 64, 67, 273, 288

Diopsid

Da farblose Stengel, nur schlecht zu erkennen. Nicht selten. → 60

Prehnit

Kaum kristallisiert, daher gleichfalls wenig hervortretend. Nur grünliche bis weiße Massen von charakteristischem Seidenglanz.

Vesuvian

Im Gegensatz zu den bisher genannten Mineralen auf der Acherwiese selten. Die schönsten Belege kamen aus Haslau zwischen Franzensbad und Asch/CSSR. Die dortige rotbraune Varietät erhielt sogar den Lokalnamen Egeran. Durch den Eisenbahnbau kamen in Göpfersgrün massenhaft schöne stengelige Aggregate von olivgrünem Vesuvian zutage. Heute liegt oberflächlich nichts mehr herum. Auch Holenbrunn brachte seit längerem nichts mehr. → 58, 61

Gewinnung von keramischen Rohstoffen

112
Auch heute noch sieht man mancherorts Mineralmühlen, in denen aus einheimischen, neuerdings auch eingeführten Mineralmassen Mahlgut bereitet wird, wie es von der gleichfalls bodenständigen Porzellan- und Glasindustrie immer benötigt wird.

113
Die große Halde der Steatit-Grube Johanneszeche übt auf Steinsammler eine geradezu magische Anziehungskraft aus, trifft man doch darauf immer wieder Sternquarz, Steatit in allerlei Variationen, und, wenn man Glück hat, sogar Pseudomorphosen an.

114
Der Tagebau der Johanneszeche bei Göpfersgrün. Der weiche Steatit ist realtiv leicht zu gewinnen.

Quarzkristalle
treten hin und wieder auf, aber in kleinen Einzelkristallen oder in unvollkommen ausgebildeten, wenig hochgewachsenen Formen.

Albit
sitzt in kleinen weißen, gelegentlich auch farblosen Körnern auf Quarz und beherbergt seinerseits die Granate. → 60

Adular
Farblose einzelne Kristalle, die schwer von Albit zu unterscheiden sind. Kaum über 0,1 mm groß. → 65

Wachsopal
Honiggelbe, auch weiß/ocker gesprenkelte amorphe Anhäufungen, meist schlierig im Kalksilikat eingelagert. Maximale Größe einer Faust oder flächig wie ein Handteller. Durch Graben im westlichen der beiden Wäldchen konnte man früher mühelos immer etwas davon finden. → 63

Jaspis
in der Nuancierung von Karneol, Silex bzw. Sarder, also hochrot, braunrot, rot/gelb gewolkt und gestreift. Er kommt auch heute noch gelegentlich am erwähnten Feuerberg vor, wenn der Pflug einen Acker tiefgründig schürft. Die Stücke von dort sind durchaus schleifwürdig, zumal sie im Gegensatz zum Wachsopal nicht abbröckeln. → 66

Das Gestein Kalksilikat selbst ist zu nichts zu verwenden. Lediglich Petrographen erfreuen sich über die Buntheit der angeschliffenen Partien, an denen man sehen kann, wie die einzelnen Gemengteile lagenweise angehäuft sind.

Kambrische Eisenerze

Wahrscheinlich im Gefolge der späteren Platznahme der Granite (siehe Seite 167) wandelten sich einzelne Bereiche des Marmors durch Fe-Zufuhr in Eisenspat um, der seinerseits, zumindest in oberen Teufen, wiederum zu Limonit oxidierte. Diese Metasomatose vollzog sich aufgrund eines chemischen Gefälles langsam von Molekül zu Molekül, wobei das Bergwasser das Transportmittel der chemischen Reagenzien darstellte.
Der Abbau der oberflächlich gelagerten Partien reicht bis ins 15. Jahrhundert zurück und erlebte gegen 1750 einen Höhepunkt. Neben vielen kleinen und kleinsten Gruben, die häufig kaum ein Jahrzehnt betrieben wurden, bestanden

- *Gold- und Silberkammer* bei Röthenbach
- *Kleiner Johannes* bei Arzberg
- *Morgenröthe* und andere Zechen am *Lindig* bei Oschwitz
- *Sankt Michael* und *Engelsburg* in Eulenlohe (Ortsteil von Tröstau)
- *Walt's-Gott* und *Baulustiger Christoph* in Wunsiedel
- *Fuchsstaude* und *Krähenschwanz* bei Holenbrunn
- *Ludwigszeche* in Göpfersgrün
- *Fliegenwerk* und *Salleich* bei Thiersheim
- *Glück-mit-Freuden, Wie's-Gott-gibt, Getreuer-Bergmann, Friedrich-Wilhelm* und weitere bei Kothigen-Bibersbach

- *Concordia*, *Neu-Glück* und *Segen-Johannes* bei Marktredwitz
- *Kreuzweiher* bei Waldershof

Das Eisen verarbeitete man in den unzähligen Hammerwerken, an die eine beachtliche Reihe von Ortsnamen erinnert. Wegen Wassernötigung (= unabwendbarer Einbruch von Grund- und Quellwasser), aber auch aus Rentabilitätsgründen, gingen die letzten Bergwerke noch vor dem I. Weltkrieg ein. Versuche, vor und nach 1945, wenigstens die Arzberger Vorkommen wiederzuerwecken, scheiterten. → 121, 395

Nur in Museen und alten Sammlungen treffen wir noch Belege dieser vielseitigen Paragenese an:

Traubiges Erz
Gelbliches bis olives körniges Aggregat von Eisenspat war das hauptsächlichste Fördergut von Eulenlohe.

Siderit
in schlecht ausgebildeten Tafeln war von allen Gruben bekannt. Gute Kristalle, wie sie die Devonerze des Frankenwaldes lieferten, gab es hier nicht.

Limonit
war das Haupterz in Arzberg. Im derben Material lagen radialstrahlige Partien von „Hydrohämatit" (= Goethit). Man traf zuweilen auch Limonit-Skelette an, die durch Auslaugung des zwischenliegenden Mulms entstanden. → 29

Brauner Glaskopf
in teilweise herrlichen Stalaktiten und nierig-traubigen Gebilden. Belege davon sind uns aus dem Arzberger Revier erhalten. Sie zeigen aber wenig Anlauffarben. → 33

Psilomelan
als schwarzer Glaskopf in schlanken perlartigen Säulen.

Wad
Derbe Einlagerungen in Hohlräumen des Limonits; zuweilen metallisch glänzender Überzug (Eisenrahm?).

Pyrolusit
Selten; kurze schwarze Stoppeln.

Rhodochrosit
Offensichtlich früher nicht selten, doch kaum mehr Belege vorhanden. Äußerlich mit Limonit überzogen, innen schmutzig rosa. → 32

Bunterze
Es traten Bleiglanz, Zinkblende, Pyrit, Arsenkies, Kupferkies, Malachit und wohl noch weitere auf. In heutigen Sammlungen liegen nur wenige schlecht ausgebildete Stücke davon, was nicht ausschließt, daß während des halben Jahrtausends der Fördertätigkeit große Stufen aufgetreten sind.

Ocker
also limonitische Tone hat man früher sicherlich auch gefördert. Wahrscheinlich sind durch diese oberflächlichen Bildungen die eisenreicheren Lager in größerer Teufe erst bekanntgeworden.
Die Eisenschüssigkeit des ganzen Gebietes entlang der Marmorzüge erkennt man am gelben Verwitterungslehm, der sich ja auch in Hohlräume und Klüfte der Marmorbrüche setzte. Ferner fallen viele Rinnsale durch ihre Rostfärbung auf. → 364

Speckstein, ein wichtiger Rohstoff

115
Ein nur recht geringer Anteil des Fördergutes der Johanneszeche wird zu Signaturstiften für Schweißarbeiten und zu Schneiderkreiden verarbeitet.

117
Einer der großen Isolatoren, derentwegen die Qualität des Specksteins so geschätzt ist. Sie werden in Kraftwerke und Umspannanlagen der ganzen Welt exportiert.

116
Wenn im Winter Tagebau nicht mehr möglich ist, fördern die Bergleute den Steatit im Stollenbau.

118
Zwischen den beiden Wäldchen im Mittelgrund liegt die Acherwiese. Als Fundstelle von Kalksilikat kommt jedoch auch die weitere Umgebung in Frage. Im Hintergrund erkennt man den Doppelgipfel der Kösseine, davor Häuser von Furthammer.

119
Die Papiermühle in Selb, heute ein moderner Betrieb, ist als Fundstätte für Pegmatitminerale berühmt gewesen.

120
Die Hand markiert genau die Fundstelle von Röhrenhofit, eine trichterförmige, zur Zeit überwachsene Vertiefung im Steilhang. Die Aufnahme wurde am Rand der B 303, ca. 300 m ö Einfahrt nach Röhrenhof gemacht.

Quarz

Sicherlich barg auch diese Lagerstätte große und schöne Quarzkristalle. Davon liegen jedoch nur wenige und auch nicht besonders ansprechende Exemplare in alten Sammlungen. Als die Arzberger Gruben betrieben wurden, gab es an anderen Stellen noch viele und weitaus schönere Bergkristalle.

Pseudomorpohose von Quarz nach Fluorit

Ein einmaliger Fund aus dem vorigen Jahrhundert befindet sich im Wunsiedler Museum. Rosa Kuben von etwa 2 cm Kantenlänge ragen aus einem derben Quarz heraus.

Chalcedon

Alten Berichten zufolge fanden die Bergleute in den Arzberger Gruben, möglicherweise auch in Eulenlohe und den anderen Zechen, in natürlichen Höhlen und Klüften großflächige Verkleidungen von Chalcedon, reich mit kleinen, dünnen „Tropfsteinen" besetzt. Diese zeigen einen zarten braunen Schimmer, der selbstverständlich auf limonitische Lösungen zurückzuführen ist. Höchstwahrscheinlich dürfte es derartige Bildung noch in

121

Sehr viele Ortsnamen weisen auf einstige Hammerwerke hin (H = Hammer).

Menge in den unterirdischen Hohlräumen dieser Lagerstätten geben, die kaum mehr zugänglich sein werden. → 30

In den meisten Abschnitten des vorliegenden Buches steht ein Vermerk darüber, daß der ehemalige Reichtum an Mineralen endgültig zu Ende ist. Dies gilt in besonderem Maße für die metasomatischen Eisenlager des Kambriums: Fast alle einstigen Bergwerksanlagen in Arzberg, Röthenbach, Oschwitz, Wunsiedel, Marktredwitz und ganz Eulenlohe sind überbaut. Von den Vorkommen zwischen Furthammer und Hohenberg kennt man nicht einmal mehr die genaue Lage der Zechen.

Gneis
(außerhalb der Münchberger Gneismasse)

Vorläufer der späteren Fichtelgebirgsgranite (siehe Seite 167) intrudierten bereits im Devon. In der Oberpfalz und im Bayerischen Wald erscheinen die Gneise in großen Arealen; im Fichtelgebirge gibt es nur wenige Stellen, an denen sie heute aus der Denudationsfläche ragen; im Frankenwald ist er so gut wie gar nicht vertreten. Granitischer Glutfluß nahm unter der Decke alter Schiefer platz und begann zu erstarren. Während der Abkühlung erfolgte durch tektonische Kräfte eine starke Pressung, ausgelöst durch die sich bereits einleitende Variskische Faltung, die im Oberkarbon mit der Bildung der eigentlichen Granite ihren Höhepunkt erreichte. Diese Beanspruchung veränderte die Struktur des Gesteins: die richtungslose Anordnung der Gemengteile wich einem geschieferten Gefüge. In chemischer Hinsicht vollzog sich kein Wandel, weswegen auch der Gneis die granitischen Bestandteile Feldspat, Quarz und Glimmer aufweist. Daher sprechen wir auch von Metagranit.

Hier muß vielleicht noch erwähnt werden, daß auch andere Entstehungsweisen bei anderem Ausgangsmaterial zu gneisartigen Gesteinen führen (vgl. Seite 139). In unserem Falle, d. h. Schieferung eines erstarrenden Granits, spricht man von Orthogneis. Wir treffen im Fichtelgebirge aplitisch-feinkörnige Abarten mit Korngrößen unter 2 mm an. Häufiger kommen grobkörnige Gneise (30 mm und darüber) vor, wobei sich neben der geradegezogenen Textur nicht selten eine Flaserung einstellt, d. h. die ausgewalzten Gemengteile bilden langgezogene flache Wellen. War die Pressung zu dem Zeitpunkt erfolgt, da sich die Feldspäte zum Teil schon verfestigt hatten, die übrigen Bestandteile jedoch noch nicht, so kam es zur Bildung von Augengneis, Epigneis, bei dem die fertigen Kristalle (Augen) von der Schieferung nicht mehr behelligt wurden. Besonders gut erkennt man das im Querbruch. Alle Gneise waren zur Zeit ihrer Erstarrung sicher weiß bis höchstens chamois getönt, nahmen in oberflächennahen Bereichen durch Verwitterung jedoch eine oxidbetonte Farbe an, die von gelb über braun zu hochrot reicht. Diesen Wandel kann man an jedem aufgeschlagenen Felsbrocken deutlich sehen, wenn man die Schwarte mit dem Kern des Felsens vergleicht. → 270

Folgende Fundstellen verdienen Erwähnung:

- Nußhard (Ostseite des Gipfels) – riesenkörniger Augengneis; außen jedoch stark verwittert.
- Lesesteine hiervon auf dem Wanderweg von Leupoldsdorf – Bahnhof über Fuchsbau zum Seehaus. Der Weg schneidet abwechselnd Granit- und Gneisregion.
- Haufen von Feldsteinen (von den Bauern an Rainen und Waldrändern angeschüttet) in den Fluren von Vierst, Kühlgrün, Birk, Grün, Leupoldsdorf – meist bunte Flasergneise mit mehr oder weniger deutlicher Augenbildung.

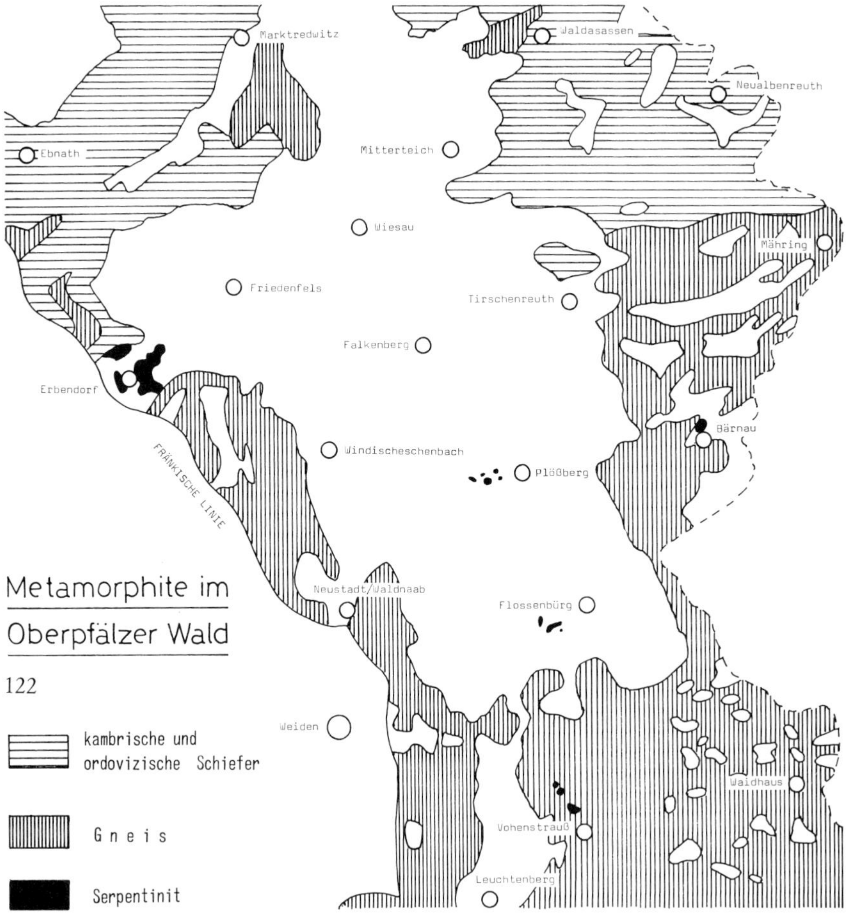

Metamorphite im Oberpfälzer Wald

122

● Einzelne Brocken verschiedener Struktur bei Valetsberg, Bibersbach und der sog. Beamtenlaufbahn in Wunsiedel.
● Lesesteine im Zeidelmoos – helle feinkörnige Gneise.
● Verlassener Steinbruch an der Steinwaldstraße in Pfaffenreuth sowie Fluren von Walbenreuth und Wolfersreuth.
Poliert sehen alle Gneise recht schön aus. Im Gegensatz zu den alpinen und skandinavischen Vorkommen hat man aber wegen der starken Verwitterung und Zerklüftung daraus kein Industriegestein machen können. Früher nahm man die leicht spaltbaren Blöcke als Sockelmauerwerk für alle Stadt- und Bauernhäuser im Wunsiedler Raum, weil sie sich leichter als Granit gewinnen ließen. Viele Löcher auf der sog. Kappel, ein bewaldeter Hügel in Wunsiedel, zeugen noch davon. Dort und an anderen Stellen gewinnt man heute sogar noch Grus zum Belegen der Waldwege.

Orthogneis im Fichtelgebirge

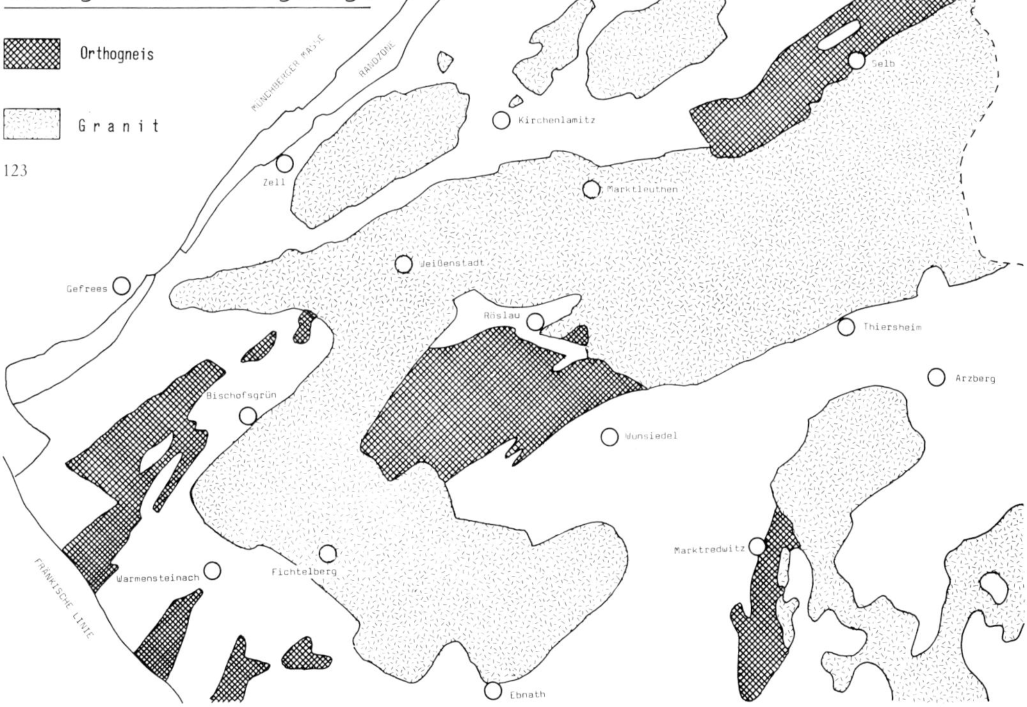

123

Fazielle Entwicklung im Paläozoikum Nordostbayerns

124

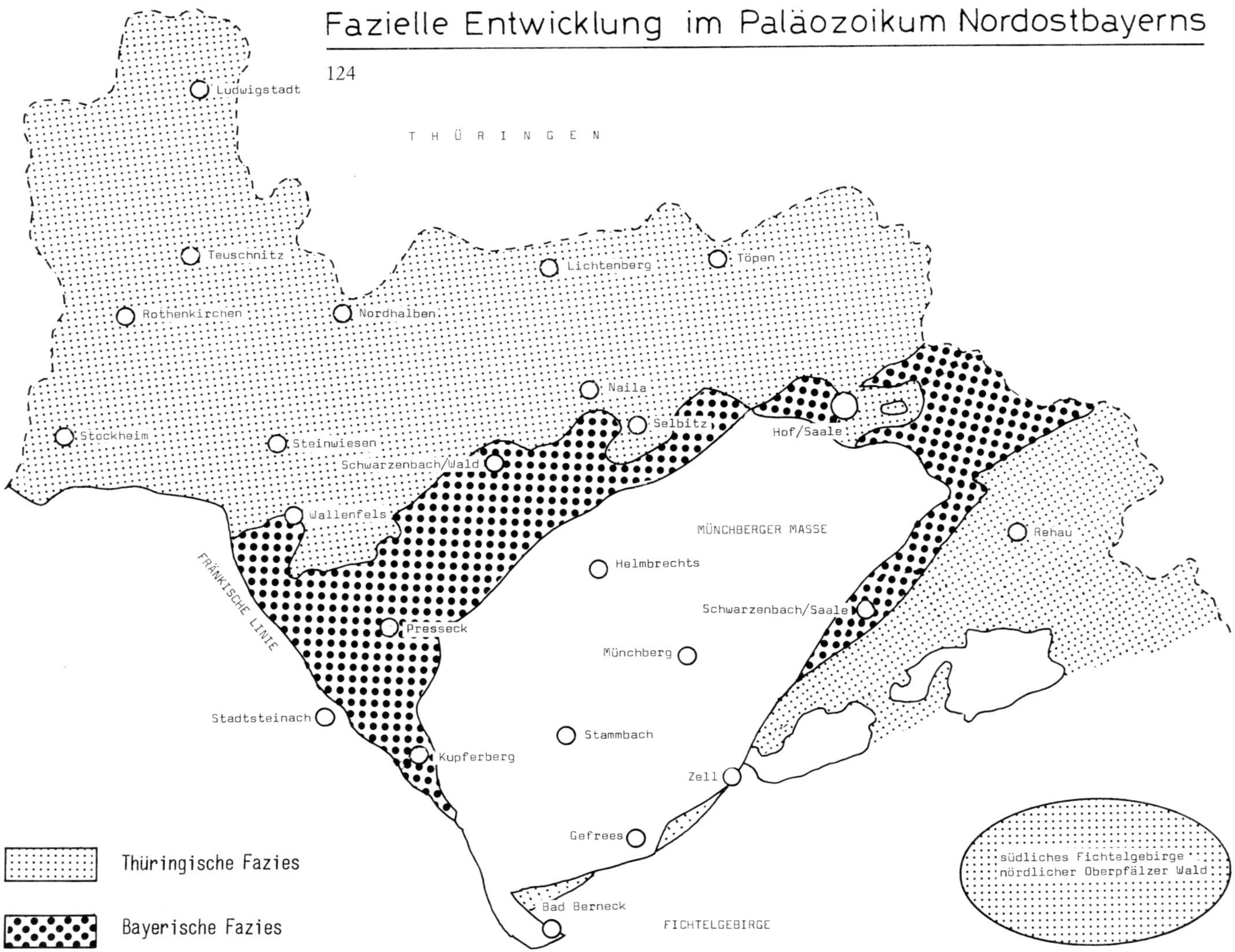

Frankenwald

Während im Fichtelgebirge Ablagerungen aus der Spanne Gotland bis Karbon entweder gar nicht gebildet, oder gebildet und dann wieder abgetragen wurden, gab es im Frankenwald eine starke mittel- bis spätpalöozoische Sedimentation, deren Produkte heute noch das Gesicht der Landschaft wesentlich bestimmen. Innerhalb des großen Ablagerungsraumes, der sich von Belgien über die Eifel bis in die heutige Oberpfalz zog, bestehen natürlich manche Unterschiede im Abtragungsgut und der weiteren Aufbereitung. Aber selbst innerhalb des vergleichsweise ziemlich engräumigen Frankenwaldes unterscheiden wir 2 Faziesbereiche, nämlich:

a) Thüringische Fazies, die weit auf bayerisches Gebiet übergreift und auch südlich des Fichtelgebirges angetroffen wird,
b) die Bayerische Fazies unmittelbar an der Münchberger Masse.

Nach WURM „scheint ein geosynklinaler Tiefenherd mit gesteigerter magmatischer Unruhe über lange Zeiten hindurch die epeirogenetische Sonderentwicklung der Bayerischen Fazies verursacht zu haben".
Beide beginnen am Ende des Kambriums und ziehen sich ohne Schichtlücke bis Unterkarbon durch. Die Skizze auf Seiten 76 + 77 stellt die Unterschiede in der Ablagerungsfolge gegenüber.
Wir werden die wichtigsten Gesteine beider Faziesbereiche kurz beschreiben und jeweils Fundmöglichkeiten erwähnen. Bemerkenswerterweise gibt es selbst heutzutage noch viele Aufschlüsse, denn einerseits bilden manche Gesteine natürliche Felspartien oder wurden durch Straßen- und Bahnbau angeschnitten. Andererseits ist die Mehrzahl der Frankenwaldsedimente ohne jegliche technische Bedeutung, so daß man nur bei wenigen Vorkommen künstliche Aufbrüche vorfindet.

Gesteine der Bayerischen Fazies

Wildensteiner Schichten

Dies sind blaue bis blaugraue glimmerführende Quarzitschiefer mit grauen oder schwarzen Sandsteinen wechsellagernd. Stellenweise Fossilführung: Trilobiten, Brachiopoden, Cystoiden und Nadeln verschiedener Schwämme. Aufschlüsse am Galgenberg bei Premeusel, Ortsausgang von Wildenstein und der Pechgraben bei Stadtsteinach.

Lippertsgrüner Schichten

Gleichfalls fossilreiche Tonschiefer von roter bis gelber Farbe. Die Trilobiten kommen besonders in den eingelagerten Kalkknollen vor. Der einzige Fundpunkt liegt ca. 200 m sw Weidstaudenmühle zwischen Lippertsgrün und Schwarzenbach/Wald.

Leimitzschiefer

Lichtgraue milde Tonschiefer mit reichhaltiger Fossilisation an Brachiopoden und Trilobiten. Eine Stelle in einem Hohlweg in Leimitz bei Hof gilt mit Recht als der bedeutendste Fossilfundpunkt des Frankenwaldes. Er lenkte bereits vor 100 Jahren die Aufmerksamkeit der berühmtesten europäischen Paläontologen auf sich. Auch heute werden gelegentlich noch Versteinerungen gefunden.

Sedimente im Frankenwald

Jüngeres Paläozoikum

125

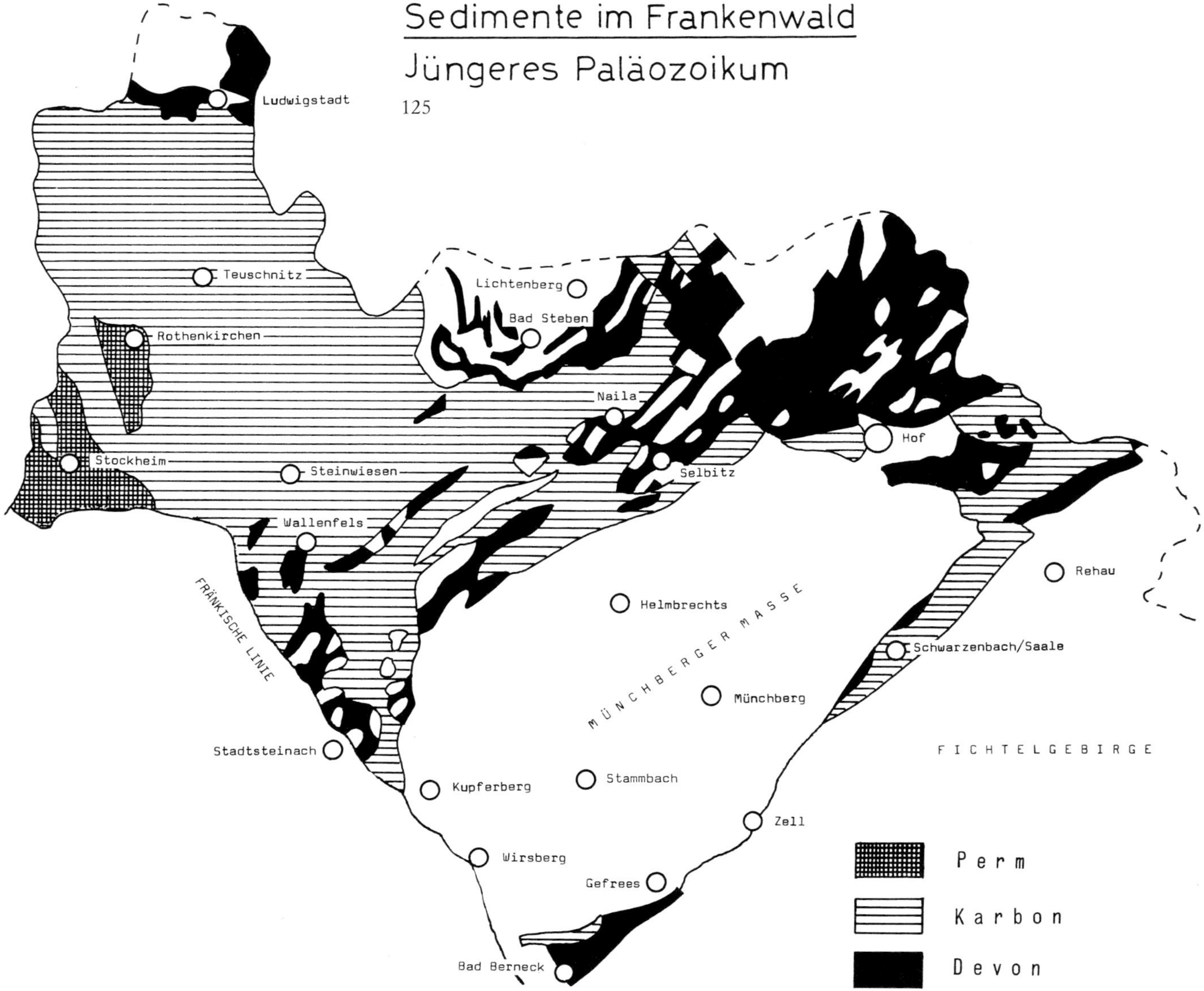

Sedimente im Frankenwald

Älteres Paläozoikum

126

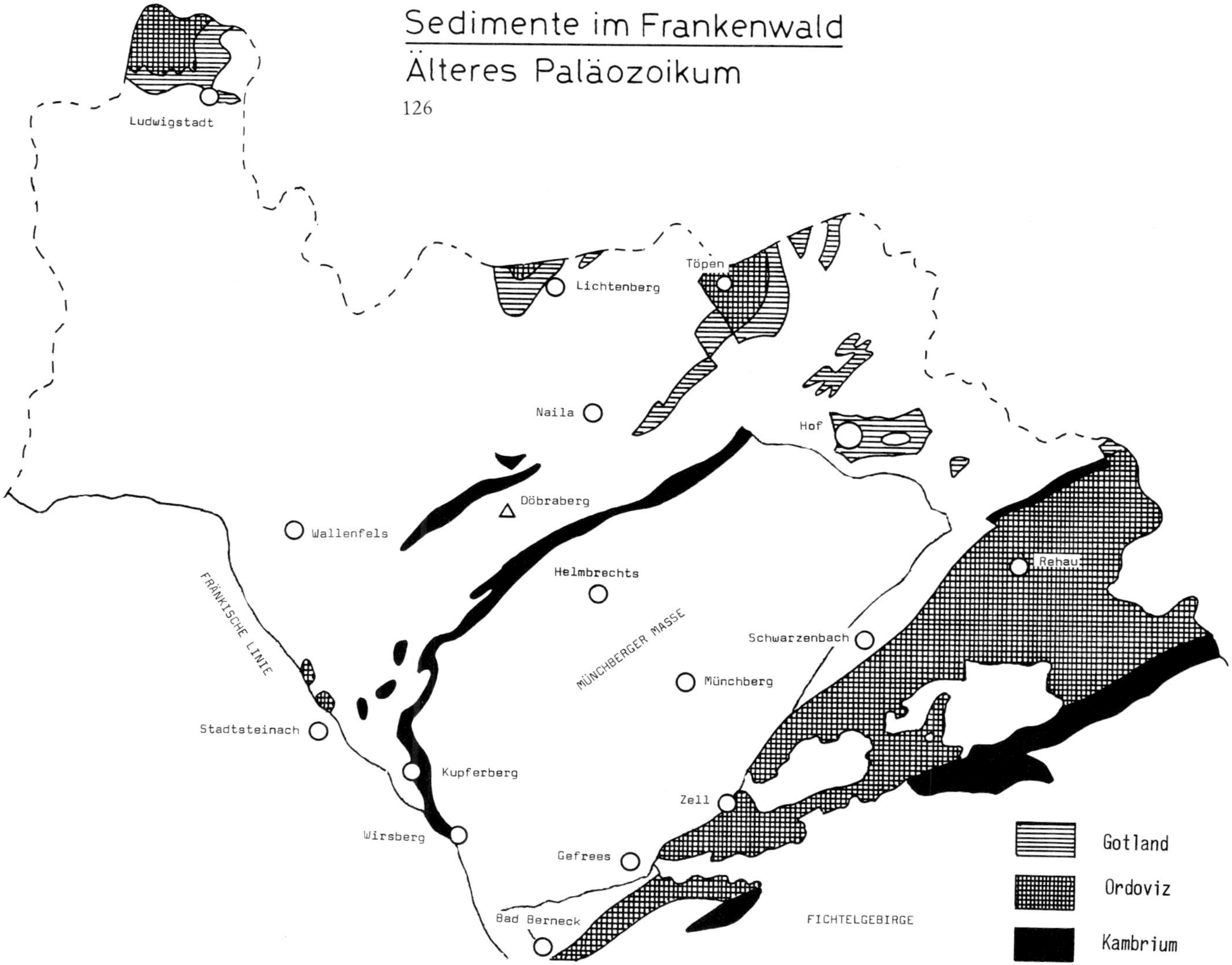

Randschiefer
(Rand entlang der Münchberger Gneismasse) = eine Serie bunter, dünnplattiger Tonschiefer mit einzelnen Sandschichten, ziemlich fossilarm. Aufschluß im Fahrweg von Guttenberg nach Vogtendorf.

Kalkknollenschiefer
bilden Einlagerungen in sandigen Quarziten. Man findet sie am Bahnhof Schauenstein.

Elbersreuther Serie
besteht aus gelben bis grünen Tonschiefern mit sandigen Zwischenschichten; ziemlich fossilarm. Gute Aufschlüsse liegen im Zegasttal bei Schwarzenbach/Wald.

Döbrasandstein
Ein graugrüner, im verwitterten Zustand gelb werdender, feinkörniger Sandstein mit winzigen Muskowitschuppen und unregelmäßig großen Flecken von Fe- und Mn-Oxid. Er kommt bei 20–30 m Mächtigkeit am gesamten Döbraberg vor und in einem Steinbruch bei Oberbrumberg.

→ 144

Lydit
des Gotlands (es treten auch im Devon nochmals Lydite auf). Tiefschwarze mit vielen weißen Adern jeglicher Richtung durchzogene sehr harte Gesteine aus organogenem Gelquarz bestehend, nämlich aus Absätzen der Kieselskelette von Radiolaren. Lydit kommt an vielen Stellen des südlichen bis östlichen Frankenwaldes vor, meist als Lesestein und dann durchaus auch in jüngeren Schichten, denn er setzt der Verwitterung großen Widerstand entgegen. Der einzige nennenswerte Aufschluß liegt in einem Forststeinbruch am S-Hang des Rauhenberges s Döbra, in Höhe der Abzweigung nach Thron. Lydit, auch Kieselschiefer genannt, ergibt hochglanzpoliert ein schmuckes Aussehen, besonders dann, wenn er durch Hämatit rot gefärbt wurde.

→ 55,133, 495

Graptolithenschiefer
Schwarze Tonschiefer, meist gut und mit glatter Oberfläche spaltend. Bei den Abdrücken der Graptolithen (Ruderarme von quallenartigen Tieren) kann man eine Vielzahl von Formen unterscheiden. Weitaus die meisten erinnern an Laubsägeblätter: geradlinige und spiralig gewundene. Sie treten zuweilen weiß, meist aber nur durch geringen Glanz hervor. Als bekannteste Fundstellen gelten der Teufelsstein bei Triebenreuth und der Hundsrücken 850 m nw Vogtendorf.

→ 52

Orthoceratenkalk
Im Gegensatz zu den jüngeren Kalksteinen (des Oberdevons) nur geringmächtige Schichten, zudem nur sporadisch aufgeschlossen. Dunkelgrau mit roter Tüpfelung, stellenweise geflasert. Gehalt an Graptolithen und Orthoceren. Klassisches Vorkommen = Schübelebene 1,3 km nw Elbersreuth. Ein weiterer Aufschluß besteht im Flemersbachtal bei Köstenberg.

Ockerkalk
Ein dunkelgraues, schuppiges bis knolliges Gestein, das durch seine gelben Ockerlagen charakterisiert wird. Es führt reichlich Fragmente von Eurypteriden, Orthoceren und Crinoiden. Lesesteine können im Hohlweg zwischen Löhmar und Löhmarmühle gefunden werden.

Tentaculitenkalk
Eine uneinheitliche Paketierung von feinkörnigen rauhen Kalksteinen mit Zwi-

schenlagen von Effusivbrekzien, Tuffiten, Lyditen und wohl auch Kalkbrekzien. Im bereits erwähnten Flemersbachtal zu sehen. Tentaculiten = Fragmente devonischer Mollusken.

Lydit
(des Oberdevons) unterscheidet sich erheblich von den tiefschwarzen, stark geaderten Kieselschiefern des Silurs. Für die jüngeren Lydite ist die helle, gelbe bis grünliche Färbung typisch. Adern kommen nur spärlich vor, Fossile können nur unter dem Mikroskop festgestellt werden. Stellenweise schalten sich rote Tonschiefer dazwischen. Nennenswerte Aufschlüsse gibt es nicht, wohl aber im Humus eingebettete Brocken an der Randspitze und den Waldbergen nw Geuser bei Wallenfels, sowie am Knock bei Presseck.

Kühberg-Schichten
Dickbankige Quarzite, wechsellagernd mit Tonschiefern. Wenig verbreitet; Profile längs der Forststraßen am N- und SW-Hang des Kühberges bei Stadtsteinach.

Kalke des Oberdevons
Hier gibt es kaum Unterschiede zwischen Bayerischer und Thüringischer Fazies (siehe Seite 82)

Gattendorfia-Stufe
Grünliche Tonschiefer mit knolligen Kalkeinlagerungen. Artenreiche Ammonitenfauna. Aufschlüsse waren nur zeitweise gegeben; heute nur noch Lesesteinvorkommen bei Kirchgattendorf.

Geigenschiefer
benannt nach dem Gehöft Geigen w Hof, wo früher ein ansehnlicher Steinbruch bestand, der eine äußerst üppige Flora und Fauna (des Unterkarbons) offenbarte: Brachiopoden, Gastropoden, Bryozoen, Trilobiten und Muscheln aller Art konnten aus den grauen, sandig-glimmerigen Tonschiefern, die schwarze, kugelige Konkretionen enthielten, gut präpariert werden.

Kohlenkalk
Blaugrau bis schwarzgrau im rohen Bruch, tiefschwarz nach Anschliff. Keine Flaserung, aber reichlich von weißen Calcit-Adern durchzogen. Bei Aufschlagen deutlich bituminöser Geruch. Große Steinbrüche bei Poppengrün und Trogenau, früher zur Gewinnung von „Marmor"-Blöcken, heute für Granulat, das der Kunststeinproduktion dient. Trotz seines ansprechenden Dekors, das analogen Vorkommen in Italien, Frankreich, Spanien und Marokko in nichts nachsteht, mußte die Absicht, gatterfähige Blöcke für Architektur zu gewinnen, aufgegeben werden, da das Material zu zerklüftet ist. Manche bayerischen Schlösser und Kirchen besitzen noch Innendetails aus diesem Gestein, dessen polierte Oberfläche die eingebetteten Brachiopoden und Korallen in deutlichen Querschnitten zeigt. → 147

Grauwacke
Besonders grobkörnig, stellenweise sogar brekziös. Fundpunkte zwischen Regnitzlosau und Osseck am Wald.

Karbonschiefer
Äquivalent der Dachschiefer thüringischer Prägung, jedoch weit weniger bedeutsam und auch sonst kaum hervortretend. Darin reichlich Fossile, z. B. in den alten Brüchen von Osseck/Wald.

Papiermühle-Konglomerat
Gerölle aus grauem und rosa Quarzit. Aufgeschlossen an einem Hang bei der Papiermühle, 5 km nnw Helmbrechts.

Poppengrüner Konglomerat
Gerölle aus Grauwacke, Tonschiefer, Dolomit, Keratophyr, Kalkstein, Diabastuff und sogar Granit. Korngröße zwischen 1 und 30 cm. Anstehender Fels im Eisenbachtal 1,5 km s Schwarzenbach/Wald und am Kunreuther Berg w Presseck.

Blockkonglomerat
Gerölle aus Grauwacke und Lydit. Einzelne Trümmer bis 70 cm ∅. Im Lautengrund bei Presseck anzutreffen.

Polygene Kalkbrekzie
Aus verschiedenen Kalksteinen aufgebaut. In kleinen ehemaligen Steinbrüchen zwischen Elbersreuth und Köstenberg aufgeschlossen.

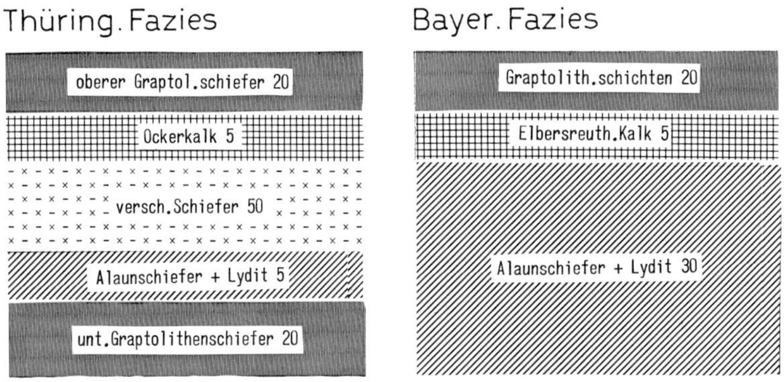

127
Schichtenfolge des Frankenwaldes im Gotland (früher Obersilur). Im Vergleich zum Ordoviz kam nur verhältnismäßig wenig Masse zur Sedimentation.

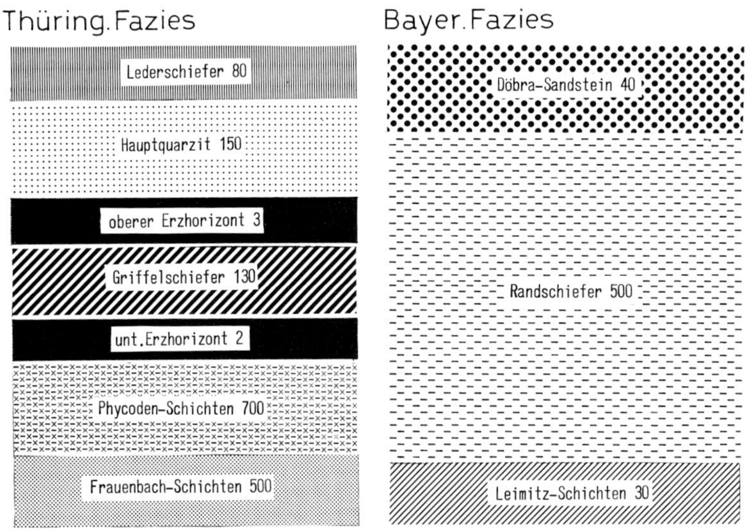

128
Schematische stratigraphische Darstellung des Ordoviz (früher Untersilur) im Frankenwald. Einer vielseitigen Schichtenfolge der Thüringischen steht eine eintönige der Bayerischen Fazies gegenüber. Die meisten der Schichtpakete sind in sich noch reich gegliedert.

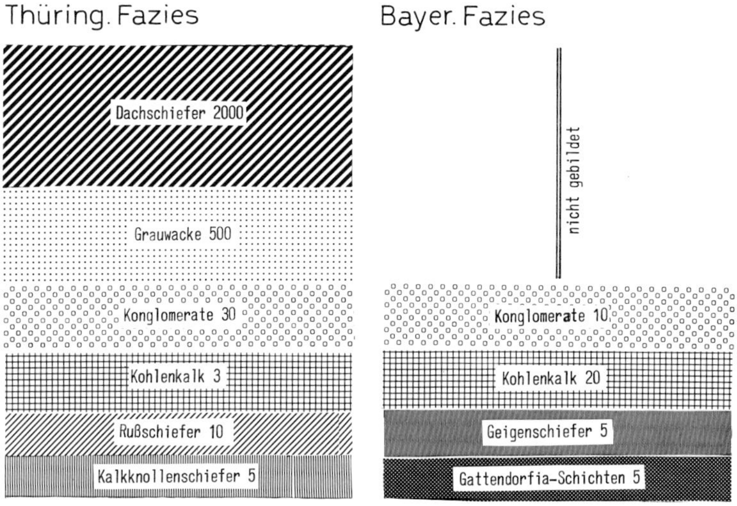

129
Schichtenfolge des Unterkarbons. Während sich im nördlichen Frankenwald noch 2,5 km mächtige Sedimente bilden konnten, schließt die Umgebung der Münchberger Masse bereits früher ab. Oberkarbonische Schichten, die u. a. im Ruhrgebiet die Kohlenlagerstätten beinhalten, lagerten sich bei uns nicht ab.

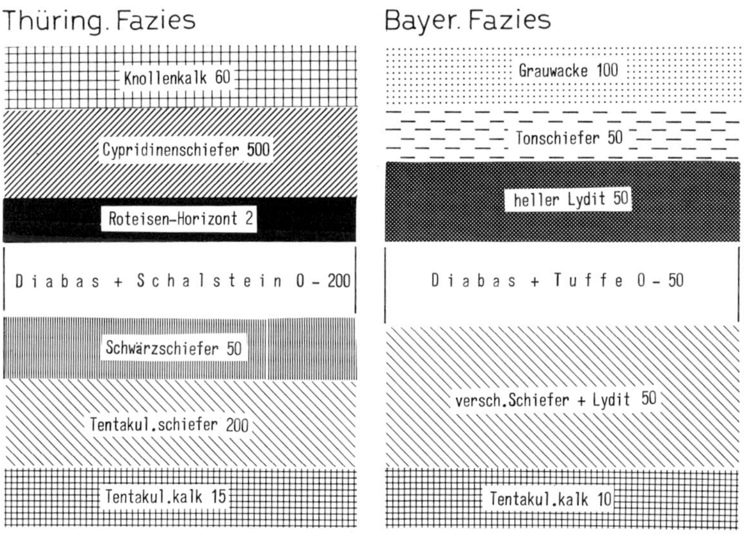

130
Stratigraphie des Devons in schematischer Darstellung. Auch hier erkennt man die wesentlich geringere Mächtigkeit der Bayerisch-faziellen Ausbildung.

131
Rote devonische Tonschiefer liegen, wenn auch verfaltet, mit den Tufflagen des Diabases von Kupferberg konkordant (w Bruch, 3. Terrasse).

132
Der ehemalige Steinbruch Mauthaus im Frankenwald. Bei der hellen Fläche handelt es sich um Kulmschiefer. Rechts davon treten Felsen von Wurstkonglomerat zutage.

Gesteinsaufschlüsse im Frankenwald

133
Unter den massiven Deckschichten kommen die schwarzen Lydit-Lagen zum Vorschein. Forststeinbruch am Rauhenberg bei Döbra.

Karbonschiefer aus dem Frankenwald

134
Dutzende von verlassenen Schiefergruben sind im ganzen n Frankenwald noch zu sehen. Eine Halde bei Dürrenwaid ist von der Autostraße aus bequem zu erreichen.

135
Der karbonische Schwarzschiefer prägte die bauliche Entwicklung des Raumes Kronach–Hof. Nicht nur die Dächer, auch die Außenwände, besonders an der Wetterseite, sind damit verkleidet.

136
Am Brunnenpavillon im Kurpark von Bad Steben sieht man, welche bemerkenswerten gestalterischen Effekte der schwarze Schiefer (mit weißen Fugen) ermöglicht. Sie bestimmen die Gartenarchitektur dieser Gegend.

Gesteine der Thüringischen Fazies

Kambrische Schichten sind im Frankenwald bisher noch nicht gefunden worden. Die Arzberger Serie des Fichtelgebirges könnte allerdings eine hypothetische Basis der altpaläozoischen Stratigraphie darstellen, zumal das untere Ordoviz des Fichtelgebirges durchaus dem des Frankenwaldes entspricht.

Frauenbach-Quarzit
Feinkörnig bis glasig, also stark verkieselt, grau bis gelblich. Zwischen Rehau und Schönwald erschlossen, besonders an der Kleppermühle.

Phycodenschiefer
Mattschimmernd, ölgrün, zuweilen sandstreifig, gelegentlich auch von kräftig roten tonigen Lagen durchsetzt. Eindrucksvoll am W-Hang des Leuchtholzes bei Töpen (dicht an der DDR-Grenze) aufgeschlossen.

Phycodenquarzit
Gleichmäßig feinkörnig, äußerst hart, früher als Wetzstein verwendet und in mehreren Brüchen bei Lauenstein gewonnen.

Griffelschiefer
Sehr feinkörniger graublauer Tonschiefer ohne erkennbare Schichtstruktur, daher in der Tat früher zur Herstellung von Schieferstiften verwendet. Damals waren mehrere Gruben oder Brüche bei Ebersdorf w Ludwigsstadt in Betrieb.

Hauptquarzit
Dünnplattig, meist gelblichgrau. Felsklippen am Rumpelbühl bei Zeitelwaidt w Lichtenberg.

Lederschiefer
Aschgrau mit Muskowit-Schüppchen. Fundstellen am O-Hang des Tales von der Krötenmühle zur Mordlau w Lichtenberg.

Hirschberger Gneis
Unvermittelt konkordant in die Schiefer eingelagert. Prävariskischer Metagranit und damit möglicherweise in Beziehung zum Orthogneis des zentralen Fichtelgebirges (siehe Seite 67) stehend. Aufschlüsse am Berg Büchig sö Tiefengrün, hauptsäch-

---

Minerale aus der Grube Bayerland

137
Pyrit in der typischen Form des Ikosaeders.
☐ 23 → 29

138
Magnetkies (grau) mit Schlieren von Kupferkies (messinggelb).
☐ 110 → 30

139
Kugeln von Markasit.
☐ 90 → 29

140
Kombinationen Oktaeder/Hexaeder von Pyrit.
☐ 60 → 29

141
Falkmanit, ein Antimon-Blei-Erz.
☐ 150 → 30

142
In einem angeschliffenen Stück Pyrit erkennt man (links) kugelige Gebilde von Pittizit, einem Eisenarsenat mit Gelwasser.
☐ 50 → 31

137

140

138

141

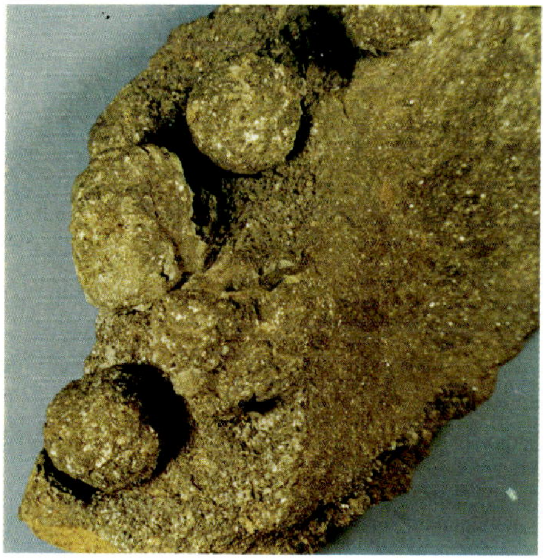
139

142

lich aber jenseits der thüringisch/bayerischen Grenze. Historische Unterlagen berichten sogar von einem Zinnbergbau dortselbst um 1560, der 27 Zechen und 10 Pochwerke entstehen ließ.

Untere Graptolithenschiefer
Nur als Lesesteine 750 m ö Bahnhof Selbitz eventuell noch auffindbar. Schwarz, gut spaltbar.

Ockerkalk
Tonreicher, hell- bis dunkelgrauer Knollenkalkstein, von dem Brocken zwischen Ebersdorf und Ludwigsstadt gelegentlich auf Äckern auftreten. Schöne Aufschlüsse bei Ebersbach und am Lerchenberg bei Steinbach an der Heide. In Eberbach konkordant auf Graptolithenschiefer.

Obere Graptolithenschiefer
Schwarze Alaunschiefer mit geringer Fossilisation an Monograptus und Eurypteriden. Zwischen Ludwigsstadt und Thünahof (Hohlweg) sowie am Hügel Katzwich bei Ebersdorf bestanden Aufschlüsse.

Tentakulitenkalk
Rauher, grauer Schiefer mit apfelgroßen Kalkknollen. Reichlicher Gehalt an Tentaculiten und Styliolinen. Felspartien am w Ortsrand von Weidesgrün bei Naila.

Tentakulitenschiefer
Blaugrün, gelbgrünlich, seltener rot. Fossile klein und undeutlich. Verbreitung zwischen Ebersdorf und Katzwich sowie am N-Fuß des Eisenberges bei Ludwigsstadt.

Nereitenschiefer
Äquivalent zum vorhergenannten. Fossilreich, dünnspaltend und daher früher zur Dacheindeckung verwendet. Ehemalige Brüche auf der Höhe des Winterberges sö Ludwigsstadt.

Granitkonglomerat
Gerölle aus prävariskischen Magmatiten (jetzt Gneis) mit Blöcken bis 1 m ∅. Gute Felsbildungen inmitten des Ortes Reitzenstein und im Bahneinschnitt bei Unterklingensporn n Naila.

Devonkalke
Unterschiedlich ausgebildete dichte Kalksteine, teilweise geflasert, teilweise knollenartig texturiert; häufig von Schiefer- oder Tonlagen durchsetzt; gelegentlich mit Tuffen vermischt und zuweilen auch brekziös ausgebildet. Dabei reiche Ornamentierung durch Adern unterschiedlicher Richtung und Stärke. Die zeitliche Einordnung innerhalb des Oberdevons ist noch nicht völlig gesichert: vermutlich stellen die roten Kalke die älteren und die grauen die jüngeren Schichten dar (analog den Vorkommen an der Lahn, in der Eifel und in Belgien). Nicht selten finden sich Clymenien, Goniaten, Wocklumerien und Orthoceren. → 493
Im Gegensatz zu den Fossilen der meisten Jura- und Muschelkalkschichten, die häufig in offener Bankung daliegen, sind die devonischen Versteinerungen bedauerlicherweise so innig mit dem Einbettungsmaterial verbunden, daß man sie eigentlich nur in polierten Platten gut erkennt, wobei dem Zufall ein entsprechend günstiger Gesteinsschnitt zu danken ist.
Die Devonkalke stellen zweifellos das technisch bedeutsamste paläozoische Sedimentgestein unseres Raumes dar. Von den vielen einstigen Steinbrüchen überlebten nur 3 das Steinbruchsterben zu Beginn unseres Jahrhunderts, nämlich:

● Horwagen
Dieser aus nur wenigen Häusern bestehende Weiler liegt bei Bobengrün, etwa 3 km s Bad Steben. In dem riesigen, modern ausgestatteten Betrieb werden Blöcke bis zu 5 m^3 gewonnen und in ganz Deutschland verarbeitet, gelegentlich auch nach Übersee exportiert, wobei sich die Handelsbezeichnungen MARXGRÜNER MARMOR oder DEUTSCH-ROT einbürgerten. Dem Dekor nach unterscheidet man folgende Varietäten, die jedoch häufig, oft sogar innerhalb eines einzigen Blockes, ineinander übergehen:
ROSA = weiße und rosa Lagen, an Kalbfleisch erinnernd.
ROT = kräftig braunrot, flaserig.
ROT/GRÜN = rosa bis braunrot mit vielen weißen Calcit-Adern oder -Wolken und unregelmäßig geformten Einschuppungen von kräftig grünen tonreichen Partien. Diese Grünfärbung gilt als sehr typisch für Horwagen und ist kaum bei analogen Devonkalken (des Lahn- und Lennegebiets, Thüringens, Belgiens) zu beobachten.
FLAMMIG = hellrote, ziemlich eckige Trümmer ruhen in einer dunkleren Grundmasse aus rotem bis braunem tonigem Kalk, so daß der Eindruck eines Konglomerates entsteht. → 148
DUNKEL = graugrüne, blaugraue Grundmasse mit perlartig eingelagerten Kalkpartikeln von weißer bis roter Farbe. → 221

● Köstenberg
4 km n Presseck. Ein schwierig zu bewirtschaftender Bruch an einem Steilhang. Er liefert ebenmäßiges Material in gleichfalls recht ansehnlichen Dimensionen und spielt weit über die Grenzen Nordbayerns hinaus unter den Handelsbeziehungen WALLENFELS, KÖSTENBERG, FRANKENWALD-GRAU eine Rolle. Bei leicht nuanciertem grauen Grundton wird das Gestein durch dunkelgraue Wolken, schwarze Mäander und weiße Calcit-Anhäufungen dekoriert, wobei sich ein recht lebhaftes Gefüge ergibt.

● HOF
Der jetzige Steinbruch liegt in einer Mulde ö der Stadt, auf dem Weg nach Leimitz. Er galt vor 1914 als der bedeutsamste des oberfränkischen Devons. Damals hat man 3 Varietäten unterschieden:

Sedimente des Paläozoikums

Aus der Vielzahl der Gesteine kann nur eine ganz bescheidene Auswahl aufgenommen werden.

143
Unterkarbonisches Trümmergestein, das sog. Wurstkonglomerat aus Mauthaus bei Steinwiesen.
☐ 70 → 90

144
Devonischer Sandstein, Christusgrün.
☐ 70 → 74

145
Kramenzelkalk vom Theresienstein der Varietät FORELLENSTEIN.
☐ 70 → 86

146
Derselbe Horizont (wie links) nur in leicht poröser Ausbildung. Ködeltalsperre.
☐ 70 → 90

147
Unterkarbonischer Kohlenkalk. Poppengrün.
☐ 70 → 75

148
DEUTSCH-ROT aus Horwagen in der seltenen knolligen Abart.
☐ 70 → 83

143

146

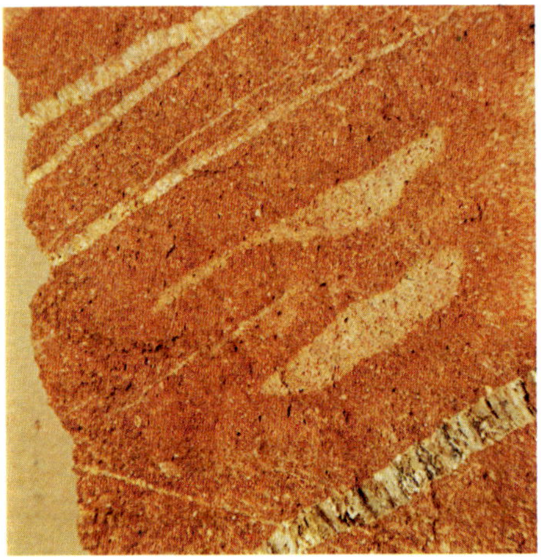
144

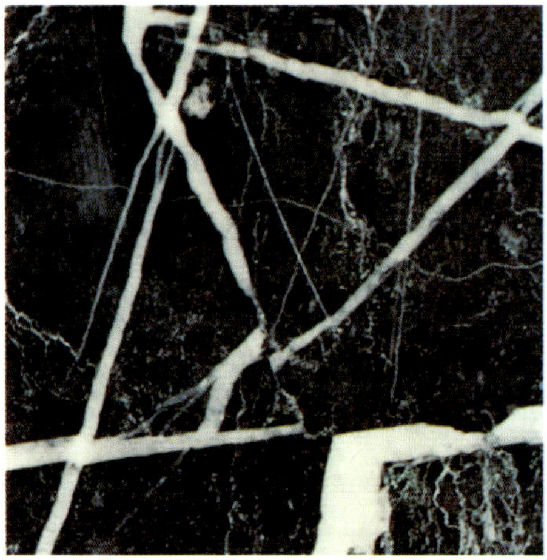
147

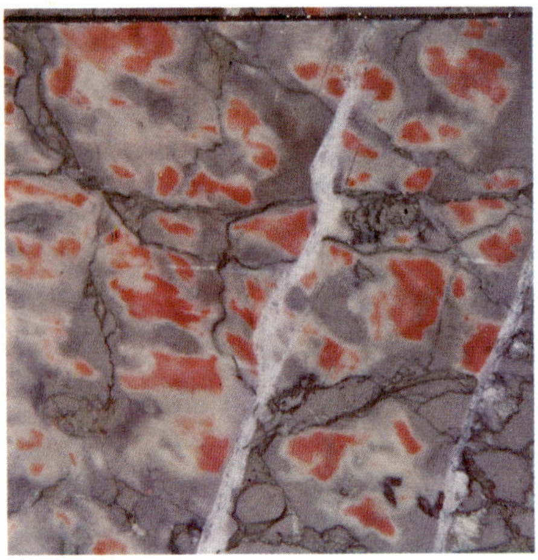
145

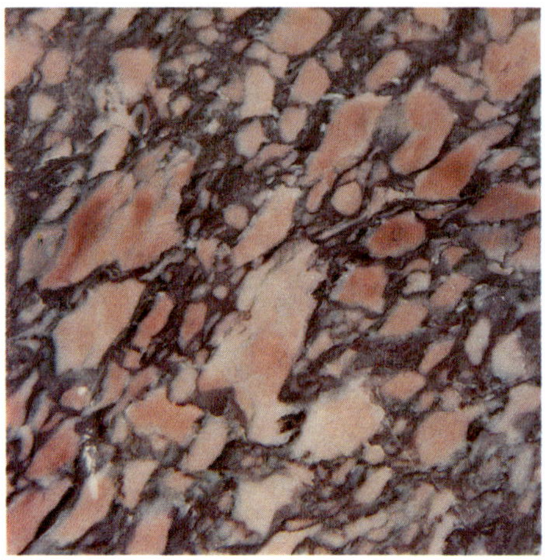
148

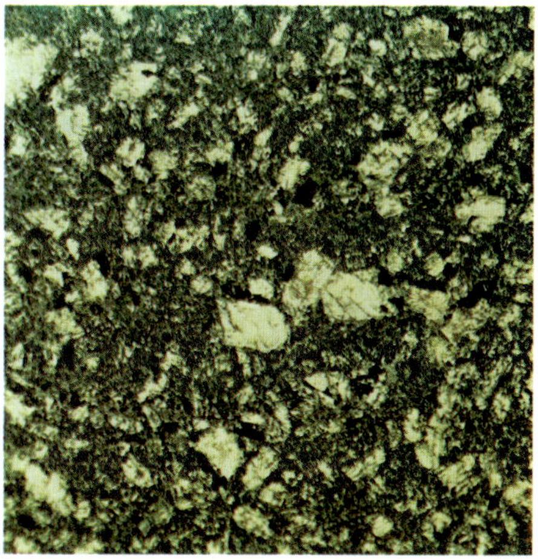
149

152

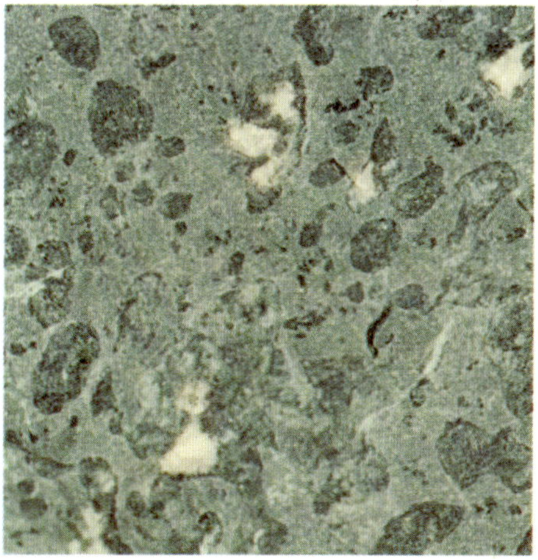
150

153

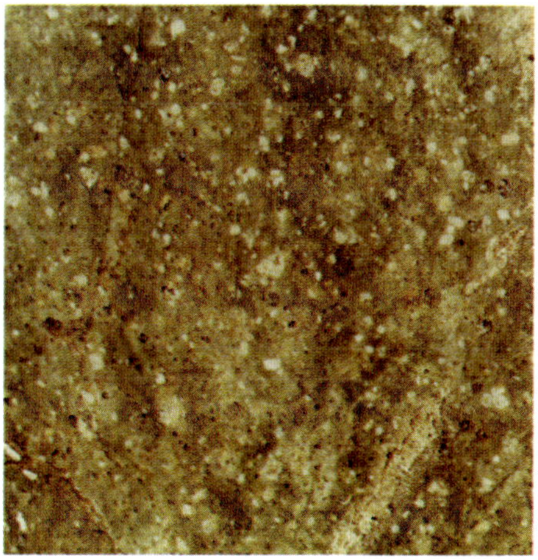
151

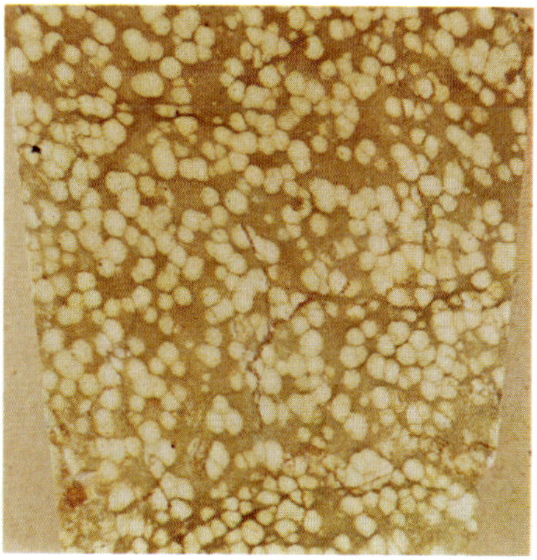
154

THERESIENSTEIN = Normalausbildung, die bis zuletzt noch gefördert wurde. Sie weist die sog. Kramenzel-Textur auf, ein Begriff, den Etymologen auf ein altes Wort für *Ameise* zurückführen; offensichtlich erinnert die Netzung des Gesteins an die Gänge von Erdameisen. Ehemals vermutlich runde Kalkknollen, von einem dünnen Tonhäutchen umgeben, wurden deformiert, so daß die Tonlagen nunmehr einem räumlichen Netz gleichen. Adern treten relativ selten auf.
FÜRSTENSTEIN = dunkelgrau/hellgrau gewolkt, dem WALLENFELS-Typus entsprechend.
FORELLENSTEIN = äußerst attraktives Gestein, dessen Schichten der jüngere Bruchbetrieb leider nicht mehr erfaßte. In einer grauen Kramenzel-Textur sind unregelmäßige Flecken hochroter Farbe eingestreut, oft von schmalen weißen Höfen umgeben. Im Stadtkrankenhaus von Hof, dessen Flure damit verkleidet sind, läßt sich das schöne Gestein heute noch bewundern. → 145

In den 70er Jahren erlosch der Bruchbetrieb.

Rote Tonschiefer
Kräftig purpurrot bis braunrot, stark geschiefert und leicht zerfallend. Aufschlüsse am ehemaligen Bahnhaltepunkt Weidesgrün, im „Marmor"-Bruch Horwagen und im Diabas-Bruch Kupferberg. → 131

Rußschiefer
Schwarz mit Phosphorit-Konkretionen, die unter dem Mikroskop massenhaft Radiolaren erkennen lassen. Aufgeschlossen im Tal der Wilden Rodach bei Gasthaus „Fels" im Verband mit dem ausgehenden Oberdevon. Die dort gleichfalls anstehende nw Hangflanke führt ins Unterkarbon.

Basistuffit
Unebene bunte Schiefer mit auffälligen Oxidationserscheinungen. An den Hängen w Dürrenwaid zu finden.

Bordenschiefer
Graue bis graublaue feingebänderte Ton-

Initialer Vulkanismus

149
Grobkörniger Diabas von andesitischem Chemismus, wie er früher in den Flußspat-Gruben von Lichtenberg regelmäßig anstand.
☐ 80 → 130

150
Schalstein = stark verfestigter Diabastuff. Dunkle massive Partikel in Aschelagen, dazwischen weißer Calcit. Steinbruch Keilender Stein bei Berg.
☐ 80 → 130

151
Dichter Keratophyr von der Steinachklamm. Verkieselte Grundmasse mit weißen Albit-Einsprenglingen.
☐ 80 → 133

152
Perldiabas, also Grundmasse eines Normaldiabases mit Variolen, hydrothermal durch Calcit ausgefüllt. Heute noch erreichbare Fundstelle = Schicker-Bruch in Bad Berneck.
☐ 80 → 131

153
Tuff = Ablagerung lockerer Aschen, also ein reines vulkanisches Sediment. In vielen äußerst variablen Ausbildungsformen in Kupferberg.
☐ 80 → 130

154
Tüpfelschiefer = verfestigter Keratophyrtuff. Weiße Porphyroblasten aus Feldspat in Aschegrundmasse. Lehsten. ☐ 80 → 134

schiefer, die in deutlich differenzierbare untere, mittlere und obere Lagen eingeteilt werden können, aber sich stets in Wechsellagerung mit Grauwacken und Konglomeraten, sowie dem markanten Dachschiefer befinden. Gute Aufschlüsse bestehen unmittelbar ö des alten Forsthauses Langenau und am Aussichtspunkt Kämmleinsfelsen, 2 km wsw Geroldsgrün.

Dachschiefer

Hervorragend eben spaltende schwarze Tonschiefer, die im weiten Umkreis von Nordhalben, aber auch bei Dürrenwaid und an den Hängen des Saaleufers bei Rudolphstein in verlassenen Brüchen gut erschlossen sind. Sie wurden, im Gegensatz zu den entsprechenden Vorkommen in Thüringen, nie zur Herstellung von Schiefertafeln verwendet, jedoch jahrhundertelang für Dacheindeckung. Die typischen schieferverkleideten Hauswände des gesamten Frankenwaldes und der durch frühere Binnenschiffahrt erreichbaren Gegenden bis über Bamberg hinaus zeugen noch davon. → 134–136
Heute ist lediglich die Schiefergrube Lotharheil bei Dürrenwaid-Silberstein noch in Betrieb. Im Untertagebau werden Quader für Hausfundamente, Gartenarchitektur, Brunnen, Treppenstufen, Tischplatten, Schriftplatten und Elektroschalttafeln gewonnen. Auch als Außenverkleidung haben sich Platten des Schwarzschiefers von Lotharheil ebenso gut bewährt, wie ähnliche Gesteine aus Westfalen, der Eifel, Spanien, Portugal und Norwegen. Bei diesen allen ging zumindest ein Teil der bituminösen Substanzen während der Diagenese in Graphit über, der ein Ausbleichen verhindert. Bei den erdgeschichtlich wesentlich jüngeren Vorkommen Italiens (Fontanabuona bei Genua), die auch bei uns gelegentlich zur Anwendung kommen, führt Bitumen früher oder später zu einer deutlichen Aufhellung.

Grauwacke

Mittelkörnig, dunkelgrau, fossilarm, oft ungemein zäh. Am besten im großen Schotterbruch von Förtschendorf 20 km n Kronach zu studieren. Als Grauwacke bezeichnet man einen stark verkieselten Sandstein mit reichlichem Gehalt an Kohlenstoff.

Minerale des Frankenwaldes

155
Das bis zu Anfang dieses Jahrhunderts abgebaute Kupfererz war Chalkopyrit in derbkristallisierter Form, aus Calcit auf Fluorit sitzend. Fundort = Kupferbühl.
□ 100 → 137

156
Honigspat (transparent helle Zinkblende) aus Haldenmaterial von der Dorschenmühle.
□ 2,8 → 138

157
Überzug von schwarzem Glaskopf, jedoch Limonit, nicht Psilomelan. Joditz.
□ 13 → 138

158
Gut ausgebildete Kupferkies-Kristalle gab es nur als Mikros in Drusen, wie sie auch heute noch an der Dorschenmühle gefunden werden können.
□ 2,8 → 137

159
Kubische Pyrite im unterkarbonischen Dachschiefer. Schiefergrube bei Ludwigsstadt.
□ 90 → 94

160
Anatas vom Silberberg bei Hof
□ 2,8 → 95

155

158

156

159

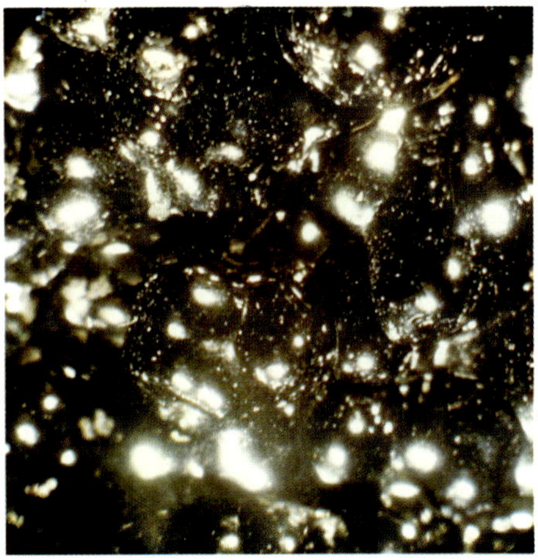
157

160

161

164

162

165

163

166

Wurstkonglomerat
Ein polymiktes Trümmergestein mit Korngrößen bis 2 cm. Es enthält schwarze und graue Lydite, Alaunschiefer, Quarzgerölle und Quarzite, Gneise und Phyllite, Diabase und Keratophyre und sieht daher im Anschliff äußerst lebhaft aus; man könnte es durchaus für ein Kunstprodukt halten. Oberflächliche Partien sind stellenweise ausgerostet, so daß zu den schwarzen, grauen und grünlichen Tönen auch noch braune, gelbliche und rote Farbe kommt. Am ehemaligen Steinbruch beim Haltepunkt Mauthaus, ca. 4 km nö Steinwiesen ist es gut erschlossen und zwar im Verband mit Schwarzschiefern und Grauwacken. Besonders viel kristalline Komponenten enthält dieses Trümmergestein in einem verlassenen Bruch im Tal der Leitsch w Nurn. → 132, 143

Teuschnitzer Konglomerat
Es enthält relativ mehr Magmatitanteile und wirkt daher noch bunter bei oft ockergelber Grundmasse. Zuweilen porig. Gute Aufschlüsse zwischen Kohlmühle und Bastelsmühle 3 km n Teuschnitz. Auch im Südteil der Ködeltalsperre (Trinkwasserspeicher) bei Nurn traten derartige Konglomerate auf. Trümmergesteine erteilen der geologischen Forschung zuverlässige Auskünfte über die Schichtenfolge früherer Perioden. → 146

Kalkkonglomerat
Sehr grobkörnig, bis 20 cm Ø. Devonkalke und verschiedene Schiefer enthaltend. Noch auffindbar n und w Wallenfels im Schmiedesgrund und an der Forstloh.

Gerölltonschiefer
Konglomerat ungeklärter Altersstellung innerhalb Unterkarbon. Lesebrocken in der Umgebung von Titschendorf/DDR, jedoch noch auf Bundesgebiet reichend in Richtung Nordhalben.

Nichtkristallines Paläozoikum außerhalb des Frankenwaldes

Im Diabas/Devon-Keil von Bad Berneck, den man gemeinhin nicht dem Frankenwald zuzuordnen pflegt, ruhen diskordant zur Randschieferserie der Münchberger

---

Minerale des Frankenwaldes

161
Stengeliger Epidot. Dorschenmühle.
□ 7,3 → 95

162
Dodekaeder von Grossular. Dorschenmühle.
□ 7 → 95

163
Katzenauge vom Labyrinth bei Hof, mugelig geschliffen.
□ 40 → 132

164
Chlorit in gebogenen Kristallen. Dorschenmühle.
□ 2,8 → 95

165
Blaßgelbe Sphen-Kristalle im Habitus von Grothit. Dorschenmühle.
□ 2,8 → 95

166
Chalcedon-Trauben aus Joditz.
□ 7

Masse etliche Devon-Horizonte. Mangels Aufschlüssen hat ein Bodenstudium hier lediglich einen Sinn bezüglich wissenschaftlicher Forschung. Dagegen erscheint auch dem Nichtfachmann ein Aufschluß bewunderungswert, nämlich der wenig bewachsene Steilhang, der sich von Schloß Stein bis auf das wesentlich höher gelegene Dorf Stein (ö Bad Berneck) hinzieht. Hier beginnt die Stratigraphie bereits beim Ordoviz und reicht bis zum Anfang des Devons.

Im Oberpfälzer Wald erscheinen ebenfalls Silur und Devon. Ganz sicher bestand einst eine unmittelbare Verbindung dieser Scholle mit dem Frankenwald. Das aufsteigende Fichtelgebirge hat die Verbindung anläßlich der Variskischen Faltung unterbrochen. Die Frauenbach-Quarzite, Phycodenschiefer und Gräfenthaler Schichten konnten um Guttenberg w Erbendorf festgestellt werden. Die typisch violetten Schiefer der Umgebung von Guttenberg, die sogar nach diesem Ort benannt sind, gehören wahrscheinlich dem höheren Silur an, wogegen schwarze Lydite ins Devon gestellt werden müssen.

Oberdevonische Schichten treten ferner bei (s und sö) Goldkronach auf, bei Kirchenpingarten, Ahornberg, Friedenfels

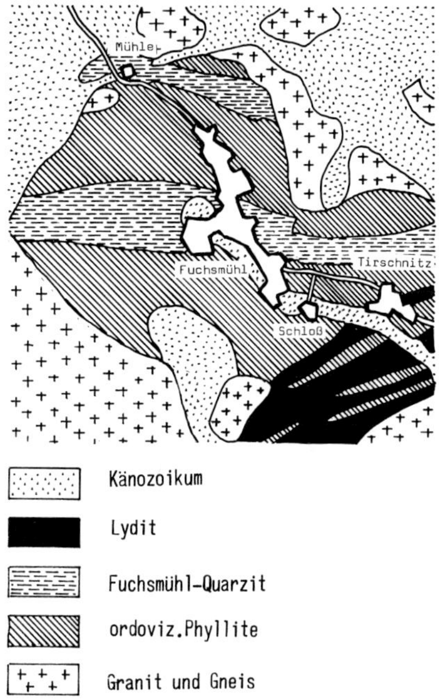

167
Eine „Insel" mit ordovizischen Gesteinen im Oberpfälzer Wald; man könnte sie in petrographischer Hinsicht als eine Exklave des Frankenwaldes auffassen.

Erzminerale des Frankenwaldes

168
Siderit (Spateisen) stellte das primäre Eisenerz der Stebener Gänge dar. Stufen von dieser guten Ausbildung sind seit langem nicht mehr aufgetaucht.
□ 120 → 135

169
Pseudomorphose von Limonit nach Pyrit. Eichenstein.
□ 7 → 137

170
Pseudomorphose von Malachit nach Cuprit. Tauperlitz.
□ 2,8 → 138

171
In Siebenhitz und anderen Lagerstätten von Brauneisen kommt neben gelartigen und erdigem Limonit immer auch faseriger Hydrohämatit = Goethit vor.
□ 150 → 135

172
Pseudomorphose von Siderit nach Calcit. Siebenhitz.
□ 40 → 135

173
Pseudomorphose von Limonit nach Siderit. Dorschenmühle.
□ 2,8 → 135

168

171

169

172

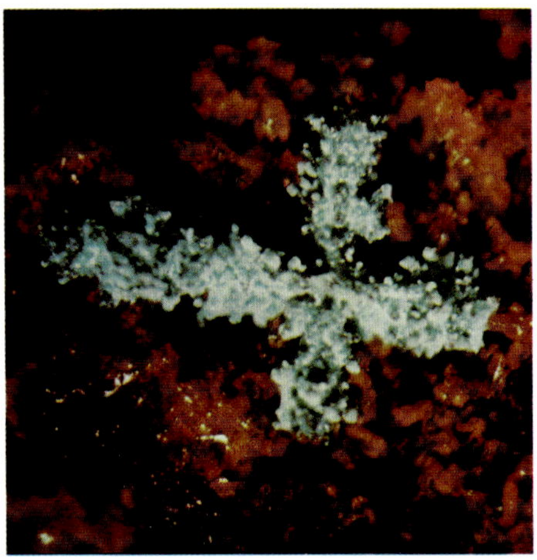
170

173

174

177

175

178

176

179

und Erbendorf. Sie sind regionalmetamorph geprägt und daher nicht immer identisch mit synchronen Vorkommen des Frankenwaldes. Eine interessante Brekzie, die hin und wieder in Lesestücken bei Erbendorf auftritt, gehört wohl auch hierher. Der Kalksilikatfels von Voitenthan bei Friedenfels könnte ein metamorphosierter Devonkalk sein.
Silur gibt es auch im Waldsassener Raum, besonders bei Mammersreuth und Hatzenreuth. Bei Geologen findet eine gotlandisch/devonische Insel mitten im Granit des Steinwalds besondere Beachtung. Sie erstreckt sich mit 2 km Breite und doppelter Länge von Fuchsmühl bis Wiesau.

Mineralführung der paläozoischen Schichten

Eine bedeutende syngenetische Mineralisation dürfen wir nicht erwarten. Nur folgende Paragenesen verdienen Erwähnung:

Pyrit
findet sich nicht selten im unterkarbonischen Dachschiefer. Als undeutlich kristallisierte und dann meist stark verrostete Kruste ist er in jedem Schieferbruch zu erkennen. Nur gelegentlich kommen größere Kristalle vor, meist von bester Ausbildung der Kuben, die beim Aufschlagen des Gesteins offen aufsitzen. Viele Fundstellen aus der Umgebung von Ludwigsstadt sind im Laufe der Zeit bekanntgeworden. Heute sind die Fundmöglichkeiten natürlich weitgehend vom Zufall abhängig.

Quarzkristalle.
Selten, schlecht ausgebildet und winzig in allen Quarz-führenden Schichten, besonders den Lyditen. Eine Ausnahme macht eine Quarzader bei der Lorchenmühle im Thiemitztal. Mehrfach hat man dort riesige Stufen klarer Quarzkristalle gefunden, allerdings nur kurzprismatisch entwickelt.
→ 208

Calcit
in undeutlich begrenzten Kristallen von

Cu-Minerale des Frankenwaldes

Zu dieser Tafel gehören auch die beiden Abbildungen auf der Einbanddecke, nämlich oben Mitte = kubischer Cuprit, unten rechts = Azurit.

174
Strahlensysteme von Malachit aus Lichtenberg.
□ 7 → 136

175
Neben dem kubischen Habitus bildet Cuprit gerne gitterartige Gerüste. Fundort = Tauperlitz.
□ 2,8 → 138

176
Azurit in kugeliger Ausbildung. Tauperlitz.
□ 3 → 136

177
Wenn die Malachit-Nadeln enger angeordnet sind, erscheinen sie als Kugeln. Lichtenberg.
□ 2,8 → 136

178
Chrysokoll als Verwitterungsprodukt der Kupfererze. Eichenstein bei Hölle.
□ 7 → 137

179
Kristalle von Azurit (aus Tauperlitz) darf man nur in sehr winzigen Ausmaßen erwarten.
□ 3 → 136

weißer bis rötlicher Farbe gelegentlich in den Devon- und Karbonkalksteinen. Auch unscheinbare Tropfsteine sind hin und wieder gefunden worden. Als Kluftfüllung kommen in den Schiefern hin und wieder Calcite vor, die rhomboedrischen Habitus und meist eine rosa Farbe zeigen. Die schönsten Kristalle der jüngsten Zeit tauchten beim Bau der Förmitztalsperre unfern Schwarzenbach/Saale auf. → 207

Kluftminerale
treten in den alten Schiefern besonders dort auf, wo diese im Kontakt zu Diabas stehen. Früher hat man wohl hin und wieder größere Stufen gefunden; heute ist die Suche danach ziemlich aussichtslos, da kaum Aufschlüsse bestehen, an denen gefördert wird. Dagegen lohnt sich das mühselige Suchen nach Micromounts immer noch und zeitigt erstaunlich schöne Kristalle in der Größenordnung um 1/10 bis 1/100 mm. Besonders die Dorschenmühle bei Lichtenberg und das benachbarte Motocross-Gelände haben sich als ungemein vielseitig erwiesen. Über drei Dutzend Kluftminerale, die bemerkenswerterweise allen 8 Mineralklassen angehören (ohne Organide) sind hier festgestellt worden:

Epidot
in stengeligen Verwachsungen von grüner bis gelber Farbe, fast immer mit Endflächen. → 161

Albit
Glasklare Kristalle oder getrübte Anhäufungen, meist in Verbindung mit anderen Mineralen.

Stilbit
in kompakten Kristallen von weißer bis gelblicher Farbe, aber auch in gut ausgebildeten Rosetten.

Chlorit
dessen genaue Eingruppierung recht schwierig ist. Es handelt sich um blätterige dunkelgrüngraue Aggregate, aber auch um stengelig-gebogene transparente olive Gebilde. → 164

Anatas
Dipyramidale Kristalle, zuweilen stufig gebildet, aber immer mit der typischen Horizontalstreifung, kommen in vielen Farben vor: meist gelb, aber auch rötlich, blaugrau und grünlich. Neben der Dorschenmühle wurde auch Sophienreuth als Fundstelle bekannt; hier bildet Phycodenschiefer die Matrix. → 217

Brookit
Erst in jüngster Zeit bei der Dorschenmühle entdeckt. Es handelt sich um gelbe geriefte Täfelchen von ca. 0,1 mm Ø. → 211

Sphen
Gelbbraune, selten auch blaue, flächenreiche kompakte Kristalle vom gleichen Fundort. → 165

Grossular
Olive Dodekaeder auf Calcit, von der Dorschenmühle bekanntgeworden, jedoch nur als Mikros. → 162

Apatit
Hochgewachsene Prismen von honiggelber Farbe. Wichtigster Fundort = Dorschenmühle. → 209

Vivianit
als Neubildung in klaren, pseudo-oktaedrischen Kristallen von tiefblauer Farbe hin und wieder zu beobachten.

180

183

181

184

182

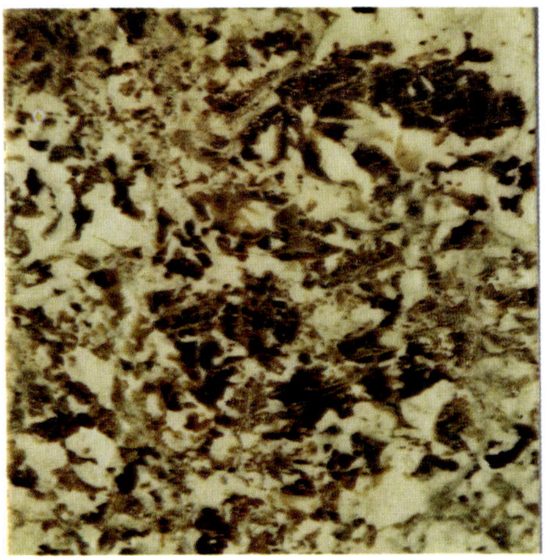
185

Gips
Hervorragend kristallisierte spießige Aggregate von hellbrauner Farbe kommen an der Dorschenmühle vor. Heute noch gelegentlich auf Haldenmaterial. → 206

Thuringit
(ein Fe-reiches Silikat der Chlorit-Gruppe) stellt Hauptgemengteil des nach ihm benannten Schiefers aus dem Obersilur dar. Große Vorkommen im Leuchtholz bei Tiefengrün und bei Bruck (beide nw Hof) veranlaßten bereits vor 500 Jahren ergiebige Bergbaue. *Grube Erzengel* war noch um 1800 in Betrieb. Ähnliche Vorkommen in Neuhüttendorf, Schwarzenberg und Spitzberg bei Ludwigsstadt, sowie an der Dorschenmühle bei Lichtenberg lohnten sich nur wenige Jahre. Versuchsabbaue bei Hatzenreuth und Mammersreuth/Waldsassen im letzten Krieg verliefen negativ.

Gümbelit
dieser nach dem Nestor der bayerischen geologischen Landeserforschung benannte Hydromuskowit zeigt sich allenthalben als Fugenfüllung in obersilurischen Schiefern, besonders markant in den schwarzen, als silbrig glänzender Anflug (s. auch S. 107)

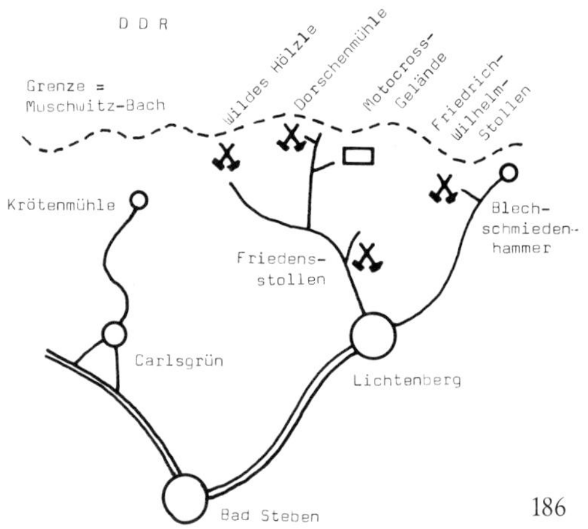

186

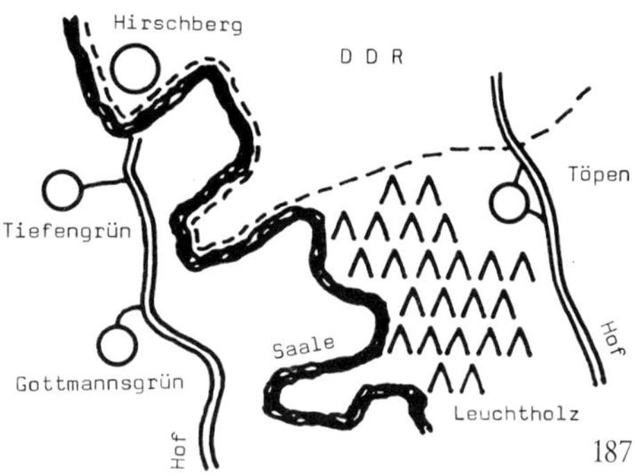

187

Gesteine der Münchberger Gneismasse

180
Amphibolgneis der Hangendserie. Hornblendelagen wechseln mit Albit bzw. mildem Plagioklas ab.
☐ 80 → 142

181
Im Metadiorit treffen wir große mafitische Putzen (Amphibol + Biotit) an.
☐ 80 → 44

182
Im Foto erscheinen die dunkelbraunen Glimmer verhältnismäßig hell. Dazwischen erkennt man die graugrünen Serpentin-Komponenten des Röhrenhofits.
☐ 80 → 159

183
Biotitgneis der Liegendserie. Bänderung durch schwarzen Glimmer und weißen Alkali-Feldspat.
☐ 80 → 142

184
Metanorit zeigt ein gleichmäßiges Korn von Plagioklas (weiß) mit Pyroxen (schwarz).
☐ 80 → 147

185
Saussuritgabbro von geringem Grad der Umwandlung. Oliv = serpentinisierte ehemalige Pyroxene. Weiß = saussuritisierter Feldspat.
☐ 80 → 155

Fossilführung des Frankenwaldes

Wie bereits im Vorwort angedeutet, würde es den Rahmen unserer Veröffentlichung sprengen, wollten wir die reichhaltige Fauna des nichtmetamorphen Paläozoikums ausführlich beschreiben. Wir beschränken uns daher auf einen nach den einzelnen Formationen gegliederten Überblick über den allgemeinen Bestand an fossilem Leben. Für diejenigen unserer Leser, die sich intensiv mit Petrefakten befassen, bringen wir Listen über die bekanntgewordenen Formen. Aus deren Umfang darf man jedoch nicht schließen, überall und zu jeder Zeit könnten die genannten Spezies aus dem Gestein geholt werden. Vielmehr handelt es sich um Funde aus den letzten 150 Jahren (seit BARRANDE) und auch unter diesen befinden sich von vielen Arten nur winzige und kaum identifizierbare Reste. Die 3 Schwarzweißtafeln geben die bekanntesten Fossile wieder. → 188–205

Schließlich sei hier noch bemerkt, daß am Schluß dieses Abschnittes die känozoischen Fossile des Fichtelgebirges des Zusammenhanges wegen mit aufgenommen worden sind, obwohl sie nicht recht unter die Überschrift passen und auch in der zeitlichen Abfolge unserer Beschreibung erst ganz am Ende einzuordnen wären.

Kambrium

Im Frankenwald liegt Unter- und Oberkambrium allem Anschein nach nicht vor. In mittelkambrischen Schichten ruht eine verhältnismäßig artenreiche Fauna, jedoch keinerlei fossile Flora. Als wichtigste Fundorte gelten:

- ein Streifen s Premeusel bis Wildenstein, besonders der Galgenberg und der Pechgraben
- Lippertsgrün bei Schwarzenbach/Wald, vor allem eine Stelle 200 m s Weidtstaudenmühle
- der Wald 500 m w Bergleshof bei Stadtsteinach.

Merkwürdigerweise gehören die dortigen Horizonte den beiden in Europa sonst getrennt auftretenden Faunenbereichen (nordisch und mediterran) an. Damit gleichen die kambrischen Frankenwald-Fossile einerseits jenen von Thüringen und Skandinavien, andererseits denen von Böhmen und dem w Mittelmeerraum.

Bekanntlich sind im Kambrium bereits alle Tierstämme, mit Ausnahme der Wirbeltiere, vertreten. Bei uns jedoch konnten bisher nur Trilobiten aufgefunden werden. Das sind asselähnliche Gliederfüßer (Stamm Arthropoda, Klasse Trilobita), von denen die folgenden Arten nachgewiesen sind:

Bailiaspis glabrata
Bailiella froeensis
Condylopyge carinata
Condylopyge rex
Dawsonia oelandica
Goniagnostus nathorsti
Hypagnostus parvifrons
Kingaspidoides frankenwaldensis
Lejopyge laevigata
Mesetaia hupei
Micmacca sera
Oxyprymna schloppensis
Paradoxides forchhammeri

Paradoxides insularis
Paradoxides aff. pinus
Paradoxides pusillus
Parasolenopleura sp.
Peronopsis fallax
Proampyx anceps
Protolenus wurmi
Ptychagnostus atavus
Ptychagnostus punctuosus
Solenopleura cf. brachymetopa
Solenopleura aff. münsteri
Tomagnostus fissus
Triplagnostus gibbus
Triplagnostus lundgreni
Wurmaspis rarus

Große und gut erhaltene „Dreilappkrebse" zählen zu den ausgesprochenen Seltenheiten. Meist zeigen sich nur Fragmente (Kopf- und Rückenschilder); auch diese können oft nur mit großen Schwierigkeiten und unter Anwendung etlicher präparatorischer Raffinessen aus der Matrix hervorgeholt werden.
Noch nachzutragen wäre, daß sich die Trilobiten, wenn auch mit anderen Arten, bis zum Devon, vereinzelt sogar Unterkarbon, gehalten haben.

Ordoviz

(= Untersilur nach früherer Gliederung). Fossilführende Gesteine dieser Formation gibt es in

- Leuchtholz sö Hirschberg/DDR
- ehemalige Griffelschiefer-Brüche bei Ebersdorf
- Hohlweg, 2–300 m nö Leimitz bei Hof
- mehrere Stellen bei Hof, alle inzwischen überbaut
- Hohlweg 800 m n Baiergrün und Felder 1000 m w dieses Ortes
- Wald zwischen Thron und Schönwald bei Helmbrechts
- Lesesteine am S-Fuß des Döbraberges

Deutlich unterscheiden sich die Lebensreste der beiden Fazies-Bereiche; vielleicht stärker als in den folgenden Zeitaltern. Erstmalig treten Pflanzen auf, denn dazu gehört wahrscheinlich
Hystrichosphaeridium longispinum
eine den Radiolaren zwar ähnliche, aber doch besser den Algen zuzuordnende Form.
Selbstverständlich gab es eine Vielzahl Protozoen-Arten, doch dürfen wir sie nicht als Fossil erwarten. Erst von den Schwammtieren (Spongia) liegen uns Belege vor, und zwar in Form von Schwammnadeln, genannt
Pyritonema subulare
Urtümliche Gliedertiere des Stammes der Anneliden zeigen sich als
Jivinella aff. incola
Nanorthis bavarica
Poramborthis catilla
Poramborthis gemmata
Hierher gehören wahrscheinlich auch die Phycoden. Dies sind Freß-, möglicherweise auch Wohnbauten bodenbewohnender Würmer. Die büschelförmigen Gebilde treten in den nichtmetamorphen Schiefern auf:
Phycodes circinatum
Nur wenige Dreilappkrebse konnten sich ins Silur hinüberretten; andererseits treten neue Formen davon auf, nämlich:
Apatokephalus asarkus
Asaphellus desideratus
Bavarilla hofensis
Calymene inopinata
Curiasis notabilis
Diceratopyge troedssoni
Dikelokephalina bohemica
Euloma geinitzi

Hemibarrandia triangula
Hospes nanus
Illaenus sp.
Lichakephalus erbeni
Lichapyge cf. primula
Macropyge sica
Niobella innotata
Parabolina frequens
Pharostomina ferentaria
Pharostomina öpiki
Pilekia anxia
Pilekia discreta
Protarchaegonus moroffi
Pseudopetigurus globulus
Pterocephalina bavarica
Triarthrus variscorum

Damit verwandt, aber schon erheblich weiter entwickelt, zeigen die meist sehr winzigen Agnostiden äußerlich zwischen vorn und hinten einen fast symmetrischen Aufbau. Zwei Arten tauchen im Frankenwald auf:

Geragnostus bavaricus
Leiagnostus franconicus

Die Muschelkrebse beginnen zögernd mit *Leperditia sp.*

Kleine, kegelförmige, nicht gekammerte Kalkgehäuse, zuweilen mit elliptischem Deckel stammen von einem urtümlichen Weichtier aus der heute verschwundenen Ordnung Hyolithes, nämlich der Art *Orthotheca hofensis*

Erste Brachiopoden (Armfüßer) treten bereits auf:

Prantlina desiderata

Als weitere Klasse der Tentaculata (Kranzfühler) stellen sich Inarticulata, auch Ecardines genannt, ein. Es handelt sich um zweischalige Armfüßer, die im Gegensatz zu späteren Brachiopoden und zu Muscheln noch kein Schloß ausgebildet haben. Der Frankenwald kennt 6 Formen:

Acrothele contraria
Acrotrete incoans
Lingulella cf. humillima
Lingulella aff. nicholsoni
Lingulella wirthi
Siphonotreta circularis

Poröse vieleckige Platten von arttypischer Anordnung bilden bei den Cystoideen einen birnenförmigen Kelch. Diese *Beutelstrahler* genannte Klasse, heute ausgestorben, zählt zum Stamm der Stachelhäuter (Echinodermata). Hiervon kennen wir:

Calix dorecki
Macrocystella bavarica

Die Graptolithen, Charakterfossile des Gotlandiums, kommen bereits mit einigen Arten vor:

Didymograptus extensus
Obulus siluricus
Tetragraptus headi

Den größten Artenreichtum entwickelten die Conodonten, weshalb sie als die besten Leitfossile des unteren Silurs gelten. Von diesen Tieren, die offensichtlich den Vorläufern der Wirbeltiere, besser den Manteltieren (Tunicata) zuzuordnen sind, kennen wir nur merkwürdig aussehende, aus Fluorapatit bestehende Skelette. Wir unterscheiden:

Acodus planus
Acontiodus angustus
Acontiodus arcuatus
Acontiodus franconicus
Acontiodus cf. latus
Acontiodus aff. rectus
Acrotreta döbraensis
Dichognathus cf. extensa
Dichognathus cf. typica
Distacodus cf. dilatadus
Drepanodus crassus
Drepanodus flexuosus
Drepanodus homocurvatus
Drepanodus parallelus
Drepanodus cf. subarcuatus

Drepanodus suberectus
Drepanodus cf. verutus
Oepikodus sp.
Oistodus abundans
Oistodus inclinatus
Ozarkodina sp.
Paltodus cf. striatus
Prioniodus alatus
Sagittodontus gracilis
Scolopodus sp.

Gotland

Laut WURM ist „die Fossilführung der Schiefer und Lydite des Gotlandiums einförmig; sie beschränkt sich auf Graptolithen, Radiolaren, Foraminiferen und Hystrichosphaerideen. In gewissen Horizonten sind Conodonten häufig. Seltener beobachtet man Schwammreste, Orthoceraten, Muscheln und Brachiopoden." Auch hier sind die untersten Stämme des Tierreichs nicht versteinerungsfähig gewesen, weshalb in der Reihenfolge des Systems zunächst aus der Klasse der Anthozoen Runzelkorallen (Unterklasse Rugosa) auftreten, nämlich:
Petraia decussata
Petraia radiata
Petraia semistriata
sowie aus den Abteilungen der anderen Korallen (Coelenterata)
Amplexus tenuicostatus
Die Anneliden (Vielborster-Würmer) sind vertreten mit
Serpula prisca
einer Gattung, die uns auch aus Trias und Jura hinlänglich bekannt ist. Es handelt sich dabei um Fraßspuren in Form geschlungener Schnüre.
Trilobiten kommen an sich selten vor, doch gibt es eine beachtliche Menge von Arten:
Acidaspis gibbosa
Aulacopleura münsteri
Bronteus grandi
Bronteus nilsoni
Bronteus otarion
Bronteus radiatus
Bronteus subradiatus.
Bumastus plani
Cheirurus cf. articulatus
Cheirurus propinquus
Encrinurus subvariolaris
Goldius costatus
Goldius franconicus
Goldius tuberculatus
Harpes gracilis
Harpes laevis
Harpes wilkensii
Proetus sp.
Erstmalig treten Schnecken (Klasse Gastropoda), und zwar die Gekreuztnervigen (Streptoneura), in Schichten des Frankenwaldes auf. Riesenformen dürfen wir dabei noch nicht erwarten; vielmehr weisen die meisten Arten eine noch unvollkommene oder sogar keine Spiralung auf. Die wichtigsten Arten:
Bellerophon cf. acutus
Bellerophon subcarinatus
Cirropsis spiralis
Cirropsis striatus
Cyclonema antiquum
Cyclonema texatum
Euomphalus ellipticus
Euomphalus franconicus
Euomphalus heliciformis
Euomphalus subcarinatus
Holopella antiqua
Holopella compressa
Holopella intermedia
Holopella lineata
Holopella prisca
Holopella tenuicarinata
Holopella trochleata

Lyptospira ungulata
Murchi sonia tricincta
Orthonychia paradoxa
Patella disciformis
Patella laevigata
Patella subradiata
Platyceras cornutum
Pleurotomaria bistriata
Strophostylus venustus
Trochus ovatus
Turbo nerei

Auch die Muscheln nehmen gegenüber Ordoviz an Arten- und Individuenzahl zu:

Amita disjuncta
Amita gracilis
Amita mytiloides
Amita triangula
Amita trigona
Cardiola consanguis
Cardiola elegans
Cardiola aff. gibbosa
Cardiola interrupta
Cardiola minima
Cardiola persignata
Cardiola spurius
Cardiola tegulata
Dualina bicarinata
Dualina costulata
Dualina menippe
Dualina nuda
Dualina plicata
Dualina proximaesimilis
Dualina subarquata
Dualina tripartita
Mila delicata
Mila frankenwaldensis
Modiolopsis acuta
Modiolopsis semistriata
Myalina subsulcata
Nucula protei
Paracardium intermedium
Paracardium interpunctatum
Paracardium latum
Patrocardium angulatum
Patrocardium arcuatum
Patrocardium decussatum
Patrocardium evolvens
Patrocardium lineatum
Patrocardium quinquecostatum
Patrocardium semicinctum
Patrocardium subsimile
Praearca concentrica
Praecardium latecostatum
Praeostrea bohemica
Tenka paucicostata
Tenka propinqua
Tenka semialata

Trilobitenfauna des Frankenwaldes

188
Zwei Trilobiten aus dem Mittelkambrium von Lippertsgrün, nämlich Condylopyge rex BARRANDE.
☐ 10

189
Ein unterkarbonischer Tribolit aus dem Geigenschiefer (oberes Tournai) von Geigen bei Hof: Linguaphillipsia longicornuta LEYH.
☐ 20

190
Oberdevonische Trilobiten Chaunoproetus cf. eurycraspedon RICHTER vom Wäschholz bei Pillmersreuth.
☐ 9

191
Vorderpartien der Trilobiten Parasolenopleura sp. aus mittelkambrischen Schichten des Galgenberges bei Wildenstein.
☐ 33

192
In Obertournai-Schiefern eingebettete Trilobiten Gitarra pupuloides aus Osseck am Wald. LEYH
☐ 27

193
Aus dem oberdevonischen Flaserkalk des Wäschholzes unfern Schwarzenbach/Wald: Dianops typhlops GÜRICHA
☐ 30

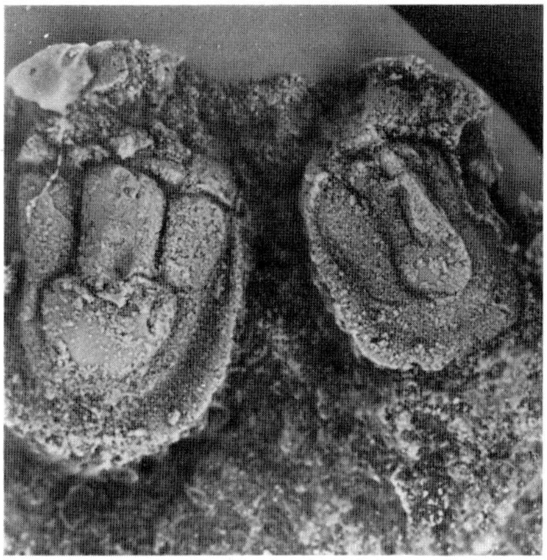
188

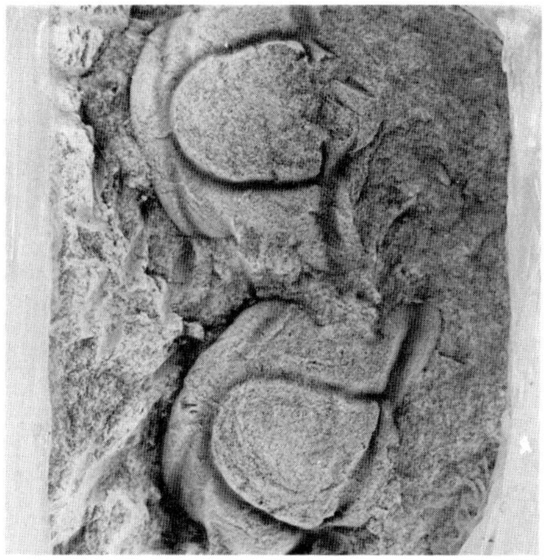
191

189

192

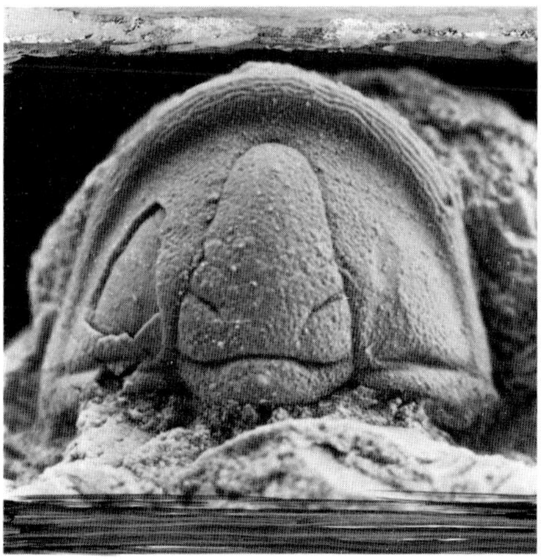
190

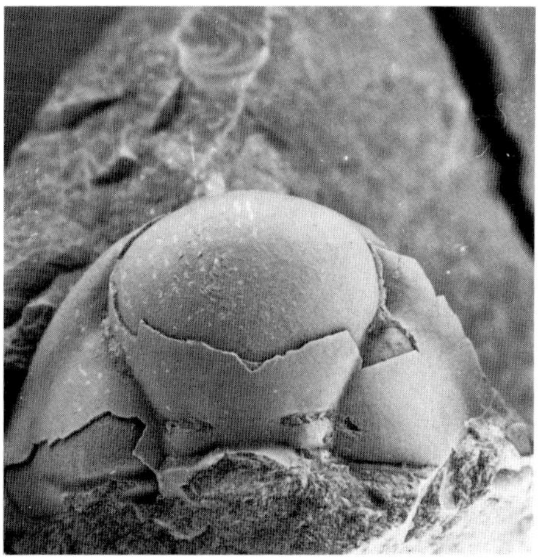
193

Die Cephalopoden (Kopffüßer) treten mit einer ganz charakterischen Form auf, die sich bis ins Devon zieht, und zwar mit gekammerten geradlinigen Gehäusen, die, so scheint es, recht bunt ausgesehen haben mögen. Folgende Arten von „Geradhörnern" wurden im Frankenwald entdeckt:

Orthoceras acuarium
Orthoceras carinatum
Orthoceras conoideum
Orthoceras decussatum
Orthoceras dimidiatum
Orthoceras gregarium
Orthoceras irregulare
Orthoceras lineare
Orthoceras maximum
Orthoceras regulare
Orthoceras striatopunctatum
Orthoceras subannulare
Orthoceras sublexuosum
Orthoceras subtrochleatum
Orthoceras tenuistriatum
Orthoceras torquatum
Orthoceras truncatum
Orthoceras undulatiforme
Orthoceras venustum

Mehrere Arten gibt es von Brachiopoden:

Athyris cingulata
Athyris cf. obovata
Atrypa obolina
Atrypa reflecta
Atrypa sinuata
Discina subrugata
Pentamerus linguifer
Strophonema concentrica

Neben unbedeutend auftretenden Formen wurden aus dem Stamm der Stachelhäuter zwei Arten von Echinoidea (Seeigel) und zwei Crinoiden (Seelilien) des öfteren gefunden:

Eocidaris granulata
Eocidaris punctata
Asteriocrinus murchisoni
Seyphocrinus sp.

Die Ostracoden sind mit nur einer wichtigen Form vertreten:

Entomozoe migrans

Auch einige Conodonten gibt es im oberen Silur:

Kockelella variabilis
Polygnathoides emarginatus
Polygnathoides siluricus
Spathognathodus fundamentus
Spathognathodus inclinatus
Spathognathodus primus

Typische Frankenwald-Fossile

194
Phycodes circinnatum RICHTER = Freßbau eines bisher noch unbekannten bodenbewohnendes Tieres. Fundort = Brandholz.
☐ 80

195
Nereites sp., die Weidespur eines Anneliden (Ringelwurm oder Gastropode) aus dem Unterdevon von Ludwigsstadt.
☐ 55

196
Entomoprimitia splendens WALDSCHMIDT (Abdruck eines Ostracoden) aus dem oberdevonischen Cypridinenschiefer vom Kühberg bei Stadtsteinach.
☐ 2

197
Eine besonders hervorragend erhaltene Phycode aus den gleichnamigen Schieferschichten des Unteren Ordoviz von Hinterprex bei Rehau.
☐ 36

198
Die geläufigste Graptolithen-Form = Cyrthograptus sp. aus dem Silur vom Rauhenberg bei Pillmersreuth.
☐ 30

199
Querschnitt durch eine tabulate Koralle (Syringopora sp.) aus dem Kohlenkalk des Mittelvisée von Trogenau bei Gattendorf.
☐ 180

194

197

195

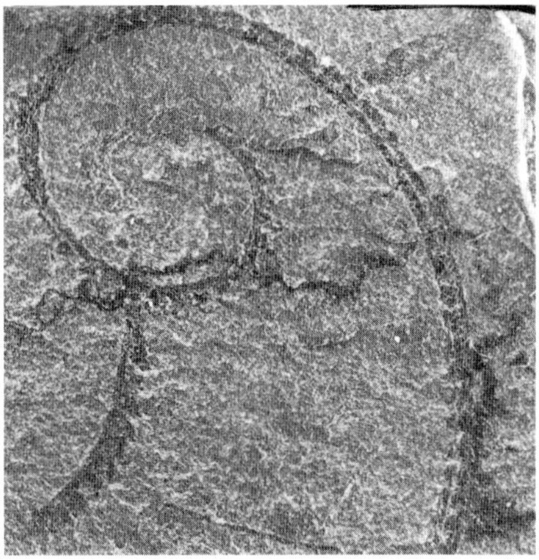
198

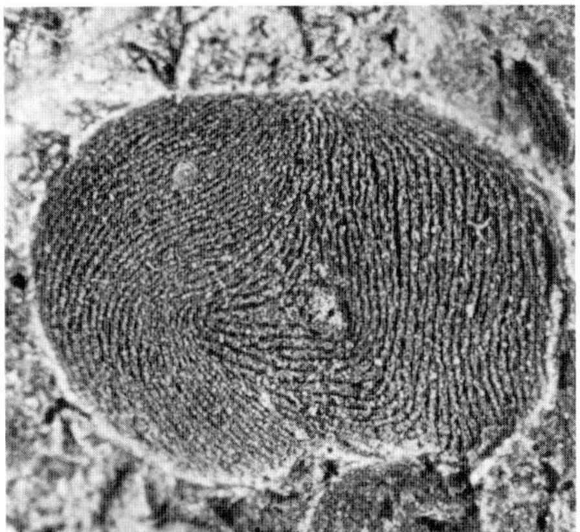
196

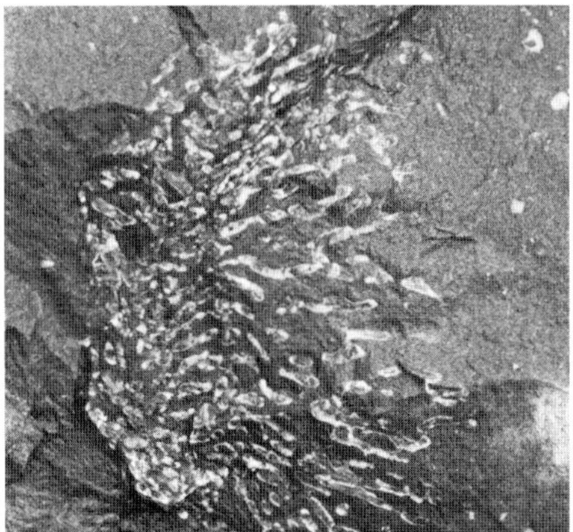
199

200

203

201

204

202

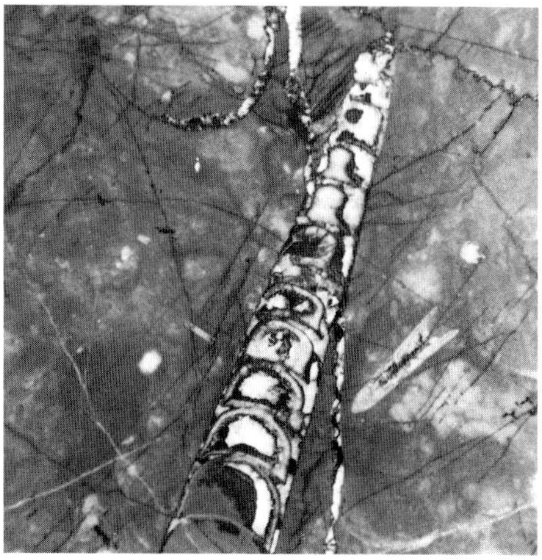
205

„Die beherrschenden Formen des Gotlandiummeeres", führt WURM weiter aus, „waren die Graptolithen. In den Schiefern liegen ihre Rhabdosome (Ruderfüße) meist als plattgedrückte, kohlige bzw. chitinöse Häutchen auf den Schichtflächen. Manchmal sind sie hauchartig noch mit einem grünlichweißen, seidenglänzenden Mineral überzogen, einem wasserhaltigen Tonerde-Silikat, das den Namen Gümbelit erhalten hat und mit Kaolin verwandt ist."
Wir zählen die bekannten Arten auf:
Acidograptus ascensus
Acidograptus acuminatus
Climacograptus longifilis
Climacograptus trifilis
Cytherellina sp.
Diplograptus modestus
Monograptus firmus
Monograptus flemmingi
Monograptus hercynicus
Monograptus riccartonensis
Monograptus scanicus
Monograptus uniformis
Orthograptus vesiculosus
Primitia sp.
Pristiograptus nilsoni

Die Kalksteine des Gotland führen, von den Graptolithen abgesehen, weit mehr Fossile als die verschiedenen Schieferschichten. An den folgenden Aufschlüssen bzw. Lesesteinvorkommen können Versteinerungen gefunden werden:

- Acker 750 m ö Bahnhof Selbitz
- Boxmühle bei Wartenfels, und zwar die Schieferhorizonte im Liegenden des Kalkes
- Hohlweg von Ludwigsstadt nach Thünahof
- Schübelebene 1,3 km w Elbersreuth unfern Presseck
- Felder nö Triebenreuth bis zur Neumühle
- Hohlweg Löhmar zur Löhmarmühle sw Schwarzenbach/Wald
- aufgelassener Steinbruch bei Förtschenbach ö Hof/Saale

Es gibt noch eine Reihe anderer Tiere, von denen jedoch nur unscheinbare Fragmente gefunden worden sind, so z. B. Eurypitiden. Pflanzliche Fossile können wir in dieser Periode nicht mehr erwarten als von den vorausgegangenen.

Brachiopoden und Cephalopoden

200
Unterordovizische Schieferplatte mit Orthiden und (am Rande) Cystoideen-Resten, Fundstelle = Vogtendorf bei Stadtsteinach.
☐ 38

201
Eine seltene Clymenia-Spezies aus dem Flaserkalk des oberen Oberdevons vom Wäschholz bei Pillmersreuth.
☐ 30

202
Productus humerosus SOWERBY, der geläufigste Armfüßer aus dem unterkarbonischen Kohlenkalk von Trogenau.
☐ 100

203
Die (echte) Muschel (also kein Armfüßer) Buchiola retrostriata BUCH aus dem unterdevonischen Flaserkalk vom Geuser bei Wallenfels.
☐ 28

204
Diese glatten Clymenien kommen in allen Devonkalken des Frankenwaldes relativ häufig vor.
☐ 10

205
Einer der vielen Orthoceraten-Typen, die im Oberdevonkalk ruhen. Fundstelle dieses gut durchschnittenen Exemplars = Köstenberg bei Wallenfels.
☐ 150

Unter- und Mitteldevon

Hinsichtlich ihres Fossilinhalts muß man beide Subperioden entschieden vom anschließenden Oberdevon abtrennen. Andererseits zeigen diese beiden recht ähnliche Züge, nämlich die Vorherrschaft der Tentaculiten. Unter- und Mitteldevon weisen sowohl in der Mächtigkeit der Horizonte als auch in der oberflächlichen Ausdehnung nur verhältnismäßig geringe Ausmaße auf. Sie erscheinen meist nur in schmalen Bändern oder kommen infolge von Verwerfungen gewissermaßen in Zwickeln anderer paläozoischer Schichten zum Vorschein.

Aufschlüsse mit Fossil-Fundmöglichkeiten:

- Felsen w Weidesgrün bei Selbitz
- W-Hang des Hügels Gupfen bei Eisenbühl
- Gelände zwischen Ebersdorf und Katzwich (w davon) sowie zum Eisenberg (s davon)
- Gegend zwischen Bad Steben und Schafhof
- Schwedenwacht bei Langenbach
- Wege zwischen Selbitz und Marlesreuth
- Seitental des Steinachtales bei Stadtsteinach, im sog. Kessel
- verlassene Schieferbrüche bei Hermersreuth und Bärnreuth bei Bad Berneck
- Hohbühl bei Zedtwitz

Vereinzelt können wir noch folgende Trilobiten feststellen:

Cornuproetus cf. neocorrugatus
Eodrevermannia n. sp.
Harpes gracilis
Phacopidella ductifrons
Phacops incisivus
Reedops herrmanni

Eine Reihe von Conodonten setzt die Artenvielfalt von Ordoviz und Gotland fort; viele neue Gattungen stellen sich dabei ein:

Ancyrodella rugosa
Ancyrodelloides kutscheri
Ancyrodelloides trigonica
Hindeodella aff. equidendata
Hindeodella priscilla
Icriodus curvatus
Icriodus latericrescens
Incriodus nodosus

Mikroskopisch kleine Kristalle auf Klüften in Frankenwald-Gesteinen

206
Eine Sonne aus langprismatischen Schwalbenschwanzzwillingen von Gips. Dorschenmühle.
□ 2,8 → 97

207
Sechsseitige Prismen von Calcit. Dorschenmühle.
□ 7,3 → 94

208
Phantomquarz, dessen erste Wachstumsphase mit braunem Glaskopf überwachsen ist. Die unvollständige zweite Phase endet am Fuß der Pyramide. Joditz.
□ 2,8 → 94

209
Sechskantige Säule mit Andeutung von Endflächen = farbloser Apatit. Dorschenmühle.
□ 2,8 → 95

210
Roter Glaskopf („Köpfchen") dekorieren einen idiomorphen Quarz. Siebenhitz.
□ 7

211
Brookit, eine ausgesprochene Rarität. Dorschenmühle.
□ 2,8 → 95

206

209

207

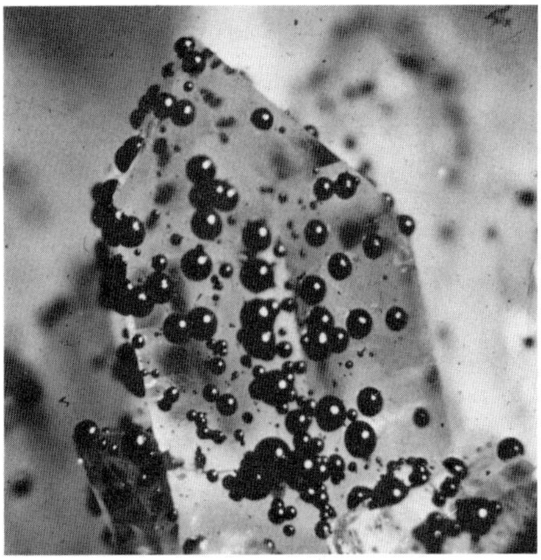

210

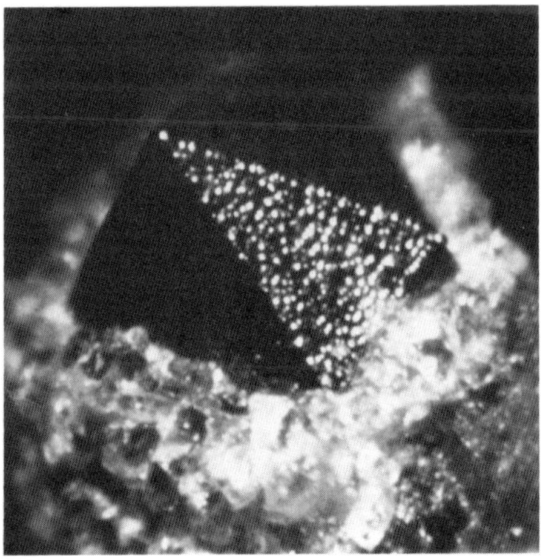

208

211

212

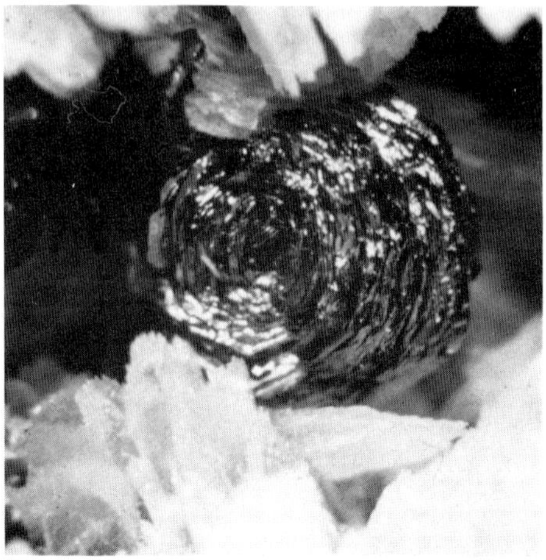
215

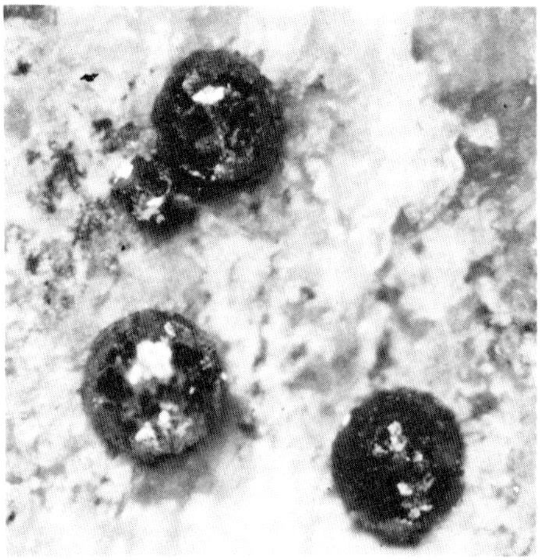
213

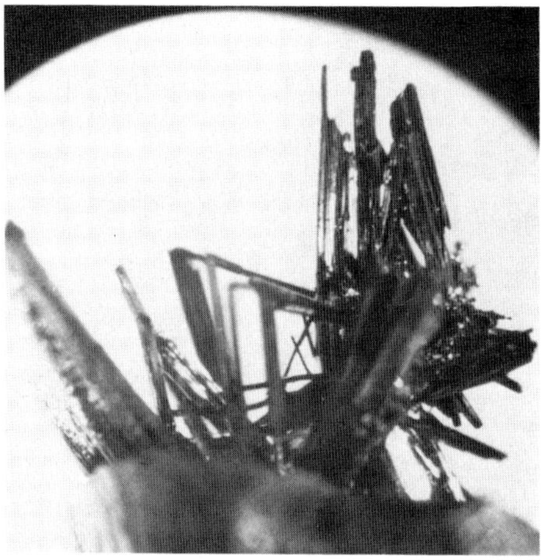
216

214

217

Incriodus pesavis
Ligonodina diversa
Ligonodina silurica
Nothognathella angusta
Nothognathella bicristata
Oneotodus beckmanni
Ozarkodina denkmanni
Ozarkodina media
Ozarkodina Zieglerei
Palmatolepis martenbergensis
Plectospathodus extensus
Plectospathodus robustus
Polygnathus decorosa
Polygnathus dubia
Polygnathus linguiformis
Prioniodina bicurvata
Prioniodina excavaca
Prioniodina prona
Spathognathodus bidentatus
Spathognathodus bipennatus
Spathognathodus brevis
Spathognathodus frankenwaldensis
Spathognathodus fundamentus
Spathognathodus planus
Spathognathodus sonnemanni
Spathognathodus steinhornensis
Spathognathodus transitans
Spathognathodus wurmi
Trichonodella excavata
Trichonodella inconstans

Zwei Muscheln sind typisch für diese Zeit:
Buchiola palmata
Buchiola retrostriata

Es treten noch folgende Brachiopoden (Armfüßer) auf:
Athyris undata
Dalmanella nocherei
Orbiculoidea daleidensis
Plectodonta comitans
Strophеodonta sedgwicki
Sowerbyella minor

Dem Stamm Mollusca gehören u. a. drei Ordnungen an, die längst ausgestorben sind, jedoch im Paläozoikum speziell im Unterdevon eine große Rolle spielten, weil sie in unermeßlicher Individuenzahl auftraten. Es handelt sich um meist recht kleine Tiere, möglicherweise von der Beschaffenheit der Kopffüßer (Cephalopoden). Gemeinsam ist ihnen die spitzkegelförmige kalkige Schale, an der man die Typen unterscheiden kann.

a) Tentaculites = mit eingebauten Querböden und kleinen Wülsten, die wie Fingerringe um die „Hülse" liegen. Davon gibt es:
   Tentaculites acuarius
   Tentaculites laevigatus
   Tentaculites scalaris
   Tentaculites schlotheimi

Micromounts von der Dorschenmühle bei Lichtenberg

212
Oktaedrischer Arsenkies (Gersdorffit)
□ 2,8 → 138

213
Kugelig ausgebildeter Pyrit, kein Markasit.
□ 2,8 → 37

214
Graugrüner Diopsid vom sog. Wilden Hölzle bei Lichtenberg.
□ 5,5

215
Eisenrose in geradezu klassischer Ausbildung.
□ 7 → 135

216
Bismuthinit = Wismutglanz, eine Rarität heutzutage.
□ 2,8 → 138

217
Anatas mit Metallglanz und bemerkenswerten Riefen.
□ 2,8 → 95

218
Verlassenes Bergwerk auf Talkum zwischen Erbendorf und Grötschenreuth. Es wurde bis gegen 1960 betrieben. Hier gab es große Oktaeder von Magneteisen im Serpentinschiefer.

220
Nachdem die Blei/Silber-Grube von Wallenfels ein halbes Jahrhundert schlief, versuchen waghalsige Amateurmineralogen jetzt, die kilometerweiten Strecken wieder zu begehen, in der Hoffnung, Erze und Kristalle anzutreffen.

219
Eine ganze Wagenladung voll großer glänzender Glimmerplatten (Muskowit) liegt mittem im Wald dort noch herum, wo früher der Schacht in die Pegmatitgrube Püllersreuth bei Windischeschenbach führte.

222
Wenn Granitbrüche eine bestimmte Tiefe erreicht haben, müssen sie aus Sicherheitsgründen stillgelegt werden, da sich von den inzwischen recht hoch reichenden Wänden Felsen lösen können. Reinersreuth am N-Hang des Waldsteins.

221
Die Seilsäge arbeitet im Steinbruch Horwagen bei Marxgrün riesige quadratische Blöcke aus dem anstehenden Devonkalk.

223
Noch vor wenigen Jahren mußten in den Wunsiedler Marmorbrüchen die durch Sprengung gelösten Brocken manuell zerkleinert werden. Heute ist ein Bruchbetrieb ohne Förder- und Aufbereitungsmaschinen nicht mehr denkbar.

224
Früher gab es im Frankenwald eine Unzahl kleiner bis kleinster Bergwerke. Die Flußspat-Grube Kupferbühl, deren Übertaganlagen inzwischen verschwunden sind, förderte bis in die 50er Jahre unseres Jahrhunderts.

225
Der Förderturm der größten Zeche unseres Raumes, Sulfidlagerstätte Bayerland, ziert heute das Oberpfälzer Bergbau- und Industriemuseum in Theuern bei Amberg. (Foto von 1960)

226
Lediglich einige geheimnisvolle Löcher legen Zeugnis ab vom früher so regen Zinnbergbau im Fichtelgebirge. Ein ehemaliger Stolleneingang am Osthang des Seehügels.

Abbaustellen für Schottergestein

227
Säulenbildung im Deckenerguß des Nephelinits („Basalt") von Rotenhof bei Zinst. Die sie einrahmenden Schuttmassen entstanden durch Sprengung.

228
Ein Blick auf die untere Terrasse des W-Bruches von der Wojaleite bei Wurlitz. An der Stelle hinter den Autos tritt der Saussuritgabbro zutage.

229
Der größte Schotterbruch Nordostbayerns befindet sich in Kupferberg. Hier wird Diabas in kompakter Form und als Tuff gefördert.

b) Nowakia = auch mit Ringwülsten, jedoch zusätzlich noch Längsfurchen, meist wesentlich kleiner. Bei uns tritt lediglich auf:
Nowakia acuria

c) Styliolina = außen völlig glatt. Einzige Art ist
Styliola laevis

Schließlich wollen wir noch eine für die Subformation typische Versteinerung erwähnen, von der man lange Zeit überhaupt nicht wußte, welches Wesen sie darstellt. Heute erkennt man, daß es sich eher um Freßspuren, Weidespuren eines Wurmes (Gliederwurm, Stamm Annelida) handelt als um die Hinterlassenschaft einer Schnecke, wie man früher annahm. Natürlich ist eine systematische Einordnung beim Fehlen jeglicher Tierrelikte kaum möglich, daher bezeichnen wir die merkwürdig geformten Gebilde nur als
Nereites thuringiacus

Nicht nur im frühen Paläozoikum, sondern auch in jüngeren Epochen treten Fossilspuren, deren Verursacher man nicht kennt, gar nicht einmal so selten auf. Da der Geologe – im Gegensatz zum Paläozoologen – Fossile nur zu vergleichenden Altersbestimmung benötigt, wirkt sich das Fehlen nicht sonderlich aus.

Oberdevon

Diese Epoche liefert die meisten und auch besterhaltenen Fossile, vor allem in den Kalksteinschichten. Wir erwähnen als Fundpunkte:

- Eichelberg und Teufelsberg bei Hof (z. T. überbaut)
- Umgebung von Gattendorf
- Breitengrund bei Bernstein w Schwarzenbach/Wald
- Forstmeistersprung (Felspartie) und Ruine Nordeck im Tal der Steinach bei Stadtsteinach; auch unter der Bezeichnung Kühberg bekannt
- Steinbruch Köstenberg bei Presseck
- Steinbruch Horwagen bei Marxgrün
- Ehemalige Schieferbrüche im Eisenberg bei Ludwigsstadt
- Lerchenhügel bei Thierbach unfern Bad Steben
- Umgebung von Oberhartmannsreuth und Gumpertsreuth
- Verlassene Steinbrüche im Wald zwischen Süssengut und Bernstein
- Ehemaliger Steinbruch im Tal der Wilden Rodach, gegenüber Gasthof Fels
- Pfaffenlohe und Gehöft Geigen w Hof (kaum mehr zugänglich)
- n Kalksteinbruch in Osseck/Wald (die s Abbaustelle enthält Karbongesteine)
- Aufgelassene Steinbrüche beim Geuser

Eine reichhaltige Trilobiten-Fauna tritt an mehreren Fundpunkten auf. Natürlich kommen die kambrischen bzw. silurischen Typen nicht mehr vor, dagegen
Chaunoproetus aff. palensis
Cyrtosymbole antedistans
Cyrtosymbole elegans
Cyrtosymbole franconica
Cyrtosymbole guembeli
Cyrtosymbole planilimbata
Cyrtosymbole wildungensis
Phacopidella ductifrons
Phacops caecus
Phacops crytophthalmus
Phacops elegans
Phacops granulatus
Phacops griffithides
Phacops Llaevis
Phacops mastophthalmus
Phacops wocklumeriae
Perliproetus marginatus
Proetus eberdorfensis

Proetus guembeli
Proetus oblongulus
Scutellum costatum
Skemmatopyge tietzei
Trimerocephalus aff. anophthalmus
Trimerocephalus griffithides
Typhloproetus costifusus
Typhloproetus oblungulus
Typhloproetus pusillus
Typhloproetus schindewolfi
Typhloproetus subcarintiacus
Aus der Klasse der Anthozoen (Blumentiere) treffen wir vorwiegend Tabulata (Bödenkorallen) und Rugosa (Runzelkorallen) an:
Aulopora sp.
Ceratophyllum cornuhirci
Cladochonus sp.
Disphyllum sp.
Favosites cf. cristatus
Kunthia sp.
Petreia sp.
Phillipsastraea ananas
Syringaxon sop.
Zaphrentoides krausei
Weitaus die meisten Devon-Fossile hingegen kommen aus dem Stamm der Weichtiere. Zunächst einige Gastropoden (Schnecken):
Euomphalus sp.
Loxonema kayseri
Naticopsis sp.
Ferner mehrere Arten von (Bivalvia = echte) Muscheln:
Buchiola angulifera
Buchiola eifelensis
Buchiola palmata
Buchiola prumiensis
Myalian sp.
Praecardium vetustum
Praecardium duplicatum
Posidonia venusta
Schließlich geradezu eine Legion aus der Klasse der Cephalopoden (Kopffüßer), wovon natürlich die Ammoniten mit den Goniaten vorherrschen.
Beloceras multilobatum
Cheiloceras aequisellatum
Cheiloceras amblylobus
Cheiloceras anumbilicatum
Cheiloceras circumflexum
Cheiloceras curvispina
Cheiloceras globosum
Cheiloceras intermedium
Cheiloceras oxyacantha
Cheiloceras planilobus
Cheiloceras planisellatum
Cheiloceras pompeckji
Cheiloceras saculus
Cheiloceras subpartitum
Cheiloceras ultimum
Cheiloceras verneuili
Clymenia cingulata
Clymenia hoevelensis
Clymenia laevigata
Clymenia spiratissima
Costaclymenia binodosa
Crickites holzapfeli
Cycloceras calamiteum
Cycloclymenia clymenoides
Cycloclymenia planorbiformis
Cymaclymenia camerata
Cymaclymenia cordata
Cymaclymenia ornata
Cymaclymenia striata
Cyrtoclymenia angustiseptata
Cyrtoclymenia involuta
Cyrtoclymenia plicata
Cyrtoclymenia pulcherrima
Cyrtoclymenia sulcata
Cyrtoclymenia wedekindi
Dimeroceras guembeli
Dimeroceras inflexum
Discoclymenia cucullata
Drevermannia aff. brecciae
Drevermannia carnica

Nutzbare Gesteine
Frankenwald und Münchberger Masse

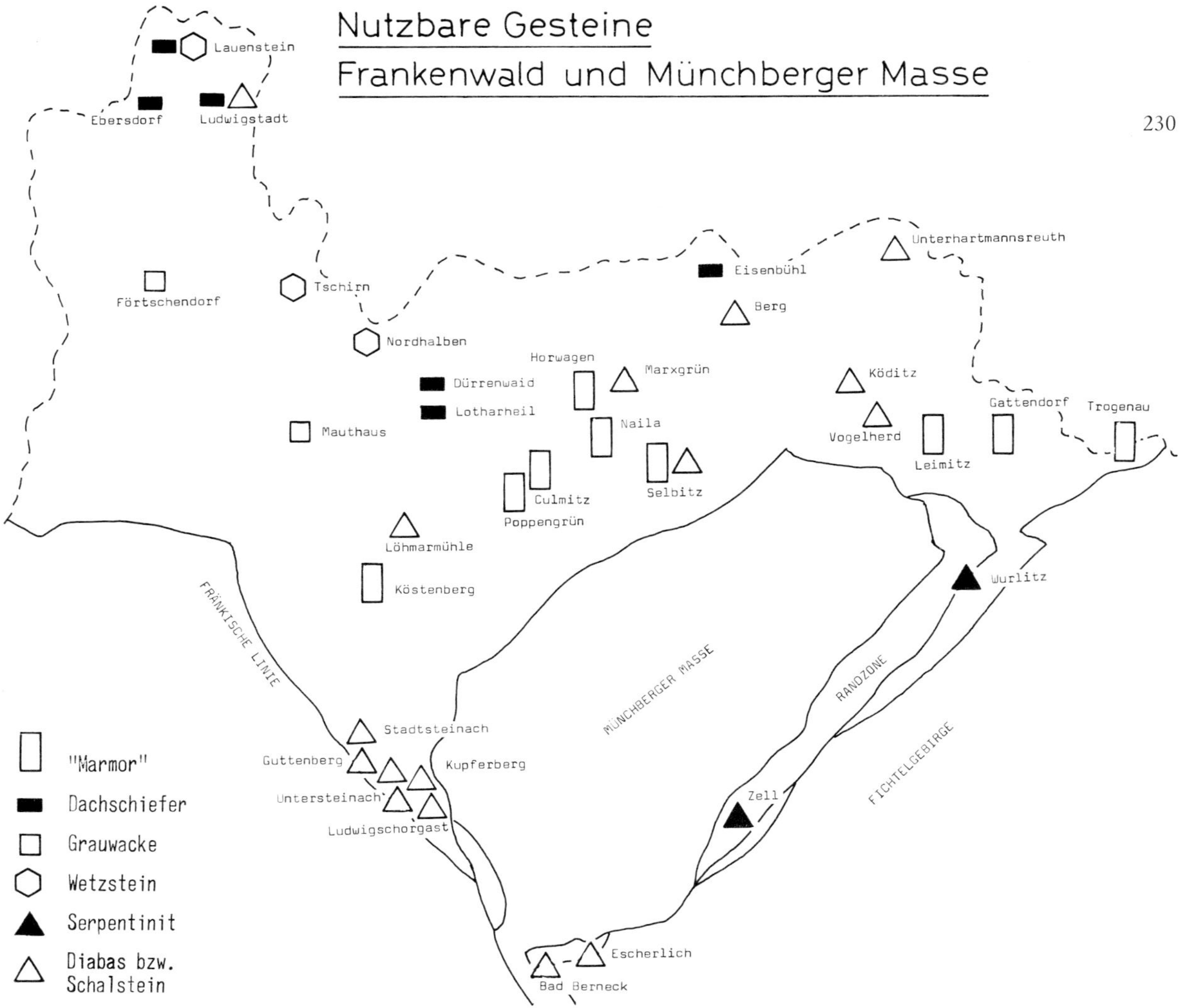

Erz-und Minerallagerstätten Frankenwald und Münchberger Masse

231

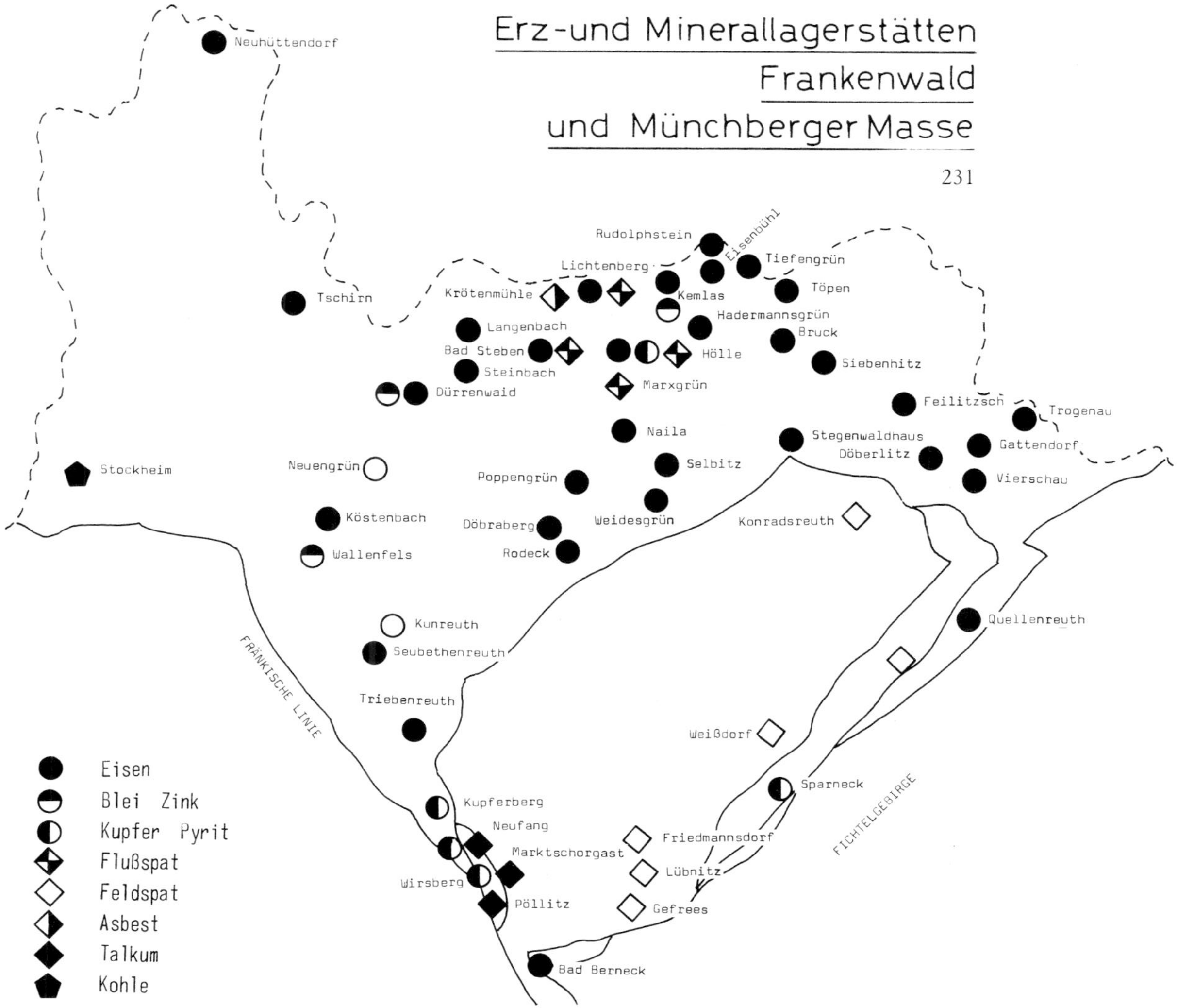

Genuclymenia borni
Genuclymenia frechi
Gonioclymenia speciosa
Gonioclymenia subcarinata
Imitoceras altisellatum
Imitoceras denckmanni
Imitoceras discoidale
Imitoceras pompeckji
Imitoceras stillei
Kalloclymenia subarmata
Kosmoclymenia bisulcata
Kosmoclymenia linearis
Kosmoclymenia sedgwicki
Kosmoclymenia serpentina
Kosmoclymenia undulata
Manticoceras asulcatum
Manticoceras cordatum
Manticoceras crassum
Manticoceras superstes
Ontaria aequilateralis
Ontaria articulata
Ontaria biblicata
Ontaria subgranulata
Ontaria saff. subradiata
Ontaria aff. clymeniae
Orthoceras cinctum
Phragmoceras sp.
Platyclymenia annulata
Platyclymenia arieticosta
Platyclymenia cf. barrandei
Platyclymenia bicostata
Platyclymenia clarkei
Platyclymenia crassicosta
Platyclymenia denckmanni
Platyclymenia intracostata
Platyclymenia porsostriata
Platyclymenia protacta
Platyclymenia quenstedti
Platyclymenia rotundata
Platyclymenia ruedemanni
Platyclymenia sandbergi
Platyclymenia spinosa
Platyclymenia valida
Platyclymenia walcotti
Praeglyphioceras pseudosphaericum
Prionoceras divisum
Prionoceras frechi
Prionoceras sulcatum
Progonioclymenia acuticosta
Protoxyclymenia dunkeri
Pseudoclymenia drevermanni
Pseudoclymenia pseudogoniatites
Rectoclymenia kayseris
Rectoclymenia rotundata
Rectoclymenia subflexuosa
Sellaclymenia angulosa
Sporadoceras biferum
Sporadoceras clarkei
Sporadoceras contiguum
Sporadoceras discoidale
Sporadoceras latilobatum
Sporadoceras muensteri
Sporadoceras orbiculare
Sporadoceras primaevum
Sporadoceras rotundum
Sporadoceras semiflexum
Sporadoceras spirale
Sporadoceras tenuidiscum
Sporadoceras varicatum
Sporadoceras wedekindi
Tornoceras acutum
Tornoceras applanatum
Tornoceras auris
Tornoceras bilobatum
Tornoceras cinctum
Tornoceras planidorsatum
Tornoceras simplex

Von den Tentaculiten finden sich vorwiegend:

Tentaculites tenuicinctus

Die Armfüßerfauna ist verhältnismäßig artenarm:

Atrypa reticularis
Lingula subparallela
Orbiculoidea cf. subrugata
Spirifer verneuili

Dagegen sind die Conodonten wieder in großer Typen- und Individuenzahl vertreten:
Ancyrodella cf. lobata
Ancyrodella sp.
Ancyrognathus sp.
Icriodus cornutus
Icriodus nodosus
Palmatolepsis basilica
Palmatolepsis crepida
Palmatolepsis distorta
Palmatolepsis glabra
Palmatolepsis inflexa
Palmatolepsis inflexolobata
Palmatolepsis martenbergensis
Palmatolepsis perlobata
Palmatolepsis quadrantinodosa
Palmatolepsis quadrantinodosalobata
Palmatolepsis rugosa
Palmatolepsis sigmoidea
Palmatolepsis subrecta
Palmatolepsis superlobata
Palmatolepsis termini
Palmatolepsis triangularis
Paltodus sp.
Polygnathus communis
Polygnathus decorosa
Polygnathus dubia
Polygnathus franconia
Polygnathus longipastica
Polygnathus normalis
Polygnathus parcliguiformis
Polygnathus procera
Polygnathus semicostata
Polygnathus senelamina
Polygnathus styriaca
Pseudopolygnathus dentilineata
Pseudopolygnathus gattendorfensis
Pseudopolygnathus marburgensis
Scavignathus sp.
Spathognathodus costatus
Spathognathodus crassidendatus
Spathognathodus crassirectus
Spathognathodus inornatus
Spathognathodus spinulicostatus
Spathognathodus stabilis
Spathognathodus tridentatus

Von den Ostracoden kommt nur eine Art in nennenswerter Zahl vor:
Entomis serratostriata

Nicht determiniert sind viele Schwammnadeln, Reste von Spongien und Korallen und sogar noch Zähne eines Fisches, wahrscheinlich
Cladodus elongatus

Vereinzelte Funde von oberdevonischer Flora betreffen die Gefäßpflanzen
Actinopteria sp.
Leiopteria aff. bodana
Leiopteria sp.
Loxopteria drevermanni
Loxopteria radiata
Loxopteris cf. corrugata
Loxopteris laevis

Unterkarbon

Hier tritt erstmals fossile Flora in größerer Verbreitung auf. Die meisten Arten gehören den Niederen Gefäßpflanzen an. Dies sind im Frankenwald:
Adiantides tenuifolius
Archaeocalamites radiatus
Archaeopteridium dawsoni
Asterocalamites scorbiculatus
Bothrodendron carneggianum
Bothrodendron cf. kiltorkense
Calathiops cf. plauensis
Cardiopteris frondosa
Cardiopteris hochstetteri
Lepidodendron jaschei
Lepidodendropsis cf. faudelii
Lepidodendropsis hiermeri
Lophoctenium comosum

Neurocardiopteris broili
Rhacopteris lindseaeformis
Rhacopteris semicircularis
Rhodea goepperti
Rhodea cf. hochstetteri
Rhodea knoppiana
Rhodea lemayi
Rhodea lipoldi
Rhodea moravica
Rhodea patentissima
Sphenophyllum geigense
Sphenophyllum saxifragaefolioides
Sphenopteridium pachyrrhachis
Sphenopteridium dissectum
Sphenopteris foliata
Telangium sp.

Gleichfalls eine erste Blütezeit erlebten die Foraminiferen (Lochträger) = einzellige, aber z. T. erstaunlich große (mehrere mm ∅) Tiere, deren Skelette sich als erhaltungsfähig erwiesen. Im Frankenwald kommen vor:

Ammodiscus semiconstrictus
Bigenerina aff. ciscoensis
Bratyina nautiliiformis
Climacammina aff. antiqua
Endothyra bowmanni
Endothyra crassa
Endothyra globula
Globivalvulina aff. bulloides
Glomospira gordialis
Glomospira milioloides
Hemigordius harltoni
Hyperammina glabra
Lagena parkeriana
Lagena plummerae
Nodosinella bradyi
Nodosinella concinna
Nodosinella cylindrica
Nodosinella eximia
Nodosinella lahuseni
Textularia bradyi
Textularia eximia

Von den Dreilappkrebsen gibt es noch diese Typen:

Dechenella hofensis
Phillipsia glassi
Phillipsia longicornutus
Phillipsia pustula
Proetus angustigenatus

Anthozoen (Korallen) aus verschiedenen Klassen und Ordnungen sind meist in die Kalksteine eingelagert, wo man sie besonders am gesägten (und dann polierten) Stück erkennen kann:

Cladochonus major
Cladochonus aff. michelini
Cladochonus cf. tubaeformis
Conularia aff. irregularis
Cyathophyllum sp.
Cyathoxania cornu
Favosites pleurodictyoides
Microcyclus geigenensis
Zaphrentis sp.

Reich und vielseitig sind die Mollusca entwickelt, und zwar bereits in allen ihren Klassen. Neben den Gastropoden (Schnecken) tritt bereits eine Art der Scaphopoda (Grabfüßer) auf, die wir als erste nennen:

Dentalium cf. priscum
Bellerophon biarenus
Bellerophon excavatus
Bellerophon hiulcus
Bellerophon insculptus
Bellerophon cf. tenuifascia
Bucania reticulata
Bucania textilis
Chonetes aff. dalmaniana
Euomphalus crotalostomus
Euphemus orbignyi
Loxonema acuminatum
Loxonema cf. sulcatum
Microdoma brevis
Murchisonia angulata
Murchisonia archiaciana

Murchisonia biangulata
Murchisonia cf. conula
Murchisonia cf. striatula
Murchisonia cf. subsulcata
Murchisonia verneuiliana
Naticopsis globosa
Naticopsis cf. placida
Phanerotinus serpula
Platyschisma glabrata
Platyschisma helicoides
Straparollus dionyssi
Straparollus exaltatus

Die Muschelfauna verfügt über verhältnismäßig wenig Arten:

Aviculopecten concavus
Aviculopecten plicatus
Aviculopecten cf. semicostatus
Edmondia sulcata
Modiomorpha sp.
Myolina virgula
Pecten subelongatus
Pisidonomya vetusta

Bei den Kopffüßern finden sich immer noch Orthoceren, während die Goniatiten doch die Oberhand einnehmen:

Gattendorfia involuta
Gattendorfia subinvoluta
Gattendorfia ventroplana
Goniatites aff. mixolobus
Imitoceras acutum
Imitoceras denckmanni
Imitoceras gürichi
Imitoceras intermedium
Imitoceras quadripartitum
Orthoceras aff. dilatatum
Orthoceras cf. muensterianum
Orthoceras striolatum
Protocanites geigenensis

Die meisten der im Oberdevon aufgetretenen Gattungen der Brachiopoden (Armfüßer) existieren auch noch im Unterkarbon. An dieser Stelle wollen wir auch das Auftreten von Fenestella (Klasse Bryozoen) erwähnen.

Athyris cf. lamellosa
Chonetes broilii
Chonetes dalmanianus
Chonetes aff. elegans
Chonetes franconius
Chonetes hardrensis
Chonetes münsteri
Chonetes siblyi
Chonetes zimmermanni
Leptaena Rhomboidalis
Orthis michelini
Orthis resupinata
Orthis aff. sordita
Orthothetes crenistria
Productus aff. antiquitatus
Productus humerosus
Productus laciniatus
Productus margaritaceus
Productus plicatilis
Productus productus
Productus pyxidiformis
Productus scabriculus
Productus aff. thomasi
Rhynconella pleurodon
Schuchertella fascifera
Schuchertella aff. portlockiana
Spirifer cf. bisulcatus
Spirifer insculpta
Spirifer cf. rotundatus
Spirifer cf. unguiculus

Folgende Conodonten entstammen karbonischen Schichten:

Gnathodus commutatus
Gnathodus kockeli
Polygnathus communis
Polygnathus inornata
Pseudopolygnathus fusiformis
Pseudopolygnathus multistriata
Scaliognathus ancoralis
Siphonodella sp.
Spathognathodus steinhornensis

232
Kleinfaltung im Phyllit am Wenderer Stein s Kleinwendern.

233
An einer Mauer in Selbitz fallen die kontrastreich gebänderten Paragneise sogar dem Laien auf.

Bänderung und Faltung

234
Größere Faltungsstellen kann man überall in der Münchberger Gneismasse am anstehenden Fels beobachten, z. B. an der Rehmühle. Nur treten die Bilder infolge Verwitterung oder wegen des Flechtenbewuchses meist nur undeutlich heraus.

235
Dies ist der völlig verwachsene ehemalige Metanorit-Steinbruch am Südhang des Steinhügels bei Höflas.

236
Mächtig türmt sich hier ein Pfeiler des Quarzkeratophyr-Schlotes auf, den das kleine Bächlein Steinach durchbrochen und zu einer Klamm geformt hat.

Fundstellen wenig bekannter Gesteine

237
Obwohl der (quarz-freie) Keratophyr im Frankenwald weite Verbreitung aufweist, tritt er eigentlich nur hier am Berg Torkel als Aufschluß hervor.

Zu den Entomostraceen, einer Unterklasse der Arthropoden, gehört die seltene Form
Beyrichia aff. intermedia
Einige Stachelhäuter werden im Frankenwald gefunden:
Archaeocidaris cf. muensterianus
Archaeocidaris nerei
Echinocrinus nerei
Melocrinus laevis
Palaecrinoidea sp.
Zu den für das Paläozoikum charakteristischen Spurfossilen gehören noch zwei Bildungen, die wahrscheinlich Schleiffährten im Meeresschlamm darstellen:
Phyllodocites jacksoni
Dictyodora liebeana

Perm

Trotz des kleinräumigen Vorkommens von Rotliegend-Schichten konnte dort eine reichhaltige Flora ermittelt werden, von der heute aus Mangel an Aufschlüssen (Kohleflöze) kaum jemals wieder Belege gesammelt werden können. Nach HERRMANN traten dort auf:
Annularia spicata
Annularia stellata
Aphlebeia elongata
Aphlebeia flabellata
Aphlebeia cf. germari
Aphlebeia cf. gigantea
Asterotheca trunsata
Asterophyllites equisetiformis
Calamites multiramis
Calamites suckovi
Calamodendron striatum
Calamostachys tuberculata
Callipteridium gigas
Callipteris conferta
Callipteris naumanni
Cardicarpus cerasiformis
Cardiocarpus emarginatus
Cardiocarpus gutbieri
Cordaianthus sp.
Cordaites borassifolius
Cordaites cf. lingulatus
Cordaites palmiformis
Cordaites principalis
Cyclopteris trichomanoides
Dicranophyllum gallicum
Equisetites vaujolyi
Equisetites zeaformis
Gomphostrobus bifidus
Histerites cordaites
Lepidodendron cf. obovatum
Lepidostrobus hastatus
Linopteris germari
Neuropteris auriculata
Neuropteris cf. cordata
Neuropteris planchardi
Odontopteris obtusa
Odontopteris subcrenulata
Pecopteris arborescens
Pecopteris candolleana
Pecopteris feminaeformis
Pecopteris hemitolioides
Pecopteris cf. oreopteridia
Pecopteris pluckeneti
Pecopteris pseudoreopteridia
Plagiozamites planchardi
Psaronius sp.
Radicits capillacea
Rhabdocarpus cf. lagenarius
Rhabdocarpus stockheimianus
Samaropsis crampi
Samaropsis orbicularis
Sameropsis cf. socialis
Schizaeites foliaceus
Sigillaria brardi
Sigillaria orbicularis
Sphenophyllum angustifolium
Sphenophyllum longifolium
Sphenophyllum oblongifolium
Sphenophyllum verticillatum

Trigonocarpus schulzianus
Walchia filiciformis
Walchia piniformis
Zamites carbonaria
GÜMBEL erwähnt an tierischen Resten: Zähne, Schuppen und Skelett-Teile von Fischen (wahrscheinlich *Paläoniscus*), verschiedene Würmer und sogar Flügel einer Libelle der Gattung *Palaedictioptera*.

Tertiär

Die obermiozänen Braunkohlen von Schirnding, der Klause bei Seußen und dem Oberpfälzer Nachbargebiet (siehe Seite 222) sind zwar schon vor annähernd 100 Jahren auf ihren Fossilinhalt untersucht worden, eine neuerliche Überarbeitung steht jedoch noch aus. Nach KIRCHHEIMER treten folgende Pflanzen (Gattungen) auf:
Acer
Alnus
Betula
Carpinus
Carya
Castanopsis
Cinnamomum
Corylus
Engelhardtia
Fagus
Ficus
Juglans
Laurus
Liquidambar
Masticia
Magnoliaespermum
Platanus
Pterocarya
Salix
Sequoia
Zelkowa
Neben weiterem, nicht bestimmbarem Pflanzenhäcksel fanden sich auch tierische Relikte, nämlich Süßwasserschwämme, Diatomeen, Käfer, Fliegen, Landwanzen und sogar Fische der Gattungen *Lebias* und *Leuciscus*.

Initialer Vulkanismus

Bekanntlich geht jeder größeren Gebirgsbildung (hier der Variskischen) eine einleitende Phase von Vulkantätigkeit voraus, die man initial nennt, im Gegensatz zur subsequenten, nachfolgenden Tätigkeit. Sie förderte bei uns vorwiegend basische Magmen, also Basalte. Diese liegen jedoch in ihrer primären Form nicht mehr vor; sie sind gealtert, vergrünt, weswegen man sie als Diabas anspricht. In zeitlicher Hinsicht lassen sich 3 Perioden unterscheiden:

- im engeren Fichtelgebirgsraum = wahrscheinlich Ordoviz
- im Frankenwald der Thüringischen Fazies = ganzes Devon, Höhepunkt im unteren Oberdevon
- im Frankenwald der Bayerischen Fazies = Oberdevon bis Unterkarbon.

Es handelt sich dabei aller Wahrscheinlichkeit nach ausschließlich um submarine Ergüsse mit Förderung gasarmer Lava und Vulkantuffen. In Gebieten paläozoischer

Sedimentation blieben die Vulkandecken und die konkordanten Tuffschichten gut erhalten; im Fichtelgebirge hingegen treffen wir nurmehr untere Bereiche der Schlöte an. In der Münchberger Masse fehlen Vulkane völlig. Der ursprüngliche Gesteinszustand ist in keinem Falle unverändert geblieben; dennoch läßt der jetzige Phänotypus zweifelsfreie Schlüsse darauf zu.

Amphibolit

Ehemalige Basalte erfuhren eine zweifache Veränderung:

- sie vergrünten zu Diabas (siehe nächster Abschnitt)
- sie wurden stark geschiefert, anläßlich der späteren Gebirgsbildung. Sie machen daher durchaus den Eindruck eines kristallinen Sedimentgesteins.

Von den einstmals wahrscheinlich mächtigen Effusionen hat man bisher nichts entdeckt, vielmehr kennt man nur Schlöte mit dem Ø von wenigen m innerhalb der kambrischen und ordovizischen Horizonte. Besonders deutlich treten sie im Marmor der Arzberger Serie auf, zumal sie sich hier auch farblich gut vom Nachbargestein abheben. In den Steinbrüchen von Holenbrunn und Sinatengrün sind sie hervorragend aufgeschlossen. Man findet dort Apophysen bis in den cm-Bereich herunter, wobei die Einbettung m i t der Lagerung betrachtet doch erheblich ausgedehnter ist. Man unterscheidet dabei eine mehr massige blaugraue und äußerst zähe Ausbildung von einer graugrünen, stark geschieferten und daher gut spaltbaren Varietät. Bei beiden verrät der Dünnschliff die hohe Beteiligung von sekundärer Hornblende oder anderer Amphibole (einstmals sicher Pyroxen) sowie Plagioklas und ziemlich viel Magnetit. Die bräunlichen Pyroxene dürften, ebenso wie Calcit und Albit, neu gebildet sein. Als charakteristisch gelten auch winzige Pyrite längs der Schieferungsflächen. In diesen Bereichen stellen sich immer rostige Schwarten ein. Der Amphibolit ist zu nichts zu verwenden, ausgenommen allenfalls Schotter für den bäuerlichen Wegebau. Bezeichnenderweise sagt der Landwirt *Eisenstein* zu den hartnäckigen Lesesteinen seiner Felder und Äcker. → 43, 410

Diabas

In der Zeit seiner Durchbrüche hätte der heutige Frankenwald ein beeindruckendes Vulkangebiet gewesen sein können, in dem eng benachbarte feuerspeiende Berge mit weiträumigen vulkanischen Niederschlägen und Deckenergüssen abwechselten, also etwa vergleichbar mit dem heutigen Hawaii. Jedoch hat sich, wie bereits angedeutet, das meiste Geschehen auf dem Meeresgrund abgespielt. Heute kann man von der Morphologie her den Frankenwald nicht mehr als Vulkangebiet erkennen, denn im Gegensatz zu den jungen Landschaften des Hegaus, Siebengebirges und der Eifel sind die Vulkanrelikte in den Faltenbau einbezogen und haben sich auch wegen der Festigkeit der Paläosedimente kaum aus der Denudationsfläche herausgeprägt.

Als ursprünglichen Mineralbestand dürfen wir Plagioklas und Pyroxen annehmen. Die für junge ,,Basalte" (siehe Seite 226) typischen Foide, vor allem Nephelin, fehlen. Heute hat die Epimetamorphose in Verbindung mit Autometamorphose dar-

Prävariskischer Vulkanismus im Frankenwald

238

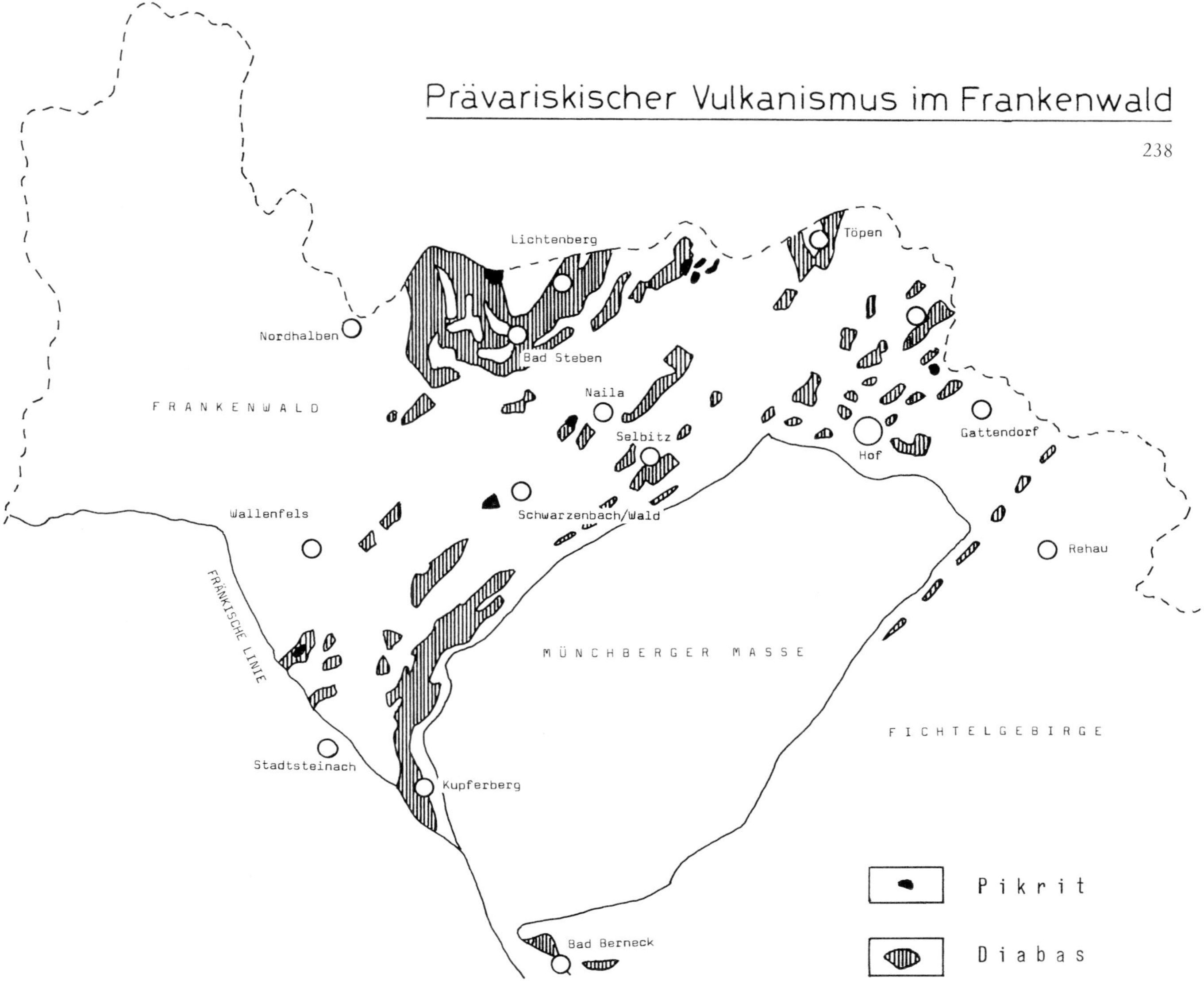

aus Amphibol, Uralit, Chlorit und Albit gemacht, wobei sich freiwerdendes Ca oberflächlich zu Calcit aufbaute, das entweder in Adern (bei dichtem Diabas), in Variolen (beim Schalstein) oder als gerundete Kristalle (beim Perldiabas) vorkommt. Die bis zur Unkenntlichkeit chemisch aufbereiteten Diabase des Gebietes um Hof hat man früher *Leukophyr* genannt; in ihnen ist der Gehalt an Chlorit und Leukoxen besonders hoch.

Eine Reihe guter Aufschlüsse, von denen eigentlich nur der Berg w Bad Berneck als Härtling heraustritt, ermöglichen uns eingehendes Studium des technisch so bedeutungsvollen Gesteins. Ungefähr ein Dutzend Steinbrüche größten Ausmaßes sind heute in Betrieb: Bad Berneck, Escherlich, Untersteinach, Kupferberg, Stadtsteinach, Marxgrün, Selbitz, Rodachtal, Köditz, Berg u. a. Das Material wird unter Einsatz neuzeitlicher Maschinen in großen Mengen gefördert, gebrochen und stellenweise auch bereits mit Teer versetzt. Straßen mit Diabas-Oberfläche erkennt man an ihrer graugrünen Farbe. Obwohl sicher recht beschwerlich zu bearbeiten, nahm man Diabas-Quader bereits vor Jahrhunderten für Fundamente, Mauern und Festungsanlagen. Im III. Reich errichtete man Autobahnbrücken daraus. → 229, 455

Es hat nur eingeschränkt einen Sinn, genau anzugeben, wo die einzelnen Varietäten zu finden sind, da man durch den fortschreitenden Bruchbetrieb immer wieder auf neue Ausbildungen stößt, während andererseits bisher geläufige Varianten plötzlich kaum mehr angetroffen werden. Die großen Steinbrüche von Kupferberg und Bad Berneck mit ihren jeweils vielen Terrassen enthalten im wesentlichen alles, was den Petrographen und den Liebhaber interessieren könnte. Dennoch geben wir mit dem genannten Vorbehalt für alle Ausbildungen typische bzw. ehemals typische Fundstellen an:

Dichter Diabas
Graugrün, feinkörnig, äußerst hart und immer tetraedrisch brechend. An Kluftflächen nicht selten eine rostige Pyrit-Kruste. Vorwiegend im sw Verbreitungsgebiet.

Schalstein
Ehemaliges Trümmersediment, gut verfestigt. Die einzelnen Partikel, etwa Kirschengröße, häufig durch Calcit abgegrenzt, sind deutlich an der unterschiedlichen Färbung zu erkennen, die von allen Grüntönen bis braun und violett reicht. Vorwiegend im nö Verbreitungsgebiet.
→ 150, 489

Bombentuff
= Schalstein mit vulkanischen Bomben in Kopfgröße. Klassisches Vorkommen s Köditz an den Bergflanken der Höhe 566 gegen Förmitz- bzw. Mödlabach.

Kristalltuff
(ehemaliger Ignimbrit) mit Augit. Sehr selten im Raum Kupferberg.

Mandelstein
ähnlich dem Melaphyr von Idar-Oberstein, kommt sehr selten vor, ist aber häufiger psephitischer Bestandteil von Diabasbrekzien. Darin hellbraun mit bläulichen Calcit-Variolen.

Diabasbrekzie
Äußerst lebhaftes buntes Gestein aus verschiedenen Diabas-Varietäten aufgebaut bei Trümmergrößen bis 3 cm. Besonders dichte Steine lassen sich durchaus anpolieren und zeigen dann die Vielfalt noch deutlicher. Reichlich in Bad Berneck.

Diabaskonglomerat
Vergleichsweise recht dunkel und eintönig. Die runden deformierten Trümmer tragen um sich meist einen Calcit-Mantel. Aufgeschlossen zwischen Wallenfels und Wartenfels, aber auch im gesamten Raum s Bad Steben.

Perldiabas
Das charakteristische Vorkommen der alten Literatur = Kolonnadenweg ö Bad Berneck ist derart überwuchert und durch Dauerfeuchtigkeit verwittert, daß man kein Probestück mehr lösen sollte. In den Steinbrüchen längs der fränkischen Linie immer wieder einmal zu sehen; auch im Tal der Wilden Rodach. → 152

Aschetuff
Gelbliche, rötliche, braune, sogar weiße Steine, die in Kupferberg massenhaft umherliegen und sich als Schotterstein wenig eignen. Beim Aufschlagen zeigen sich meist ganz andere Farben als an der verwitterten Oberfläche, nämlich grünliche bis graue Bestandteile. Weitgehend Kaolinisierung, wobei sich Poren bildeten. → 153

Andesitischer Diabas
Dichtes, grobkörniges Gestein, fast einem Gabbro gleichend. Es wurde in der Flußspat-Grube von Lichtenberg verschiedentlich angefahren und dürfte heute kaum mehr je gefunden werden, allenfalls könnte man es noch in Bauten, Mauern usw. antreffen. → 149

Mesodiabas
gehört nicht hierher; siehe vielmehr S. 177, seine Gänge durchziehen zwar paläozoische Sedimente, entstanden jedoch subsequent nach der Variskischen Faltung.

Mineralführung der Diabase

Eine syngenetische Mineralisation können wir in den Diabasen nicht erwarten. Dazu sind sie viel zu alt und zu stark umgeprägt. Wohl aber kommen Neubildungen auf Klüften vor, die sich zum Teil auch in die benachbarten Sedimente fortsetzen. Die Chance, schöne Stufen zu finden, ist äußerst gering. Bei den in der Literatur genannten Belegen handelt es sich um Zufallsfunde innerhalb der letzten 100 Jahre. Mehr Aussicht auf Erfolg verspricht die Jagd auf Micromounts oder das Suchen nach derben Anhäufungen. Es gibt und gab:

Epidot
In Lichtenberg, Töpen und Haidt im frischen Diabas, am Labyrinthberg bei Hof im zersetzten eingelagert, und zwar in olivgrünen Stengeln.

Asbest
(als Hornblendeasbest, Krokydolit) in Gumpersreuth und Unterkotzau. Nur kleinfaserige Massen.

Prasem und Plasma
zeigt sich auch heute noch in den Diabas-Brüchen von Bad Berneck und Escherlich. Es handelt sich um bläulich grüne bis hellgrüne schlierige Einlagerungen.

Nakrit
ebenfalls von dort = blaugrün, weich.

Analcim
in kleinen weißen Kristallen, konnte an mehreren Stellen beobachtet werden: Kienberg bei Haidt, am Heiligen Grab in Hof, zwischen Wirsberg und Neufang. Drusen mit zersetztem Analcim, teilweise

pseudomorph zu Feldspat umgewandelt, hat man an der Hübnersmühle bei Stadtsteinach entdeckt.

Adular
ist vom Silberberg bei Hof bekanntgeworden.

Calcit
kommt als Gesteinsbestandteil, wie bereits erwähnt, regelmäßig im Schalstein vor. Hierin, aber auch in den dichten Diabasen häuft sich dieses Karbonat gelegentlich zu verwachsenen Kristallen an, ohne jedoch gute Endflächen zu bilden. Solche Partien können oft Kopfgröße erreichen. Die Steinbrüche um Hof zeigen besonders viel Calcit. In Stadtsteinach konnten über 20 verschiedene Kristallformen (Habitus) nachgewiesen werden, die meisten geben sich erst bei stärkster Vergrößerung klar zu erkennen.

Axinit
Kleine, braune, flächenreiche Kristalle hat man in Guttenberg, Köditz, Selbitz, Feilitzsch und Kupferberg angetroffen, am schönsten in Hadermannsgrün.

Strontianit, Coelestin
Selten und in winziger Ausbildung in Stadtsteinach.

Orthoklas
tritt dort gleichfalls nicht selten auf, und zwar in Form von orange bis rosa gefärbten gekörnten Massen, die zusammen mit Calcit kleine Gänge im Schalstein bilden. Liebhabern sei empfohlen, diese rot/weiß/grünen Steine anschleifen zu lassen.

Katzenauge
des Labyrinths nö Hof/Saale ist seit Jahrhunderten bekannt. Dieses graue quarzdurchtränkte Fasermineral füllt in graugrünen bis silbergrauen Partien Klüfte und Hohlräume aus und ist innig mit dem Muttergestein verwachsen, so daß die Loslösung Schwierigkeiten bereitet. Zur Markgrafenzeit hat man systematisch danach geschürft und sicherlich manchen Schmuck daraus gefertigt. Aber selbst heute scheint es hin und wieder noch Ausbeute zu geben, wenngleich die Fundstelle völlig überwachsen und gar nicht zugänglich ist. → 163

Zirkon
Bekannt wurden kleine zartgraue Kristalle, teils mit rotem Glaskopf umkrustet, aus Stadtsteinach.

Pikrit

Das ist das ultrabasische Endglied der Vulkanitreihe und bestand ehemals aus Olivin und Pyroxen; vertritt also die Effusiv-Form von Peridodit. Unsere Vorkommen sind weitgehend chemisch verwittert, d. h. umgewandelt zu Serpentin. Der hohe Erzgehalt in Form von Magnetit hat sich jedoch erhalten. Das Gestein sieht grünlich-schwarz, feinkörnig, eintönig aus und weist immer noch ein Artgewicht von über 3,0 auf. Oberflächlich freiliegende Felsen muten pockennarbig an; sie besitzen meist eine dicke braunschwarze Verwitterungsschwarte. Wie bei allen ultrabasischen Gesteinen tritt auch hier die kugelige Absonderung deutlich hervor. Merkwürdigerweise sind selbst kleinere Kugeln im Inneren noch erstaunlich frisch und gleichen damit durchaus den allbekannten Pikriten des Rothaargebirges, die eines der wichtigsten Grabmals- und Innenarchitekturgesteine Westdeutschlands darstellen. Da das Gestein chemisch zwar rasch, mechanisch jedoch recht langsam verwittert, bildet es in der Landschaft markante Felspartien, z. B. Schwarzenstein bei Schwarzenbach/Wald. An weiteren Vorkommen nennen wir den Landsknechtberg bei Ullitz, dicht an der DDR-Grenze, die Einöde Schwarzenstein bei Trogen, Hügel zwischen Eisenbühl und Hadermannsgrün sowie einzelne Partien im Labyrinth-Berg bei Hof, wo Pikrit mit Diabas abwechselt. Eine Sonderstellung nimmt das Gestein von der Krötenmühle bei Bad Steben ein, denn es weist, zumindest im angeschliffenen Zustand, noch eine deutliche Körnung auf (Pyroxen + weitgehend serpentinisierter Olivin). Damit ist es von dem jenseits der Grenze gelegenen und in der DDR gewonnenen Typ von Seibis kaum zu unterscheiden (im Steingewerbe LOBENSTEINER DIABAS genannt). Wie Diabas bietet auch der Pikrit mineralogisch einiges:

Asbest
(Chrysotilasbest) ist bänderartig in den Pikrit der Krötenmühle eingelagert. Nach ihm ging des öfteren ein Bergbau um, zuletzt während des II. Weltkrieges. Es fand sich jedoch nur kurzfaseriges Material, das heutigen Ansprüchen nicht genügt.

Nephrit
ist von Bärnreuth bei Bad Berneck bekannt, jedoch kaum mehr zu finden. Es soll in dicken lauchgrünen Bändern vorgekommen sein.

Magnetit
in größeren Oktaedern soll es bei Ullitz gegeben haben. Die in der Literatur genannte Lokalität *Landsknechtberg* ist jedoch dort niemandem bekannt. Der Pikrit-Stock liegt 2 bis 3 km wsw Ullitz im spitzen Winkel der Straße nach Trogen und ist als Höhe 569 gekennzeichnet. Dort zeigen sich die magnetischen Anomalien, die für peridotitische Gesteine charakteristisch sind, auch besonders wirkungsvoll.

Keratophyr

wird das dem Monzonit entsprechende Ergußgestein genannt. Es spielt im gesamten Frankenwald eine große Rolle, wenngleich seine Durchbrüche nicht die Ausmaße des Diabases erreichen konnten. Es

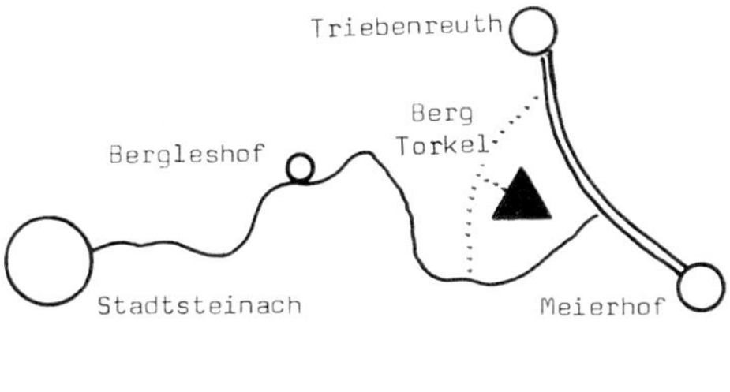

239 Keratophyr → 134

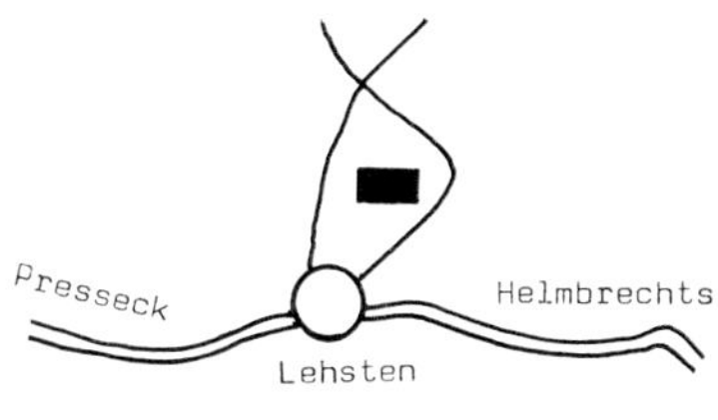

240 Tüpfelschiefer → 134

besteht aus mildem Plagioklas, Orthoklas, wechselnden Mengen Quarz und relativ wenig Mafiten. Im frischen Zustand hellgrau, bläulichgrau; im verwitterten chamois bis dunkelgraubraun. Die Gemengteile lassen sich mit bloßem Auge nur schwer identifizieren. Die vielen Vorkommen bieten kaum Aufschlüsse, jedenfalls nicht von frischem Material. Daher empfehlen wir zum Studium lediglich die interessanten Felspartien am Gipfel des Berges Torkel zwischen Guttenberg und Triebenreuth. Das äußerst unberechenbar spaltende, spröde Material ist zu nichts zu verwenden. In ihm sind makroskopisch auch keine Minerale eingelagert. Nur im Dünnschliff zeigt sich ein beachtlicher Gehalt an Apatit. → 237

Quarzkeratophyr

Hellgraugrün, feinfleckig. Quarz ist einerseits deutlich zu sehen, durchzieht aber andererseits das ganze Gestein im Sinne einer Verkieselung. Dunkle Gemengteile fehlen. Die Durchbrüche dieses intermediären Vulkanits erfolgten ebenso wie die seines quarzfreien Bruders im Oberdevon. Beide sind auffällig benachbart, was besonders für die Hügel sw Hof/Saale gilt (Alsenberg, Otterberg, Kulm). Felsbildend findet man Quarzkeratophyr auch zwischen Löhmarmühle und Heinersreuth. Als eindrucksvollstes Vorkommen jedoch können wir die Felspartien der Steinachklamm bei Stadtsteinach erwähnen, durch die sich der kleine Steinach-Bach fressen mußte. → 151, 236

Keratophyrtuff

Die vulkanischen Sedimente liegen konkordant zwischen Tentakuliten- und Knollenkalk. Es sind markante Schichten von unterschiedlicher Mächtigkeit, aber kaum über 1 m. Das Gestein ist gelblich bis grünlich grau und zeigt ganz charakteristische ovale „Perlen" von 2–5 mm Ø. Diese Feldspäte veranlaßten die volkstümliche Bezeichnung **Tüpfelschiefer.** Besonders im Anschliff quer zur Schieferungsrichtung erkennt man die reizvolle Textur. An den Verwitterungsflächen treten die Einsprenglinge warzenartig hervor. Stark gegrünte Varietäten nannte man Ölquarzit. Leider bestehen von diesem interessanten Gestein keine Aufschlüsse, obwohl es nicht wenig verbreitet ist. Einigermaßen Aussicht auf Erfolg bieten die Felder n Lehsten bei Helmbrechts. → 154

Erzgänge im Frankenwald

Die heute in dieser Hinsicht völlig bedeutungslose NO-Ecke Bayerns galt im Mittelalter, aber auch noch im vorigen Jahrhundert, als vielseitiges Bergbaugebiet. Eine Serie von Gängen streicht hercynisch durch die Schieferschichten. Einige wenige mögen wohl syngenetischen Ursprungs sein, die meisten aber verdanken ihre Entstehung hydrothermaler Tätigkeit an tektonischen Lineamenten im Zusammenhang mit dem Diabas-Vulkanismus. Das gilt ganz besonders für die Roteisenlager, mit denen wir unsere Beschreibung beginnen wollen.

Hämatit

Der Tätigkeit der Fumarolen und Thermen sowie der untermeerisch wirkenden Halmyrolyse verdanken wir die Entstehung der beiden Roteisenhorizonte, die im Oberdevon die Hauptphase der Diabas-Eruptionen beiderseits zeitlich begrenzen. Sie entsprechen damit weitgehend den Erzlagerstätten des Sieg- bzw. Dillkreises. Im Frankenwald gab es mehr, aber doch kleinere Vorkommen als im Westen Deutschlands. Der Beginn ihres Abbaus verliert sich in grauer Vorzeit; im ausgehenden Mittelalter jedenfalls standen die Zechen auf dem Höhepunkt; dann gab man eine nach der anderen infolge Erschöpfung auf, zuletzt die Grube Langenbach in der 20er Jahren dieses Jahrhunderts. Dort hat man noch bis vor kurzem gerötete Brocken herumliegen sehen. Eigentliche Erze werden wohl kaum mehr gefunden werden können, weshalb die wenigen Belege in Museen und ganz alten Sammlungen hohen Dokumentationswert besitzen. → 215, 471

Wir zählen die wichtigsten Gruben auf:

- *Bergmännisch-Glück*, *Bau-auf-Gott* und *Vogelstrauß* im Dreieck Bad Steben – Langenbach – Steinbach.
- *Eichberg*, *Abendröte*, *Carl-Wilhelm*, *Wilhelm* und *Regina* bei Stadtsteinach.
- *Obereisenberg* und *Sankt-Ludwig* bei Vorderreuth n Stadtsteinach.
- *Paulus*, Kunreuth, *Rützenreuther Zeche* in der Umgebung von Presseck.
- Quellenreuth bei Schwarzenbach/Saale.
- *Gottes-Glück* bei Triebenreuth.
- *Nautilus* und *Ehrhardt* bei Guttenberg.
- *Bergmannsglück* bei Bad Berneck.
- *Deutscher-Kaiser*, Fußbühl, Schertlas, *Sophienglück*, *Humpelmann*, *Zufriedenheit* und *Rother-Mann* bei Weidesgrün s Selbitz.

Spateisen

Die 0,1 bis 2,0 m mächtigen Gänge waren, sofern sie die Oberfläche trafen, schon lange vor dem 30jährigen Krieg angefahren worden und konnten sich vereinzelt bis zur letzten Jahrhundertwende halten. Sie entstanden wahrscheinlich erst im Karbon und setzten in allen früh- bis mittelpaläozoischen Schichten an. Als Gangart ist Quarz bezeichnend, als Begleitminerale immer Pyrit, seltener Phosphorit und Baryt. In der Oxidationszone gehen sie in Limonit über. Es gab u. a.

- *Frischglück* und *Windorfs-Glück* bei Lauenstein.
- *Ehrlichgang*, *Grauwolfgang*, *Hülfe-Gottes*, *Friedenszeche*, *Gott-hat-geholfen*, *Zufällig-Glück*, *Gott-allein-die-Ehr*, *Friedelbühl*, *Schafleite* an der Mordlau bei Bad Steben.
- *Gabe Gottes*, *Gottes-Gnade*, *Frecher-Gang* und *Lohwiese* in Kemlas.
- *Eisenknoden*, *Abraham*, *Isaak*, *Arme-Hülfe*, *Jägersruh*, *Brandleite*, *Keilender-Stein*, *Gupfengipfel* im Raum Hadermannsgrün – Schnarchenreuth – Tiefengrün.
- *Goldene-Sonne*, *Morgenstern* und Siebenhitz bei Köditz.
- *Friedrich* und Losau bei Wartenfels.
- *Großvater* und *Silberrangen* bei Thiemitz, ca. 3 km w Schwarzenbach/Wald

→ 168, 467, 468

Flußspat

Die Zechen hierauf hielten sich von allen Frankenwald-Bergwerken am längsten, vereinzelt bis gegen 1955. Der Flußspatabbau leitete sich größtenteils von Spateisengängen ab, die bereits im ausgehenden

Mittelalter betrieben wurden. Sie enthalten noch eine Reihe weiterer Erze und sonstiger Minerale, die selbst heute noch als micromounts gefunden werden können, sofern man die wenigen noch bestehenden Halden geduldig absucht.
Im Gegensatz zu den großen Fluorit-Lagerstätten des Naabreviers handelt es sich hier vorwiegend um Gänge von wenig mehr als 100 m Länge bei 3–4 m Mächtigkeit. Der Fluorit des Frankenwaldes zeigte nur selten eine Färbung, allenfalls in Lichtenberg war er schwach blau. Idiomorphe Kristalle kamen kaum vor. Die Berühmtheit der Lichtenberger Gänge ist also mehr auf die Begleitminerale begründet.
Vor der Schilderung der hier auftretenden Minerale zählen wir die wichtigsten Gruben auf, die, wie gesagt, auch Brauneisen, Blei- und Kupfererze führen.

● *Friedensgrube, Friedrich-Wilhelm, Sankt-Andreas, Roter-Fuchs, Gelber-Fuchs, Kotzau, Sibylla, Rebecca, Alt-Bescheert-Glück, Neu-Bescheert-Glück, Streckenberg, Sankt-Gabriel, Alter-Bauer, Schönes-Bauernmädchen, Geharnischter-Ritter, Eichenstein, König-David, Blauer-Adler* und *Christoph* im Raum Lichtenberg – Hölle.
→ 224, 472

Malachit
von Lichtenberg gilt als eines der begehrtesten Minerale der Bundesrepublik. Es kamen leuchtend grüne Garben bis 3 cm Länge vor, aber auch große Flächen, die über und über mit kleineren Büscheln übersät waren. Herrliche radialstrahlige Formen offenbarte das Mikroskop. Vor dem letzten Krieg, ja sogar noch einige Jahre danach, lagen am Bahnhof Lichtenberg tonnenweise Flußspat-Brocken umher, ganz von Malachit durchzogen. Niemand kümmerte sich um das auf Abtransport oft wochenlang wartende Material! Heute gehört zum Auffinden von Malachit-Anflügen auf Haldengut bereits eine große Portion Glück. → 174, 177, 475

Azurit
war früher sicherlich nicht selten. Davon gibt es jedoch nur spärliche Dokumente. Heute kann man dieses gut kristallisierte Mineral als Mikros noch auf Haldenmaterial aufsitzend finden. → 6, 176, 179

Brochantit
aus der Oxydationszone der primären Kupfererze. In Form winziger dunkelgrüner Leisten hat man dieses Hydrosulfat erst in jüngster Zeit entdeckt.

Langit
Auch hier handelt es sich um einen neuen Fund. Das bisher fast nur von Cornwall bekannte Cu-Sulfat zeigt sich unter dem Mikroskop als blaues, strahliges Aggregat.
→ 478

Aurichalcit
ebenso wie die beiden vorher genannten Minerale von der Dorschenmühle. Hellgrüne Garben, in Malachit eingewachsen.
→ 469

Eisenblüte
(Aragonit), unscheinbare, korallenähnliche Verästelungen. Gelegentlich in den Bleiglanzgängen von Wallenfels beobachtet. Auch an der Dorschenmühle in kleinen Belegen.

Baryt
Als weiße derbe Masse war er nur stellenweise angereichert, z. B. in Siebenhitz. Außerhalb der Flußspat-Gänge kennt man aber eine Reihe von Schwerspat-Gängen, die im vorigen Jahrhundert regen Bergbau

auslösten, aber heute völlig in Vergessenheit geraten sind. Sie liegen in Karbonschichten und streichen hercynisch. Andere Minerale kommen darin nicht vor. Die Gruben lagen bei Welitsch, Reitsch, Gifting, Rothenkirchen, Glasberg, Marienroth, Brauersdorf und Steinwiesen. Lediglich in Rothenkirchen ist in unserem Jahrhundert noch einmal kräftig gefördert worden.

Kupferkies

kommt in den Flußspat-Gruben nur in derben Auflagen von wenigen mm Dicke auf weißem Calcit vor. Solche Stücke sind wegen des starken Kontrasts zwischen der weißen Matrix und dem leuchtenden messingfarbenen Erz recht reizvoll. Kristalle fanden sich hin und wieder nur auf himmelblauem Flußspat. → 156, 159

Kupferkies als massiges Erz hat jedoch an anderen Stellen des Frankenwaldes bzw. seines Randbereiches zur Münchberger Masse rege Bergbautätigkeit ausgelöst, nämlich

- *Reicher-König-Salomo, Wilder Mann* und *Markscheiderschacht* bei Naila. Der Gang war stellenweise 6 m mächtig, davon ¼ reiner Kupferkies, der Rest Spateisen, Brauneisen und Flußspat. Bereits 1471 begann der Betrieb, 200 Jahre später waren mehrere 100 Knappen tätig und förderten wöchentlich 1000 t – für die damalige Zeit eine äußerst beachtenswerte Leistung. Im 18. Jahrhundert verfielen die leeren Stollen. Spätere Versuche der Wiederaufnahme scheiterten an Wassereinbrüchen.
- *Sankt-Veits-Gang, Sankt-Veits-Morgengang* bei Kupferberg, *Goldener Adler* bei Neufang und *Goldener Falke* bei Wirsberg (Adlerhütte). Die Blütezeit dieser benachbarten Gänge fällt ins 14. Jahrhundert, wo annähernd 2000 Bergleute tätig und gut 10 Schmelzhütten in Betrieb waren. Damals kam man bereits auf 180 m Teufe, wo man Erzgänge von 0,5 bis ausnahmsweise 2,5 m Mächtigkeit anfahren konnte. In späterer Zeit beutete man ähnliche Gänge bei Marktschorgast und Köslar aus. Erfolglos verliefen Versuchsbohrungen in Kupferberg vor wenigen Jahren.
- *Gottes-Segen* und andere Zechen zwischen Sparneck und Benk lieferten seit mindestens 1529 bis zum 30jährigen Krieg neben Pyrit Kupferkies und Kupferglanz mit einem geringen Silbergehalt. Alexander von Humboldt, der als junger Bergassessor in Kupferberg arbeitete, versuchte, Sparneck wieder auf die Beine zu bringen, was jedoch nicht gelang.

Chrysokoll

Gelartige, nierige Umsetzung der verschiedenen primären Kupfererze. Früher hat es offensichtlich allenthalben größere, z. T. abbauwürdige Massen gebildet. Heute trifft man leuchtend blaugrüne krustige Überzüge nur in kleinen Einheiten an: Eichenstein und andere Cu- bzw. Flußspat-Gruben. → 178

Pyrit

trat in allen Kupfergängen auf, aber kaum kristallisiert. Mikros sind auch heute noch zu finden. Reine Pyrit-Lagerstätten, die immer auch Magnetkies führten, gab es in der Franz-Ludwig-Grube im Raum Kupferberg-Wirsberg. Im Talkschiefer der Wirsberger Gruben konnte man vor wenigen Jahren immer wieder gut kristallisierte Kuben von Pyrit sehen. → 159

Nickelarsenkies
ruhte in Nestern innerhalb der Brauneisenbänder von *Friedrich-Wilhelm* bei Lichtenberg. Belege kaum mehr vorhanden, von Mikros abgesehen.

Kobalterz
(Co-Blüte, Co-Glanz und Speiskobalt) trat gelegentlich in Siebenhitz und in *König-Salomo* auf. Skutterudit wurde, zusammen mit Hyalit und radialstrahligem Pyrolusit, neuerdings in Siebenhitz wiederentdeckt.

Wismut
(gediegen und als Bismutit) wurde vom *Friedrich-Wilhelm* bekannt. In Kemlas soll es sogar herrliche Stufen davon gegeben haben. → 216

Arsenkies
tritt verzwillingt gelegentlich an der Dorschenmühle in kleinen Kriställchen auf. → 212

Bleiglanz
Im w und n Frankenwald streichen an mehreren Stellen Bleierzgänge aus, die fast ausschließlich im Unterkarbon ansetzen. Ihr Abbau läßt sich bis 1400 zurückverfolgen, erlitt aber manche Unterbrechungen. Bis zum Krieg 1914/18 versuchte man immer wieder, die verlassenen Stollen neu anzufahren. Die letzte Probeteufung erfolgte um 1960 in Kemlas, 50 m von der DDR-Grenze entfernt. Lange Zeit danach lagen erzhaltige Partien dort massenhaft umher.
Das Erz tritt in Quarz/Baryt/Calcit-Gängen nesterartig auf und weist eine grobblättrige Struktur auf. Idiomorphe Kristalle kamen kaum vor, wohl aber strahlige Auflagen. Die w gelegenen Gruben zeichneten sich durch einen beachtlichen Ag-Gehalt aus, die n Lagerstätten hingegen waren mit Zinkblende vergesellschaftet. Erwähnung verdienen:

- *Schwarzer Mohr* bei Dürrenwaid
- *Neue-Hoffnung, Erfüllte-Hoffnung* und *Karlszeche* am Silberberg bei Wallenfels → 220
- *Bergmännisch-Hoffnung* im Remschlitzgrund bei Neufang
- *Johannes-der-Täufer, Sankt-Andreas, Neuer-Segen-des-Herrn* und *Thomaszeche* an der Schmölz im Köstenbachtal
- *Lamitzgrund* und Wellesberg bei Wolfersgrün
- *Rollnhirsch,* Hübnergrund, Unterschmölz, *Katzenschwanz* und *Siebenstern* ö bis sö Wallenfels
- *Kemlas* bei Issigau

Zinkblende
als rotbraune bis fahlgelbe, leicht durchscheinende Kristalle in den Bleierzgängen, besonders bei Kemlas, wo bis in die 60er Jahre noch große Mengen am Versuchsbau umherlagen. → 156

Cuprit
war seither vom Frankenwald auch noch nicht beschrieben worden. Erst die Suche nach Mikros im Haldenmaterial von Eichenstein, ja sogar aus dem Diabas-Revier von Tauperlitz brachte herrliche Funde: knallrote kubische Kristalle von winzigen Ausmaßen und äußerst schöne Prismen. → 2, 170, 175

Gediegen Kupfer und Silber
beide vergesellschaftet, winzige dendritische Gebilde, sehr selten an der Dorschenmühle aufgefunden.

Oberflächenvererzung
Sie ist, im Gegensatz zum Fichtelgebirge

und Oberpfälzer Wald, für den Frankenwald charakteristisch – kein Wunder bei den vielen und verschiedenartigen Lagerstätten von Primärerzen. Sie reicht in Teufen bis 10 m, besteht aus Limonit und Goethit mit verhältnismäßig hohem Mn- sowie geringem P-Gehalt. In früheren Jahrhunderten fand darauf ein reger, aber doch wenig ergiebiger und meist nur kurzlebiger Bergbau statt. Die Vorkommen sind über den ganzen Raum verstreut, konzentrieren sich naturgemäß im Gebiet der devonischen Fe-Gänge. Es bestanden

- *Schindelthal* bei Neuengrün
- *Friedlicher-Vertrag* und *Hoffnungsvolle-Anweisung-Gottes* bei Dürrenwaid.
- *Hertwegsgrün* bei Geroldsgrün
- *Heiliges-Holz* bei Tschirn
- *Forstloh* bei Wallenfels
- *Hühnergrund, Morgenstern* und *Preißneres-Glück* bei Zeyern
- *Hohe Leite* bei Reichenbach
- *Birken und Schlackenreuth* bei Presseck
- *Räumlas, Grubenberg, Thron, Rauher Berg, Tännig, Wäschholz* rings um den Döbraberg
- *Hoff-auf-Gottes-Segen* und *Freudenglück* bei Lippertsgrün
- *Schertlas* bei Selbitz
- *Hermannzeche* bei Feilitzsch
- *Neuhof* und *Segen-des-Herrn* in Leimitz bei Hof
- *Eiserner-Johannes, Karl-Wilhelm, Fridolin* und *Franz* im Raum Oberhartmannsreuth
- *Dreieinigkeit, Hoffnung, Bärenholz, Walzzeche, Glückauf* und *Vereinsglück* zwischen Trogenau und Regnitzlosau
- *Christoph* und *Friedrich* bei Kirchgattendorf

Von all diesen Gruben konnte man bis zu den Flurbereinigungsmaßnahmen der 60er Jahre noch gelegentlich Stollen und Schächte antreffen. Die Manie der Gemeinden, alle Unebenheiten der natürlichen Oberfläche und damit auch alle Gruben, Wälle und Pingen zu nivellieren, hat in den vergangenen Jahrzehnten jegliche Erinnerung an den historisch so bedeutsamen Bergbau völlig zerstört. Selbst dort, wo Anfang des Jahrhunderts nochmals Versuchsabbaue umgingen, ist nichts mehr zu sehen. → 157, 169, 171, 174

Münchberger Gneismasse

„Als hochmetamorphe Insel inmitten paläozoischer Schiefer hat die Münchberger Gneismasse seit Beginn der geologischen Erkundung schon manches Rätsel aufgegeben. Die wesentlichen Probleme liegen in der stofflichen Eigenart und der andersartigen metamorphen und tektonischen Entwicklung gegenüber Fichtelgebirge und Frankenwald. Die Deutung dieser Eigenart und scheinbaren Fremdheit wandelte sich im Laufe der Zeit mit den sich ablösenden Bearbeitern und natürlich auch mit der Fortentwicklung der geologisch-petrographischen Wissenschaft" (STETTNER).

Metamorphite der Münchberger Masse

241

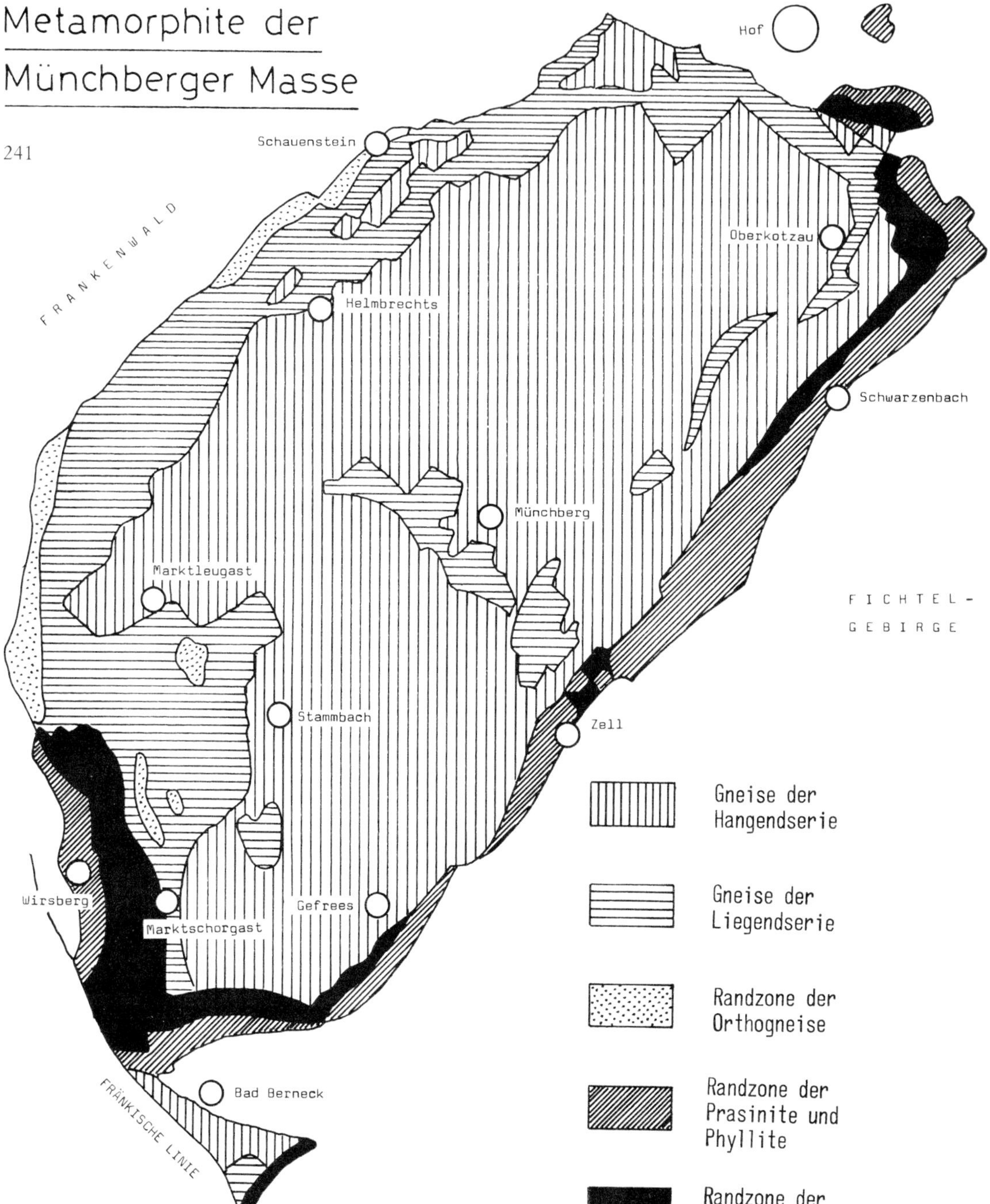

Metabasite der Münchberger Masse

242

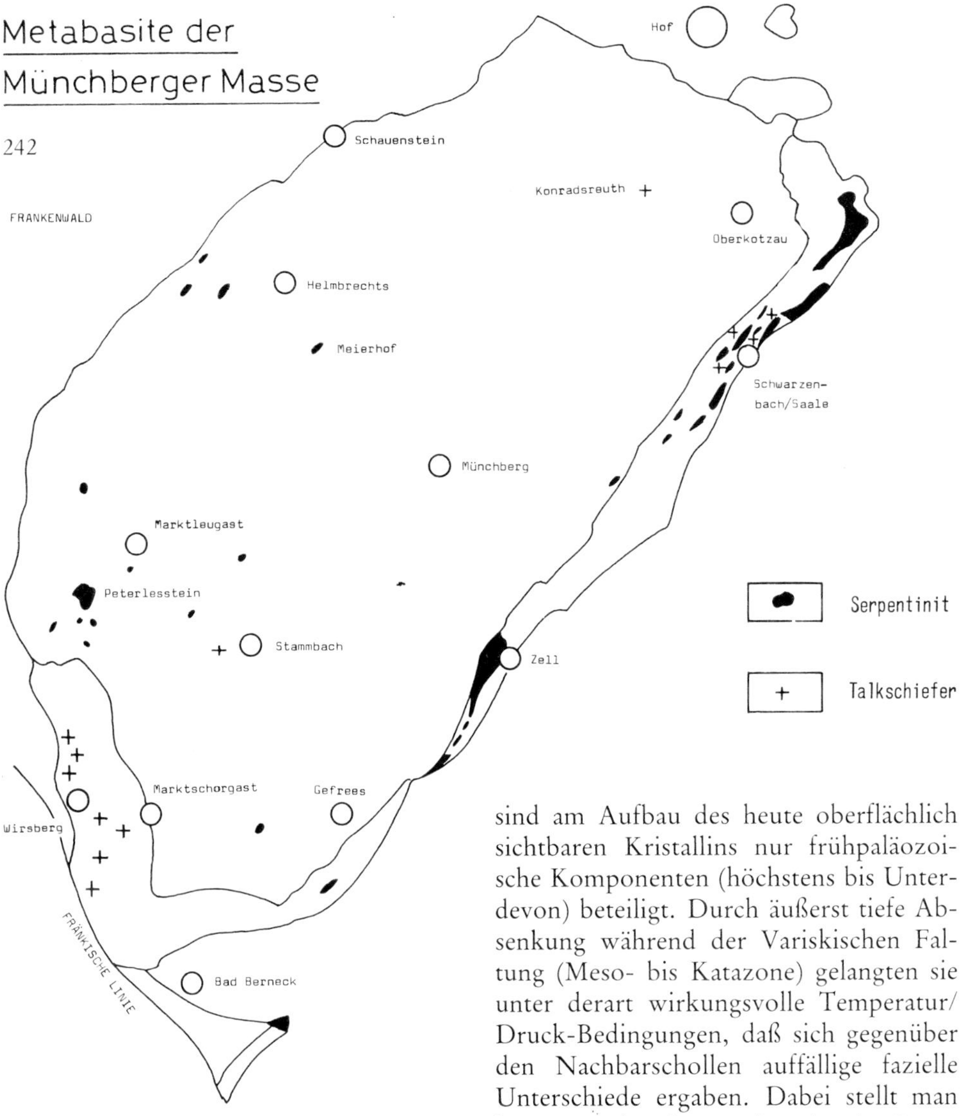

Nach WURM stellt diese Masse „ein altes Grundgebirge dar, in dem sedimentäre und eruptive Bestandteile in mannigfacher Durchdringung miteinander verbunden sind". Es ist noch nicht geklärt, ob algonkische Serien einlagern; sicherlich aber sind am Aufbau des heute oberflächlich sichtbaren Kristallins nur frühpaläozoische Komponenten (höchstens bis Unterdevon) beteiligt. Durch äußerst tiefe Absenkung während der Variskischen Faltung (Meso- bis Katazone) gelangten sie unter derart wirkungsvolle Temperatur/Druck-Bedingungen, daß sich gegenüber den Nachbarschollen auffällige fazielle Unterschiede ergaben. Dabei stellt man immer wieder eine stockwerkartige Beanspruchung fest, weswegen sich die Gesteine im groben in eine Liegend- und eine Hangendserie klassifizieren lassen. Dem Betrachter zeigt sich ein kompliziertes System von Sätteln und Mulden, Aufbrüchen, Aufschuppungen und randlichen Aufkippungen. Ehemalige Plutonite sind zu Metamagmatiten geworden (Orthogneise). Ebenso eigenartig, jedoch von der zentralen Masse völlig verschieden, zeigen sich die Randzonen. In ihnen fallen paragenetische Grünschiefer und orthogenetische Serpentinite auf.

Gneise

Bekanntlich führen 2 Wege zur Bildung von Gneis:

a) ein magmatisches Gestein erfährt vor oder während seiner Erstarrung eine starke Pressung, die sein bisher richtungsloses Gefüge mehr oder weniger stark schiefert. Das Ergebnis nennt man Orthogneis.
b) ein Sediment wird in großer Tiefe durch mechanische und thermische Beanspruchung zur Umkristallisation gezwungen, so daß sich je nach primärem Stoffbestand geschieferte kristalline Gesteine ergeben, die durchaus den einzelnen Typen der Magmatite entsprechen. Das sind die Paragneise.

Äußerlich können Ortho- und Paragneise oft kaum auseinandergehalten werden, wiewohl es natürlich von jeder Genese typische Endglieder mit einwandfreien Eigenschaften gibt. Beide Typen gehen jedoch nicht nur phänologisch ineinander über, sondern auch in genetischer Hinsicht, d. h. es kommen Gneise vor und dies gar nicht so selten, die orthogene und paragene Entstehungsweisen vereinen = Migmatite. Es scheint, daß manche Gesteine der Münchberger Masse diesem Übergangsbereich zugeordnet werden müssen.

Paragneise der Liegendserie

Massieren sich vornehmlich im W-Teil des Gebietes. Gewöhnlich feingeschichtet grau, führen sie stellenweise jedoch Feldspataugen, Granat und Zoisit als Gemengteil. Natürlich sind Quarz und Glimmer reichlich vertreten. Die Hypothese, wonach sie ein Äquivalent zu den kambrischen Schichten der Arzberger Serie darstellen, erfährt dadurch eine Stütze, daß graphitische Partien eingelagert sind, die dem unterkambrischen Graphitphyllit entsprechen und daß im weiteren Verband

---

Mikrominerale im Serpentinit

Von den hier dargestellten Arten darf man keine großen Stücke erwarten; sie kommen kaum über mm-Dimensionen hinaus.

243
Dieser Magnetit-Kristall zeigt die charakteristische Furchung parallel zu den dreieckigen Kanten der Dreiecksflächen. Haidberg.
□ 5,5 → 158

244
Vesuvian-Kristall aus Wurlitz. Erst die Mikrofotografie brachte die Erkenntnis, daß diese bei uns sonst nur in Kalksilikat vorkommenden Minerale auch im Serpentin (bzw. Saussuritgabbro) eingewachsen sein kann.
□ 2,8 → 159

245
Titanit als stark verlängertes Prisma, wie es als Kluftmineral auch in anderen Paragenesen auftritt. Haidberg.
□ 5,5

246
Goldgelbe „Fäden" von Millerit aus Wurlitz.
□ 2,8 → 158

247
Glasklares Kristallaggregat von Prehnit in einem höchst seltenen Habitus. An den Spitzen „nisten" Würfel von Chabasit. Wurlitz.
□ 2,8 → 159

248
Magnetit als Kombinationen von Oktaeder und Würfel. Wurlitz.
□ 6 → 158

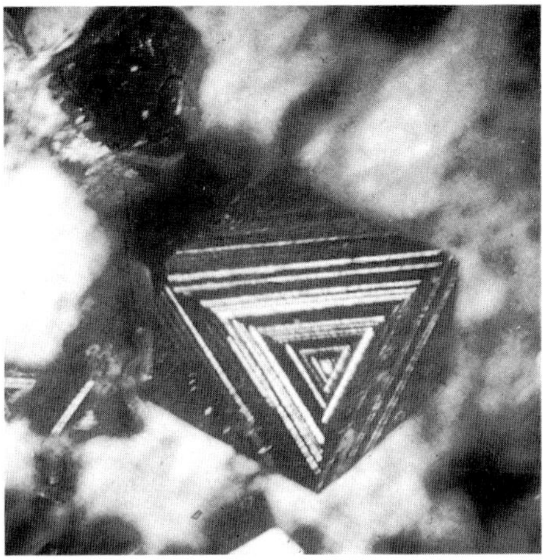
243

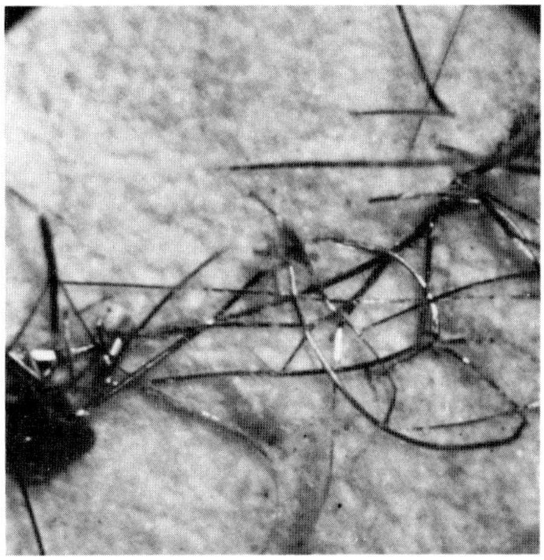
246

244

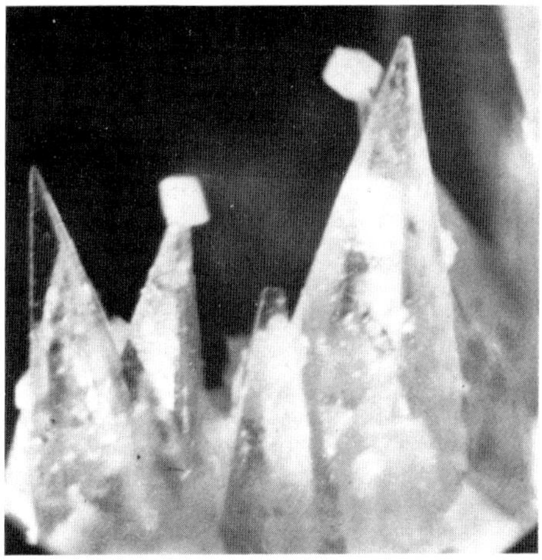
247

245

248

auch Kalksilikate auftreten, die man als Abkömmlinge vom Wunsiedler Marmor deuten könnte.
Fundstellen: 400 m nö Epplasmühle bei Wölbattendorf, verlassener Steinbruch bei Roth nw Stammbach, Felsen 500 m nw Grünlas n Marktleugast. → 183

Paragneise der Hangendserie
Es handelt sich um stark gebänderte Amphibolgneise, an denen man deutlich, besonders gut im Querbruch, die weißen Feldspat-Lagen von den dunklen Hornblende/Biotit-Lagen unterscheiden kann. Als ständige Akzessorien kommen Muskowit, Granat, Zoisit, Rutil, stellenweise auch Epidot, Titanit und Chlorit vor. Die Bändergneise nehmen die größte Fläche der Münchberger Masse ein und finden sich überall als Lesesteine. An Aufschlüssen sind erwähnenswert: Steinbruch am Steinberg bei Konradsreuth, Naturschutzgebiet bei Seulbitz, Straßenanschnitt der B 303 bei Goldmühl, vor allem aber der Steilhang an dieser Bundesstraße (Königsstuhl) bei Bad Berneck, wo man auch hervorragende Faltenbilder studieren kann. → 180, 233, 234

Muskowitgneis
orthogener Entstehung, der Liegendserie zugehörig. Er ist den paragenen Liegendgneisen eingelagert und fällt durch seine helle Farbe auf. Hauptverbreitungsgebiet im W; Aufschlüsse gibt es nicht.

Augengneis
entstammt sicherlich alten Graniten und dürfte den tiefsten Stockwerken des Systems angehören. Die großen Feldspäte ruhen in einem Geschuppe von Quarz, Biotit und Muskowit, das abermals auch langgezogene Feldspatschlieren aufweist. Wir treffen sie im Rehbachtal zwischen Rehmühle und Guttenberger Hammer, zwischen Schauenstein und Grafengehaig, sowie sw Ziegenburg an.

Kalksilikat
Schlechterhaltene dm-dicke Bänke auf Höhe 601 nw Gundlitz und Höhe 613 bei Steinbach, beide Orte w Stammbach. Sie gehören zur Liegendserie. Aber auch im Hangenden sind vereinzelte Kalksilikat- und sogar Marmor-Schichten beobachtet worden, nämlich s von Hohenberg bei Marktleugast und nö der Schlackenmühle bei Grafengehaig.

Eklogite → 161

249
aus Autengrün. Gut ausgebildete Granate sind in kräftig grünem Omphacit regelmäßig eingebettet.
☐ 80

250
aus Silberbach. Leuchtend grüner Omphacit durch ziemlichen Chrom-Gehalt. Granat angerostet.
☐ 80

251
von Stammbach (Friedhof). Sehr große, gut ausgebildete Granate in einer Amphibol-Grundmasse.
☐ 80

252
aus Wölbattendorf. Die protoklastischen Granatkristalle machen einen runden Eindruck. Sie liegen weit verstreut in ziemlich hellem, leicht zersetztem Omphacit.
☐ 80

253
vom Weißenstein. An diesem eigentlich untypischen Stück von diesem Fundort verdrängen die Granate den Omphacit.
☐ 80

254
aus Fattigau. Äußerst feinkörnig. Unter der Lupe zeigen sich klare Kristalle. Zuweilen mafitische Streifen.
☐ 80

249

252

250

253

251

254

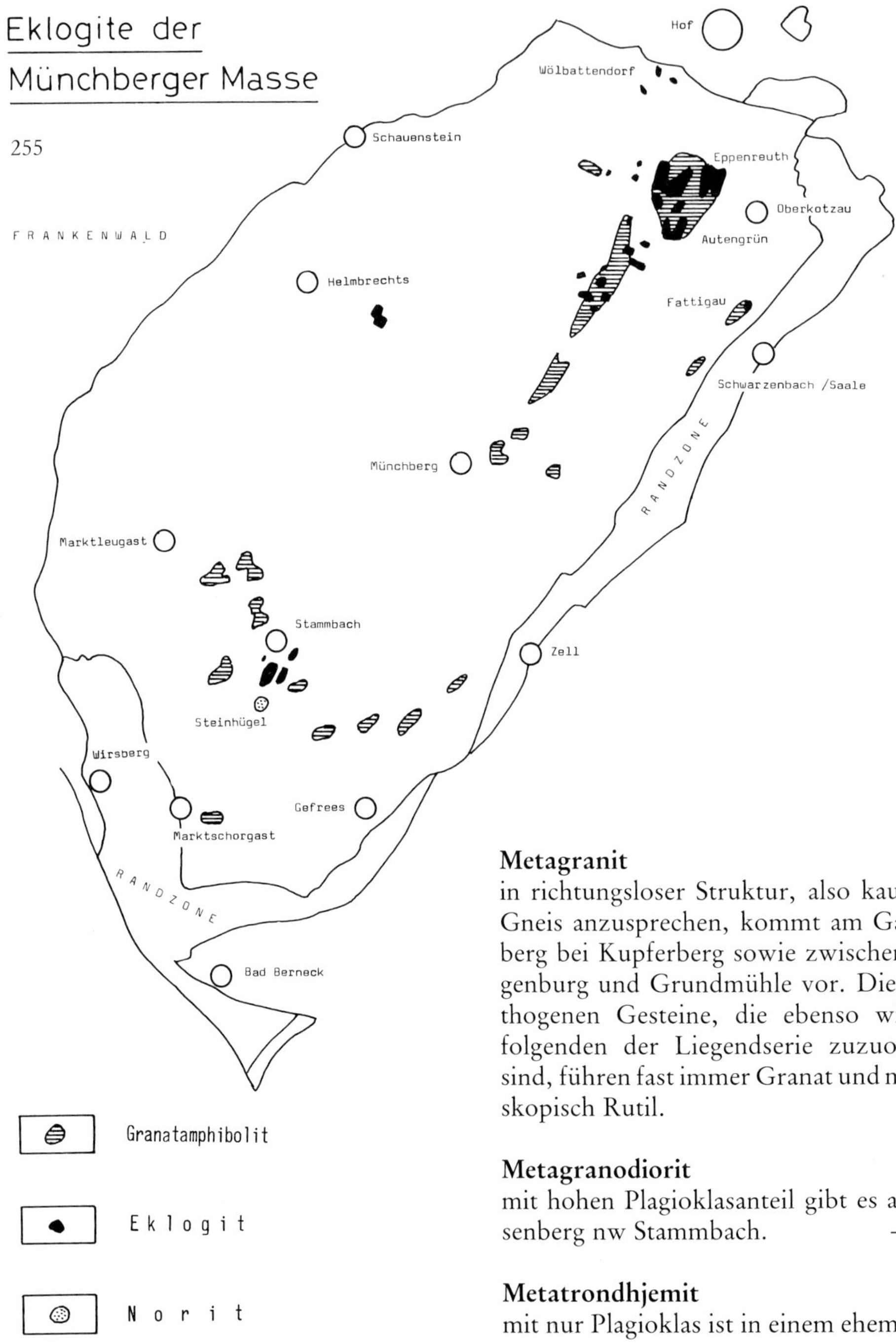

Metagranit
in richtungsloser Struktur, also kaum als Gneis anzusprechen, kommt am Galgenberg bei Kupferberg sowie zwischen Ziegenburg und Grundmühle vor. Diese orthogenen Gesteine, die ebenso wie die folgenden der Liegendserie zuzuordnen sind, führen fast immer Granat und mikroskopisch Rutil.

Metagranodiorit
mit hohen Plagioklasanteil gibt es am Eisenberg nw Stammbach. → 181

Metatrondhjemit
mit nur Plagioklas ist in einem ehemaligen

kleinen Bruch am Berg Kutten zwischen Eppenreuth und der Glänzlamühle aufgeschlossen.

Metagabbro
in saussuritisiertem Zustand hat man als grünliches, grobkörniges Gestein im Wald n Steinbach bei Marienweiher und ö Martinsreuth gefunden. Vom Vorkommen in Wurlitz wird noch die Rede sein (Seite 155).

Metanorit
gilt als markantes und auch allgemein bekanntes basisches Gestein der Münchberger Masse. Die zwar nur gering ausgedehnte Fundstelle, ein verlassener Steinbruch am S-Hang des Steinhügels zwischen Stammbach und Marktschorgast, erfreut sich eines regen Besuchs durch Sammler und Forscher. Das ungemein zähe schwarz/weiß gesprenkelte Gestein besteht aus Plagioklas (etwa Labrador) und rhombischem Pyroxen (Hypersthen und Diallag). Akzessorisch treten Biotit, Amphibol, Ilmenit und Quarz hinzu. Die Randbezirke gehen in Granatamphibolit über und zeigen ihrerseits bereits reichlich roten Granat. Besonderes Interesse erregen auch riesenkörnige, fast pegmatitische Bildungen, die zuweilen noch als Lesestein im umgebenden Buchenwald zu finden sind: Stengelige, mit Aufsprossungen versehene Pyroxen-Kristalle liegen in einer einförmig weißen Plagioklas-Masse.
Diesen Norit hat man früher als Schotter verwendet. Er ergäbe ein hervorragendes Grabsteinmaterial, wenn er nicht so zerklüftet und verrostet wäre.

→ 184, 235, 317

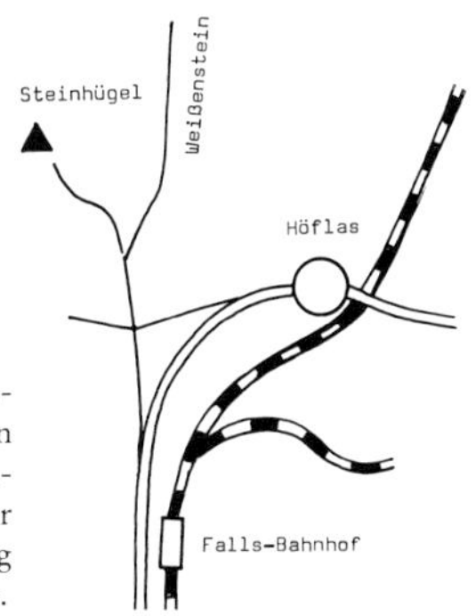

256
Der aufgelassene Steinbruch von Norit liegt in einem lichten Buchenwald, etwa 300 m von der Abzweigung Richtung Weißenstein aus entfernt.

Minerale aus der Münchberger Gneismasse

257
Zoisit gilt als charakteristisches Mineral der Eklogite. Spezialisten haben auch heute noch ein Gespür für die längst überwachsenen Fundstellen am Weißenstein.
□ 220 → 164

258
Desmin (Stilbit) aus Kleinlosnitz.
□ 40 → 164

259
Disthen (= Cyanit), ein für unsere Verhältnisse sehr gut ausgebildetes Stück von der Bahnschleife bei Marktschorgast.
□ 55 → 164

260
Strahlstein (Aktinolit) in einer fast „alpinen" Ausbildung trifft man immer wieder an, sogar Lesebrocken auf den Feldern im ganzen Münchberger Raum.
□ 80 → 166

261
Wavellit aus Suttenbach.
□ 7 → 164

262
Pyrit-Würfel sind in den Randschiefern der Gneismasse (Prasinit und Talkschiefer) nicht selten. Ein Beispiel aus der Adlerhütte bei Wirsberg.
□ 40 → 166

257

260

258

261

259

262

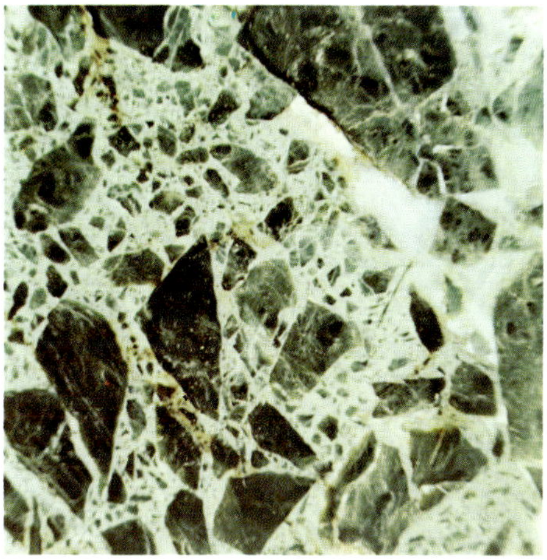
263

266

264

267

265

268

Pegmatoide

Im SW-Teil der Münchberger Masse treten an einigen sehr kleinen Stellen reine Feldspatgesteine auf, die z. T. diskordant, z. T. auch konkordant im Gneisgefüge liegen, wobei sie immer die Form von Linsen erkennen lassen, die in der Längsrichtung kaum mehr als 100 m messen. Die Herkunft dieser Fremdkörper ist noch nicht hinreichend geklärt: man hat sie lange Zeit als Differentiate der magmatischen Serien angesehen. Neuere Forschungen lehnen jedoch intrusive Entstehung ab und sind geneigt, sie aus sauren, Na-reichen Schmelzlösungen abzuleiten, die als Mobilisate aus dem tiefen Untergrund kommen.

Sie bestehen hauptsächlich aus Albit, gehen aber stellenweise in Oligoklas über. Von Quarz sind sie reichlich durchsetzt und auch Muskowit kommt in Tafeln bis ca. 3 cm Ø vor. Die anderen für Pegmatite typischen Minerale (Turmalin, Topas, Rauchquarz usw.) fehlen völlig. Dies verbietet die Annahme eines Zusammenhangs mit den Pegmatiten des Fichtelgebirges.

Bereits im vorigen Jahrhundert wurden die Pegmatoide über- und untertage für die keramische Industrie gewonnen. Die ergiebigste Grube befand sich in Lübnitz bei Gefrees, am längsten hielt sich der Abbau in Friedmannsdorf, nämlich bis 1975. In der Umgebung der Lagerstätten, die aus den Karten 1:25 000 exakt lokalisiert hervorgehen, kann man heute noch Lesegut sammeln.

Minerale in der Gneismasse

Sie ist, wie bereits angedeutet, auffallend arm an eingelagerten Mineralen, wenn man von den Rändern und den Serpentiniten absieht. Es treten auf:

Aktinolit

Ein für die Münchberger Masse ganz charakteristisches Mineral. Die meisten Funde stammen aus den Hornblendegneisen, wo unregelmäßig angeordnete Strahlenaggregate, gelegentlich auch schöne Sonnen, vorkommen. Deren größte (aus Götzmannsgrün) erreichen bis 20 cm Ø.

Minerallagerstätte der Serpentine

263
Eine interessante Bildung taucht hin und wieder in Wurlitz auf: eine autochthone Brekzie, bei der Serpentin-Trümmer in Calcit eingebettet sind.
☐ 70 → 154

264
Zuweilen treten die Granate derart hell, fast gelblich auf, daß man sie als Demantoide bezeichnen kann.
☐ 40 → 155

265
Dunkelbrauner Andradit wird in ganz winzigen Partien gefunden und zwar nur am Haidberg.
☐ 7 → 158

266
Bei Vergrößerung erkennen wir die klaren Formen des typischen mildgrünen Topazolits (Wurlitz).
☐ 11 → 155

267
Rötlicher Hessonit gehört in Wurlitz zu den Seltenheiten.
☐ 30 → 155

268
In Wurlitz zeigen sich gut ausgebildete Magnetite, die bei oberflächlicher Betrachtung für Granat gehalten werden können.
☐ 11 → 158

Klinozoisit
trifft man hin und wieder in den Liegendgneisen an, besonders aber in den Pegmatoiden. Die grauen stengeligen Kristalle heben sich undeutlich von der Matrix ab.

Granat
ist in kleinen stark verwitterten Exemplaren des öfteren gefunden worden.

Quarz
Es gibt im Vergleich zu anderen alten Gebirgen auffallend wenig Gänge von nichtkristallisiertem Quarz, daher auch kaum Kristalldrusen. Dennoch liegen einzelne schlecht ausgebildete, trübe und rostige Kristalle immer wieder auf den Feldern in der Umgebung von Götzmannsgrün und Wulmersreuth bei Münchberg.

Stilbit
(= Desmin). Sehr schöne und relativ große Kristalle hat man in Klüften des Gneises an der Zimmermühle zwischen Helmbrechts und Münchberg gefunden.

Serpentinit

Dieses zur Liegendserie zählende ultrabasische Tiefengestein, das vorwiegend am Rand der Münchberger Masse, aber auch in der Randzone selbst zum Vorschein kommt, weist ganz den Charakter eines initialen Magmas auf und dürfte sich von Peridotit und Dunit ableiten. Das ursprüngliche Gestein ist selbst in den Kernen nicht mehr erkennbar, wenngleich es hier noch die graublaue körnige Struktur von Peridotit zeigt. Unter dem Mikroskop findet man nämlich auch hier bereits einen weitgehenden Umwandlungszustand zu Serpentin vor. Die kleineren Vorkommen bestehen verständlicherweise bereits ganz aus Serpentin. → 490

Von den vielen Stöcken, die unsere Karte zeigt, verdienen nur die folgenden eingehende Beschreibung:

- *Heß*-Bruch an der Wojaleite bei Wurlitz w Rehau. Der große Bruch ist nach mehrjähriger Stillegung nunmehr wieder in Betrieb. Vor 100 Jahren eröffnete man ihn zur Gewinnung von Schotter für die Eisenbahnlinien, da Serpentin wegen seines Mangels an K, Na und Ca

---

Bemerkenswerte Magmatite

269
Am Redwitzit von Lorenzreuth erkennt man die Ummantelung der Quarze durch Amphibol und Titanerz.
☐ 80 → 173

270
Epigneis (Einlagerung von ,,Augen" im Flasergefüge) vom Nußhardt.
☐ 80 → 67

271
Aplit aus Trevesenhammer.
☐ 80 → 175

272
Gabbro vom Kalvarienberg bei Neustadt/Waldnaab. Feldspäte durch Rostung gelblich gefärbt.
☐ 80

273
,,Epidosit", pneumatolytisch veränderter Granit mit Epidot-Bildung. Vordorfer Mühle.
☐ 90 → 194

274
Die Temperaturwirkung der Basalteffusionen rötete am Kontakt den Porphyrgranit Längenau.
☐ 120 → 168, 226

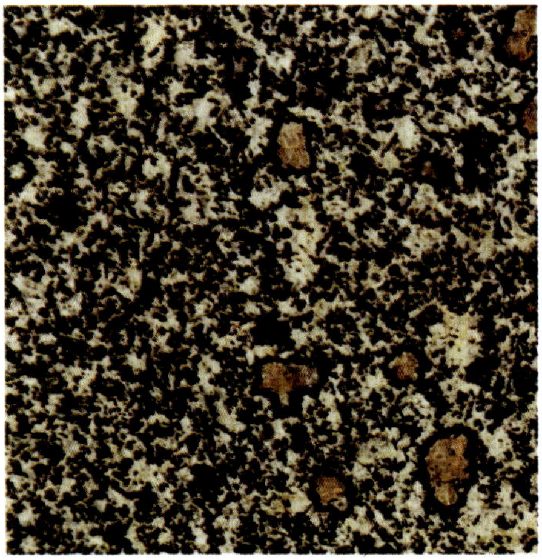

269

272

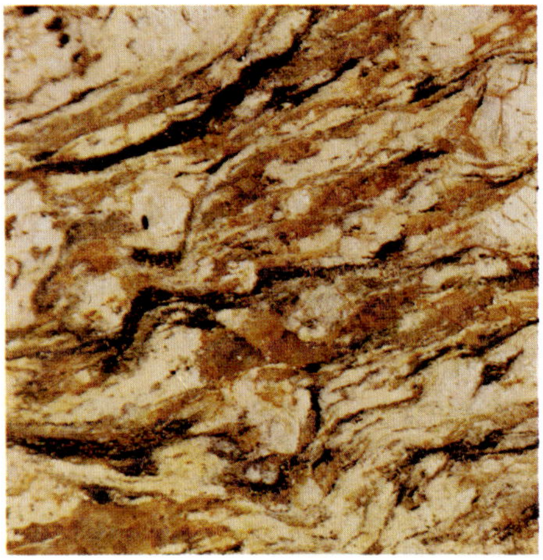

270

273

271

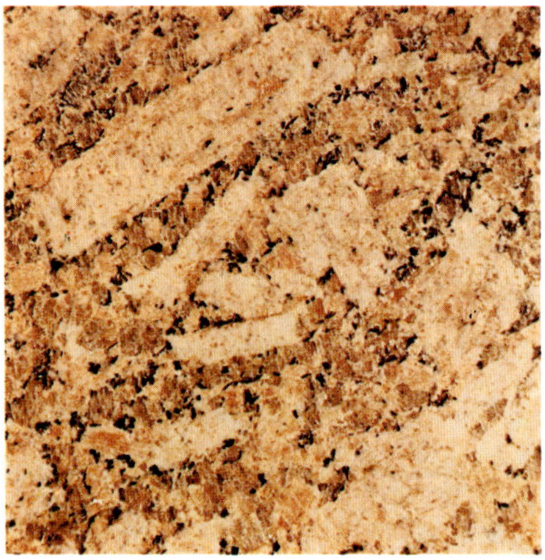

274

275

278

276

279

277

280

keinen Pflanzenwuchs zuläßt. Diese Florafeindlichkeit äußert sich überdies an allen Serpentinit-Flächen: Bäume gedeihen recht dürftig und nur eine ganz spezifische Flora fühlt sich wohl, weswegen diese Gebiete immer wieder Botaniker zu eingehenden Forschungen anregen.

- Haidberg bei Zell. Dieser Steinbruch galt bis vor kurzem bei Mineralogen als ziemlich steril; neuerdings wurde aber auch hier viel gefunden, wenn auch vorwiegend im Mikrobereich.
- Peterlesstein zwischen Kupferberg und Marktleugast. Eine imposante, unter Naturschutz stehende Felspartie, die im Gegensatz zu früher kaum mehr Minerale freigibt, zumal der Fels wenig zugänglich und auch stark überwachsen ist.

Ein Besuch in Wurlitz zeigt uns, wie verschiedenartig das Gestein selbst aussehen kann. Wir unterscheiden:

a) dunkelblaugraugrün, körnig, sehr zäh = fast noch Peridotit, nur noch im Inneren größerer Felsen vorhanden.
b) bunt (grünlich/rötlich/weißlich/bläulich) von schlangenhautähnlichem Aussehen = häufigstes Material, auch an den anderen Vorkommen.
c) hellgrün schalig, leicht splitternd, im Bruchbetrieb *Edelserpentin* genannt = weitgehende Umwandlung, besonders in der unteren Etage des W-Bruches zu finden.
d) dunkelgrün mit einem Netz weißer Adern aus Asbest. Dieses Gestein hat am meisten Ähnlichkeit mit den als Architekturgesteinen geschätzten alpinen Vorkommen des Aostatales und des Veltlins („VERDE ALPI").
e) gleichmäßig hellgrüne weiche Steine = eng verfilztes Gemenge von Serpentin mit Asbest. Besonders in Röhrenhof.
f) weiße, weiche, blättrige Schichten = weitgehende Zersetzung zu Asbest und wohl auch Magnesit.

Serpentin ist ein für außeralpine Verhältnisse recht seltenes Gestein. In Deutschland kennt man nur noch ein winziges Vorkommen im Odenwald, ein früher kunstgeschichtlich bedeutsames in Zöblitz/Sachsen und einzelne kleine bis kleinste Stöcke im Oberpfälzer Wald. Eine

---

Pegmatitminerale

275
Eine der herrlichsten je gefundenen Turmalin-Garben vom Waldstein.
☐ 200 → 191

276
Die für die Braunfärbung verantwortliche Radioaktivität hat sich hier auf das Kristallzentrum beschränkt. Sehr alter Fund von der Kappel n Wunsiedel.
☐ 40 → 186

277
Muskowit-Platten in der für Pegmatit charakteristischen parallelen Schlichtung. Epprechtstein.
☐ 55 → 187

278
Ein verhältnismäßig dicker Einzelkristall von schwarzem Turmalin (Schörl) aus Silberbach bei Selb.
☐ 50 → 191

279
Pseudomorphose von Nontronit (?) oder einer ähnlichen weichen Substanz nach Rauchquarz. Fuchsbau.
☐ 25 → 203

280
Eine Sonne von Zinnwaldit in Gesellschaft kleiner Autunit-Schuppen. Epprechtstein.
☐ 20 → 187

Nutzung als Architekturgestein scheidet für unsere Depots aus, dazu ist das Material viel zu rissig und ungleichmäßig. Auch als Schotter ist es nicht mehr so begehrt wie früher. Heute stellt man Dachpappenbelag, Split und Mineralmehl daraus her, welch letztgenanntes man als Füllmasse für etliche Kunststoffe benötigt. → 228, 263

Saussuritgabbro

Der Serpentin von Wurlitz enthält, vor allem am N-Rand des W-Bruches, beachtliche Mengen eines ehemaligen grobkörnigen Gabbros eingelagert, der nicht nur serpentinisiert, sondern vorher bereits zu Saussurit umgewandelt worden ist. Unter diesem Begriff versteht man ein Mineralgemenge von Zoisit, Amphibol, Talk, Serpentin, zuweilen auch Granat, Skapolit, Epidot und Chlorit. Man erkennt das Gestein am groben Korn, bei dem weiße bis blaßrötliche Bestandteile (= ehemals Feldspat) mit grünoliven (= ehemals Diallag) abwechseln. Die Kerne größerer Brocken ermöglichen durch ihre Frische durchaus noch ein Anpolieren, während die äußeren Partien meist in der Hand zerfallen. → 185

Mineralführung im Serpentin

Sammlungen in aller Welt enthalten Belege aus dem Serpentin einschließlich dem Saussuritgabbro. Sie stammen fast durchwegs aus Wurlitz. Auch heute könnten noch schöne Stufen gefunden werden, wenn im Bruchbetrieb jene Stellen wieder angegangen werden, die sich von früher her durch ihre Einlagerungen auszeichneten. Dies sind:

Topazolit
Ein gelbgrüner Ca-Fe-Granat in klar ausgebildeten Dodekaedern bis maximal 5 mm Ø. Häufig auch krustige Überzüge. Manchmal fanden sich gelbliche Granate, die dem Demantoid gleichkommen, gelegentlich auch olivfarbene.
→ 264, 266, 477

Hessonit
tritt nur im Saussuritgabbro auf: orange bis braune winzige Dodekaeder.

Pegmatitminerale

281
Hellblau gilt als typische Farbe für die Topase vom Rudolfstein. So gut bekantete Kristalle zu finden ist natürlich große Glückssache.
☐ 11 → 188

282
Manche Feldspäte sind überaus reich mit Topas besetzt.
☐ 70 → 188

283
Der rote Pfeil weist auf einen relativ großen Phenakit-Kristall von der Zufurt.
☐ 30 → 191

284
Farbloser Topas kommt vorwiegend im Fuchsbau vor, ausnahmsweise aber auch am Rudolfstein (unser Bild).
☐ 20 → 188

285
Verwachsung mehrerer Topase, wodurch sich ein kugeliger Habitus ergibt. Zufurt-Bruch.
☐ 13 → 188

286
Die stengeligen Phenakite (Zufurt) kommen farblos, meergrün und sogar schwach lila vor.
☐ 8 → 191

281

284

282

285

283

286

287

290

288

291

289

292

Andradit
in typischer Ausbildung und Farbe nur vom Haidberg bekannt: kleine braune Rhombendodekaeder. Übergänge von Topazolit zu Andradit werden gelegentlich noch in Wurlitz gefunden. → 265, 474

Sphen
Farblose, manchmal auch gelbe prismatische Kristalle mit Endflächen, besonders am Haidberg.

Calcit
Oft im Verband mit Topazolit, keine imposanten Stufen, aber zuweilen von Quarz umhüllt.

Chalcedon
Graue nierige, seltener stalaktitische Bildungen bis 2 cm Länge. Bizarre Chalcedon-Gerüste sind nicht selten. → 433

Magnetit
ist als Gemengteil stets vorhanden, jedoch mikroskopisch klein, Oktaeder mit 1 cm Achsenlänge waren früher hin und wieder aufgetaucht. An dieser Stelle sei erwähnt, daß alle Serpentinstöcke den Kompaß ablenken. Dies ist besonders am Haidberg deutlich festzustellen. → 243, 268

Millerit
Dieses Nickelerz bildet haarige Büschel oder Verwachsungen kreuz und quer in Sepiolit. → 246, 476

Sepiolit
Bräunlich weiße bis bläuliche Überzüge oder Krusten. Häufig mit Montmorillonit vergesellschaftet. → 473

Malachit
Leuchtend grüne Anflüge. Früher zeitweise recht häufig.

Chrysotil
(Asbest) überall in kurzen Fasern vorkommend, auch verfilzte Massen größerer Ausmaße. Langfaserige Bündel aus Schwarzenbach galten immer schon als Raritäten.

Bronzit
Charakteristisch für den Peterlesstein. Fingernagelgroße geriefte Einsprenglinge von braunoliver bis gelblicher Farbe.

Chlorit
Nur im Mikrobereich hellgrüne transparente Täfelchen.

Pegmatitisch-pneumatolytische Minerale

287
Lithiophorit kommt in kleinen Trauben in Drusen des Fuchsbau vor.
□ 30 → 203

288
Tafeliger Epidot aus einer jetzt aufgelassenen Granitgrus-Halde s Weißenstadt.
□ 30 → 203

289
Rutile im Quarz vom Kreuzweiher bei Waldershof.
□ 45 → 192

290
Specularit (= Eisenglanz) vom Gleißinger Fels bei Fichtelberg.
□ 80 → 198

291
Hexagonale Kriställchen vom Strontiumphosphat Goyazit aus dem Fuchsbau.
□ 6 → 188

292
Anatas aus dem Granitbruch Zufurt.
□ 2,8 → 191

Diopsid
Weiße, hellgrüne oder graue Prismen.

Prehnit
Sehr kleine formenreiche Kristalle. → 247

Vesuvian
Hellolive Prismen. → 244

Chabasit
Dieser Zeolit, der gewöhnlich als Ausscheidung in jungen Basalten (s. S. 237) angetroffen wird, konnte neuerdings in Wurlitz entdeckt werden. Würfel bis 2 mm.

Apophyllit
Vom gleichen Fundpunkt. Durchscheinende, winzige Kristalle in Störungszonen des Serpentins.

Perowskit
Dieses Ti-Oxid gehört an sich zum akzessorischen Bestand aller Peridotite, konnte in idiomorphem Habitus jedoch erst in jüngster Zeit in Wurlitz entdeckt werden.

Röhrenhofit

Dieses höchst seltene Gestein, das den Lokalnamen nach dem kleinen Dorf 5 km ö Bad Berneck erhielt, kommt zwar an mehreren Serpentinit-Revieren vor, ist jedoch am ehesten noch in Röhrenhof selbst zu finden, und zwar an einem Steilhang ca. 300 m nw des Ortes in einer trichterförmigen Mulde, die vermutlich einmal ein Steinbruch war. Trotz Bewachsung werden immer wieder Brocken davon entdeckt.
Das Gestein besteht in der Hauptsache aus graubraunem, großschuppigem Biotit und grünblaugrauem Amphibol. Über seine Entstehungsweise ist lange Zeit gerätselt worden; nach neueren Forschungen handelt es sich um eine zweimalige metamorphe Reaktionsbildung aus dunitischem Altbestand. → 120, 182

Serpentinit im Oberpfälzer Wald

Ein kleines Gebiet zwischen Erbendorf und Friedenfels gleicht in mancher Hinsicht der Randzone der Münchberger Masse, was nicht unbedingt gleiches geologisches Geschick voraussetzt. Hier fehlen nämlich die paragenen Anteile. Andererseits ziehen sich Serpentinstöcke bis weit in den Bayerischen Wald hinein.
Im Raum n und ö Erbendorf tritt neben massigem Serpentinit auch Serpentinschiefer auf. Dieser ist an der rechtwinkligen Einmündung der Ostmarkstraße (B 22) in die Landstraße Erbendorf–Tirschenreuth deutlich sichtbar aufgeschlossen. Früher, als man dort hin und wieder Straßenbaumaterial gewann, kamen schöne Magnetit-Kristalle zum Vorschein. Über die Vertalkungszonen wird an anderer Stelle gesprochen. Hier erwähnen wir dagegen Fundstellen von massigem Serpentinit. Die eine liegt ca. 2 km nw Krummennaab, wo man einen graugrünen Schotter von körniger Struktur gewann. Ein großer Steinbruch befindet sich bei Sigritz, also n Thumsenreuth. Dieses Gestein gilt als Schulbeispiel für fortschreitende Serpentinisierung des einstigen Peridotits. In einer schwarzgrünen Masse treten die Verwitterungsprodukte putzenartig weiß wie Perlen hervor. Dieses poikilitische Gefüge läßt sich am polierten Stück besonders gut

293

296

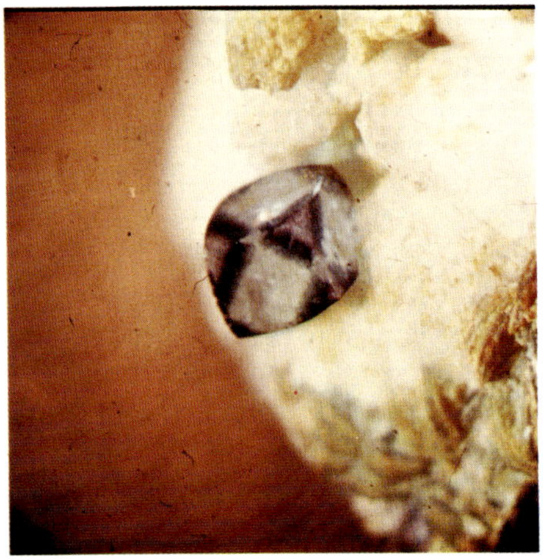
294

297

295

298

erkennen. Leider begann man 1978 den Bruch als Mülldeponie zu verwenden. Minerale traten überdies in keinem der beiden auf. → 218, 307

Eklogit

Kein anderes Gestein Oberfrankens hat Forscher und Liebhaber so sehr beeindruckt wie die aus rotem Granat und grünem Omphacit bestehenden Eklogite. Auch diese Felsart kommt an keiner anderen Stelle Deutschlands noch vor. Sie findet sich ausschließlich in der Münchberger Masse, und zwar an deren SW- und NO-Flanke konzentriert. Mehrere Dutzend Fundstellen hat die geologische Landesaufnahme bereits vor 100 Jahren registriert. Meist handelt es sich jedoch um winzige Flächen, die nur an stark verwitterten Lesesteinen lokalisiert werden konnten. Einige von ihnen treten mit kleinen Felspartien aus der Oberfläche, andere erscheinen wenigstens mit größeren Findlingsblöcken, aber nur die Gipfelregion des Weißensteins bei Stammbach besitzt eine nennenswerte Ausdehnung.

Weil die Eklogite aber in äußerst unterschiedlicher Struktur und mit ständig wechselndem Mengenverhältnis der Haupt- und Nebengemengteile vorkommen, ist es durchaus reizvoll, alle Fundstellen in die Forschung – gleichgültig, ob wissenschaftlich oder aus Liebhaberei – einzubeziehen. Da ohnehin nur lose Brocken gesucht werden können, hat ein Begehen der in der geologischen Karte 1:25 000 ausgewiesenen Eklogit-Gebiete nicht wesentlich mehr Aussicht auf Erfolg als das Absuchen der Waldränder und Feldraine in der weiteren Umgebung, die Stellen nämlich, wo die Bauern Steine zusammengehäuft haben. Dies ist der Fall in den Fluren von

- Wölbattendorf w Hof
- Eppenreuth, Wustuben, Autengrün, Fattigau, Silberbach und Unterpferdt w Oberkotzau
- Neudörflein und Stiftsgrün n Konradsreuth
- Gottfriedsreuth, Wölbersbach und Hölle w Schwarzenbach/Saale
- Kosermühle ö Marktleugast
- Rohrersreuth, der Goldbergsee und der

Pegmatitminerale

An dieser Stelle wäre der Euklas einzuordnen, der auf der Umschlagdecke oben links abgebildet ist.

293
In diesen mild blaugrünen Kuben zeigen sich die Flußspäte aus den Drusen des Fichtelgebirgsgranits normalerweise. Ein Fund vom Wolfsfels.
☐ 30 → 187

294
Kombination Hexaeder/Oktaeder an einem Fluorit von Reinersreuth.
☐ 10 → 187

295
Almandin-Granat von der Feldspatgrube Menzelhof bei Windischeschenbach. Ikositetraeder.
☐ 35 → 191

296
Bei internen Bruchflächen entstehen im Fluorit-Kristall Interferenzfarben. Ein Stück vom Epprechtstein.
☐ 40 → 187

297
Spaltstück von Herderit vom Rudolfstein.
☐ 17 → 188

298
Berylle waren in Püllersreuth während der Bergbautätigkeit nicht selten. Hier in Quarz eingewachsen.
☐ 50 → 188

Christofsbühl s Marktschorgast.

Der ursprünglich tiefrote Almandingranat ist nur selten glasklar, vielmehr brüchig, getrübt und ausgerostet. Sein Ø schwankt zwischen 1 und 8 mm. Der lauchgrüne, im verwitterten Zustand gelblichgraue bis rostig braune Omphacit kann schuppig, aber auch dicht verwachsen sein. Als Nebengemengteile kommen Muskowit und Albit makroskopisch vor, während man bei starker Vergrößerung noch Quarz, Biotit, Plagioklase, andere Amphibole und Pyroxen, Klinozoisit, Rutil, Disthen, Magnetit, Titanit, Ilmenit und in Spuren sogar Platin beobachten kann. Unter dem Vorbehalt, daß Einzelfunde dem widersprechen, kann man den genannten Fundorten folgende Typen zuordnen:

a) Feinkörnig, kräftige Farben, klar ausgebildete Granate, an Klüften viel Muskowit = kleiner Aufschluß beim Gasthaus in Fattigau w der Landstraße nach Hof (unter Landschaftsschutz gestellt).
b) Grobkörnig, größere glasklare hellrote Granate in einer tiefblaugrünen Omphacit-Masse, gut polierbar = Autengrün.
c) Mildgrün mit großen, unregelmäßig verteilten Granaten = Silberbach und Eppenreuth.
d) Sehr helles Grün mit wenigen kleinen Granaten = an der Bahnschleife sw Falls.
e) Mittelkörnig, Granat und Omphacit stark verwachsen, dabei meist rostig = Gipfel des Weißensteins.
f) Hellblaugrün mit idiomorphem hochroten Granat = ein Felszug ca. 50 m s Aussichtsturm am Weißenstein. Darin wurde eine Tiefenbohrung niedergebracht, die in 80 m Teufe wieder auf Gneis stieß.
g) Roter Granat in schwarzem Grund (Übergang zu Granatamphibolit) = viele Felsen 500 m s Weißensteingipfel.
h) Feinstkörnige graue Grundmasse mit sehr großen, klar begrenzten, trüb roten Granaten bis 3 cm Ø (bereits Granatamphibolit) = Felder zwischen Stammbach Friedhof und Waldsaum des Weißensteins.
i) Leuchtend grüne Putzen in einer Kristallmasse von dunkelgrünem Ophacit und rotem Granat. Bei den auffallenden Flecken handelt es sich um stark Cr-haltigen Omphacit, der neben dem ,,normalen" vorkommt = vereinzelt im Raum Silberbach – Autengrün auffindbar. → 249–254, 457, 491
j) Sandig-körniger kräftig grüner Omphacit mit brüchigem Almandin bis 1 cm Ø als ,,Findlinge" in der Ziegelei Oberkotzau (Ortsende Richtung Hof)
k) Besonders dichte blaugrün/rot/grau gemischte Varietät gleichfalls von dort. Zeitweise sogar anstehend.

Es dürfte in NO-Bayern kaum ein Gestein geben, das so vielem Interesse bei Forschern und Liebhabern begegnet wie Eklogit. Selbst die ,,Nur-Mineralogen" unter den Sammlern weisen das bunte Material nicht von sich. Neben den hier genannten Ausbildungsformen läßt sich bestimmt noch ein gutes Dutzend weiterer Varietäten hinsichtlich Farbe und Korn, Textur und Mineralbestand finden.

Granatamphibolit

ähnelt den Eklogiten sehr. Statt der meist schuppigen Kristalle von Omphacit enthält er ein poikilitisches Gefüge aus verschiedenen Amphibolen, die eine dichte graue bis schwarze Grundmasse bilden, in der sich der Granat stellenweise idiomorph formen konnte. Diese Gesteine kommen zusammen mit Eklogiten vor, was durchaus nicht für ihre genetische Verwandtschaft sprechen muß, sondern nur zeigt, daß beide unter den gleichen Bedingungen standen. Lesesteine davon finden wir n und nw Förstenreuth, ö Münchberg, zwischen Zettlitz und Walpenreuth bei Gefrees, zwischen Schlegel und Markersreuth sowie zwischen den Eklogit-Revieren w Oberkotzau und Schwarzenbach. Es gibt aber auch feinkörnige, geschieferte bis geflaserte Granatamphibolite, die recht wenig oder nur unscheinbar auskristallisierten Almandin enthalten. → 251

Bevor wir uns Gedanken über die Herkunft des Eklogits einschließlich des Granatamphibolits machen, sei erinnert: Im Inneren der Erde, unter Sial und Sima, also über 100 km kernwärts, ruht eine sehr dicke Schale, die aus eklogitischem Material von der Dichte 3,5 besteht. Selbstverständlich kommt diese Masse als Lieferant für unsere oberflächlich liegenden Eklogite nicht in Frage. Eklogit ist ohne Zweifel ein Umwandlungsprodukt aus viel geringerer Tiefe, wennzwar sich sein Umbildungsraum immer noch tiefer befand als der aller anderen Gesteine, die wir an der Erdoberfläche antreffen.
Ausgangsmaterial können Gabbros, besonders auch der benachbarte Norit gewesen sein. Dann müßten wir von einem Ortho-Eklogit sprechen. Andererseits kann man paragene Entstehung nicht ausschließen, wobei Mergel als Ausgangsmaterial in Frage kommt, denn aus den im Mergel vorhandenen Atomen läßt sich (bei angenommenem Abtransport von Kohlensäure) durchaus die Mineralkombination des Eklogits konstruieren. Selbst WURM hat in seiner letzten größeren Veröffentlichung diese Streitfrage nicht entscheiden wollen. Neuere Forschungen neigen dazu, die eigentlichen Eklogite als Abkömmlinge von basischen Tiefengesteinen und einen Teil der Granatamphibolite als Umwandlungsprodukte von Ca-Mg-reichen Sedimenten anzusehen. Beide Versionen betonen die Tatsache, daß diese Gesteine nur dort gebildet werden konnten, wo enorme Druck- und Temperaturbedingungen wirksam waren.
Die Schönheit des Gesteins wirft die Frage auf, warum es nicht der Architektur oder Skulptur nutzbar gemacht wird. Hier muß der unausrottbar eingebürgerten Behauptung widersprochen werden, die Härte des Granats mache eine Bearbeitung unmöglich. Unsere heutigen Fräsmaschinen sowie die Schleif- und Poliermittel bezwingen wesentlich härtere Mineralkomponenten. Kärntner Eklogite (von Saualpe und Koralpe) sind seit jeher für Grabmale und Dekorationen verwendet worden. Selbst Cordieritfels (Argentinien) muß sich modernen Bearbeitungsmöglichkeiten beugen.
Die so starke Zerklüftung, Rissigkeit, Unregelmäßigkeit in Farbe und Textur verbot eine wirtschaftlich sinnvolle Verarbeitung unserer Vorkommen. Das schließt nicht aus, hin und wieder doch einmal einen Grabstein oder eine kunstgewerbliche Arbeit daraus anzufertigen. Beispiele standen im Hofer Friedhof. Gasthaus und Aussichtsturm am Weißenstein wurden aus Eklogit-Quadern errichtet.

Minerale im Eklogit

Es kam verhältnismäßig wenig vor, und heute ist schon gar nichts mehr zu finden, da außer dem Weißenstein keine größeren

Aufschlüsse bestehen. Es wird ja auch nirgends mehr Material gefördert wie in früherer Zeit, als man doch Eklogit und Amphibolit gelegentlich für den bäuerlichen Hausbau verwendete.

Zoisit

Bis vor 30 Jahren, als der Hang sö Weißensteingipfel noch unbewaldet war, fand sich ein oberflächlich verfolgbarer pegmatitischer Gang, der reichlich Zoisit in klarflächigen, stengeligen, grauen bis weißen Kristallen führte. Heute ist nichts mehr davon zu sehen. Da der Berg unter Landschaftsschutz steht, ist mit größeren Erdarbeiten, die sicher Zoisite freigelegt hätten, auch nicht zu rechnen. → 257

Disthen

in Form kleiner himmelblauer Schuppen ist von Silberbach beschrieben. Eklogit-Findlinge in den Tongruben von Oberkotzau sollen 5 cm lange Kristalle enthalten haben. → 259

Stilbit

trat rosettenartig weiß im Eklogit von Eppenreuth auf. → 258

Idiomorpher Almandin

herausgewittert, kam auf den Feldern s Stammbach vor, aber mit angerosteten und kavernösen Flächen. Die ansehnlichsten sollen Pflaumengröße erreicht haben. Versuche, Granate aus dem Eklogit herauszupulen, sind von vorneherein zum Scheitern verurteilt, da Granat stets früher als Omphacit in Verwitterung übergegangen ist.

Karinthin

wurde in strahligen schwarzen Gebilden in Fattigau angetroffen. Die das Gestein häufig durchziehenden dunklen Adern bestehen möglicherweise auch daraus.

Zirkon

ist in idiomorphen winzigen Kristallen hin und wieder in Fattigau aufgetreten.

Wavellit

Gut ausgebildete plan-radiale Rosetten hat man in Suttenbach bei Helmbrechts gefunden. → 261

Die Randserien

Die Hochquetschung dieses basischen Saums ist nicht überall geglückt. Am deutlichsten vollzog sie sich am SW-Rand, flächenmäßig am größten jedoch an der SO-Flanke der Münchberger Masse. Wir unterscheiden dabei eine epizonale Prasinit-Serie und eine mesozonale Amphibolit-Serie. Vermutlich leiten sich beide von gleichen Ausgangsgesteinen, nämlich von Sedimenten, ab und sind nur durch unterschiedliches Metamorphosierungsniveau petrographisch differenziert. Allerdings gleichen sich die etwa 10 verschiedenen Gesteinstypen der Randzone äußerlich so sehr, daß man sie im Hinblick auf eine einwandfreie Bestimmung kaum beschreiben kann. Es handelt sich durchwegs um dunkelgrüngraue bis blaugraue Schiefer. Nur im Dünnschliff erkennt man die besonderen mineralogischen Verhältnisse. Dagegen zeichnen sich einige Gesteinseinlagerungen deutlich von dem Gesamtkomplex ab.

Amphibolit

aus Plagioklas, dunkler Hornblende, Orthozoisit, wenig Quarz, Rutil und Titanit bestehend. Er geht lagenweise in Grantamphibolit und reinen Hornblendeschiefer über. Andererseits machen sich in Verwitterungszonen Epidot, Klinozoisit und Chlorit bemerkbar. Als lohnenden Aufschluß erwähnen wir den großen Steinbruch am unteren Ortsende von Marktschorgast.

Marmor

Einlagerung von 10 bis 30 cm breiten Bändern. Weiß bis hellgrau, oft verkieselt. Vorkommen entlang der Schiefen Ebene (Eisenbahnteilstrecke von Neuenmarkt bis Marktschorgast), jedoch kaum mehr Aufschlüsse.

Quarzit

von geringer Mächtigkeit taucht an mehreren Stellen auf, z. B. entlang der Bahnlinie Oberkotzau – Schwarzenbach. Dunkelgrau feinkörnig, immer von Muskowit beschuppt.

Vesuvianfels

Kleiner Aufschluß von wenigen m² zwischen dem Dorf Schwingen bei Schwarzenbach/Saale und der 500 m ö davon über die Bahn führenden Brücke. Helles blaugrünes, weiß gewolktes Gestein. → 35

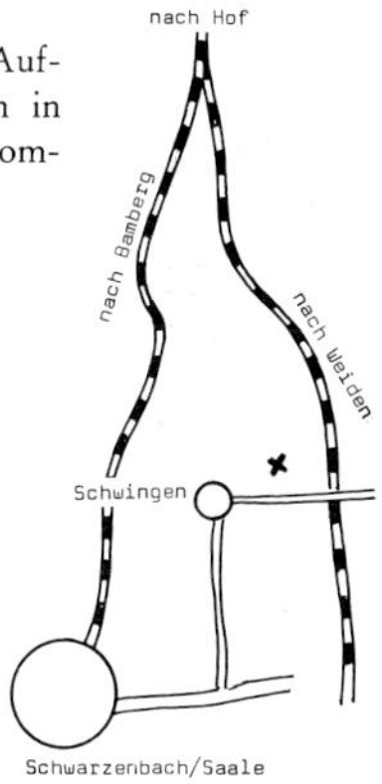

299
Das Kreuz markiert den Aufschluß von Vesuvianfels, ein in Deutschland einmalig vorkommendes Gestein.

Prasinit

Graugrün dicht, feingeschiefert. Aus Aktinolit, Hornblende, Albit, Epidot, Chlorit und Quarz bestehend. Natürlich kann man die Gemengteile im homogen aussehenden Gestein nicht erkennen. Lesesteine finden wir zwischen Sparneck und Benk sowie an den Hängen s Wirsberg. Auch n dieses Ortes, im Tal bis zur Adlerhütte, fallen natürliche und künstliche Schüttungen dieser Steine auf.

Talkschiefer

Die in den Randserien eingelagerten magmatisch entstandenen Serpentinite, denen wir einen eigenen Abschnitt widmen, sind an einigen Stellen weitgehend vertalkt. Dadurch kommen wir zu hervorragenden Lagerstätten dieses begehrten Gesteins. Es ist hellgrüngrau bis fast weiß gefärbt, natürlich recht weich, jedoch immer noch mit einer Schieferung versehen. Der Volksmund bezeichnet diese Massen als *Speckstein;* auch die Benennung *Topfstein* hatte sich eingebürgert. Sein Abbau erfolgte seit über 100 Jahren recht unregelmäßig in mehreren Dutzend Gruben und Zechen. Als wirklich ergiebig und daher auch langlebig erwiesen sich die Bergwerke n Wirsberg (Adlerhütte und Neufang) sowie der Tagebau von Schwarzenbach. Von den historischen Förderstellen in Pöllitz, Marktschorgast, Sessenreuth, Osserich, Förbau und Schwingen ist kaum mehr etwas zu sehen.

Ähnliche Verhältnisse liegen im n Oberpfälzer Wald vor. Hier befinden sich weitere Talkum-Lagerstätten, die bis etwa 1950 in Betrieb waren. Aus Grötschenreuth und Erbendorf kam sicher weit mehr Material als aus den Vorkommen am Rand der Münchberger Masse. Begreiflicherweise stimmen beide Reviere im Bestand eingelagerter Minerale überein. Man fand:

Pyrit
in gut ausgebildeten, eng gesäten Würfeln bis zu 2 cm Kantenlänge. Im Gegensatz zu anderen Pyriten auffallend hell. → 262

Magnetit
Von Schwarzenbach kennt man Oktaeder bis 2 cm Achsenlänge. Kleinere waren an allen Fundstellen recht geläufig.

Magnesit
kam in derben weißen Bändern vor, besonders bei Erbendorf.

Aktinolit
und Pseudomorphosen von Talk danach, waren in kleineren Strahlen gleichfalls nicht selten, beschränkten sich jedoch auch auf das s Vorkommen.

Diallag
Gelegentlich in Schwarzenbach beobachtet worden, jedoch in kleiner und schlechter Ausbildung.

Grammatit
Gleichfalls von dort: weiße dünne Kluftfüllungen, meist parallele Strahlengeflechte.

Stilpnomelan
Gelegentlich – und dann in ansehnlicher Menge – im Talkumwerk Schwarzenbach aufgetreten: Schwarzbraune, an Glimmer erinnernde wirrblätterige Verwachsungen.

Bergleder
und zwar Verfilzungen von Chrysotil, sind im gesamten Serpentin- und Talkschiefer-Gebiet nicht selten.

Asbest
und zwar weißer stengeliger Chrysotil, konnte in allen Revieren immer wieder gefunden werden.

Aus dem Talkschiefer, besonders aber seiner wenig geschieferten Varietät (Topfstein i. e. S.) fertigte man früher Gußformen, Uhrgewichte, Spielsachen, Pfeifenköpfe, Kruzifixe, Briefbeschwerer, Aschenbecher usw. Heute gewinnt man das Gestein, gleichgültig welchen Grad der Schieferung es aufweist, zur Herstellung von Talkum(-Pulver), das man zu unzähligen Zwecken benötigt: als Schmiermittelzugabe, als Gleitmittel bei Gummiartikeln, speziell zur Reifenmontage, als Trägerstoff für Pflanzenschutzmittel und -gifte, für Kosmetika, als Füllung für Kunstdruckpapier, Tablettiermasse u. a.

Variskische Faltung

Im Unterkarbon war unser Gebiet Teil einer flachen Meeresmulde. Bereits wenige Millionen Jahre später türmte sich hier ein ansehnliches Hochgebirge empor. Intensive Krustenbewegungen von weltweiter Wirkung falteten ein System von Kettengebirgen auf, das vom heutigen Schwarzen Meer bis weit in den Atlantik reichte. Auch in den Zeiten davor haben mächtige Orogenesen immer wieder aus Sedimentationsräumen Hochgebirge entstehen lassen und damit die Land/Wasser-Verteilung für weite Zeitabschnitte bestimmt. Aber keine der früheren Wölbungen übte eine für unseren Raum so nachhaltig bedeutsame Wirkung aus wie die des Oberkarbons.

Ihr verdanken wir die Entstehung der europäischen Rumpfgebirge, vor allem Erz- und Riesengebirge, Schwarz- und Odenwald, Harz und Vogesen und vieler anderer Bergländer zwischen Azoren und Ural. Im Fichtelgebirge hat man die genetische Zusammengehörigkeit dieser Landschaften erstmals erkannt und daher das gesamte System nach dem lateinischen Namen der Stadt Hof/Saale *(Curia variscorum)* benannt: Variskisches Gebirge.

Diese Gebirgsbildung ist, wie angedeutet, das markanteste geologische Ereignis Nordbayerns. Sie brachte die Granite und eine Reihe damit im Zusammenhang stehender Gesteine und Minerale. Sie prägte die heutigen Oberflächenformen vor und wirkte sich somit auf alle Bereiche geographischer Tatsachen aus; in letzter Konsequenz bestimmte sie sogar Besiedelung und Wirtschaft unseres Raumes.

Während sich die Variskische Orogenese in mehreren Phasen vollzog, denen Subperioden verhältnismäßig kurzzeitiger Ruhe zwischengelagert waren, betraf unser Gebiet eigentlich nur die erste Welle: die Sudetische Phase. Mit dem beginnenden Perm trat dann wieder Ruhe in den Krustenbewegungen Europas ein. Viel, viel später hat eine letzte Gebirgsbildung abermals Dynamik in unseren Kontinent gebracht: die Alpide Orogenese an der Wende Kreide/Tertiär. Siehe Seite 226.

Im einzelnen betrachtet ist die variskische Gebirgsbildung verantwortlich für:

a) Intrusionen von Granit und ähnlichen Tiefengesteinen
b) Bildung von Mineralgängen im Zusammenhang mit der granitischen Platznahme
c) Faltung und weitgehende Metamorphose der altpaläozoischen Sedimente im Fichtelgebirge und Oberpfälzer Wald
d) stärkste Metamorphose und Heraushebung der Münchberger Masse
e) geringe Auswirkungen auf die mittelpaläozoischen Sedimente des Frankenwaldes
f) Heraushebung des ostbayerischen Grenzgebirges längs der Fränkischen Linie.

Granit

In die inneren Wölbungen der variskischen Gebirgsfalten drang glühend-flüssiger Gesteinsbrei ein (Intrusion) und erstarrte nach der endgültigen Platznahme sehr langsam, denn die Wärmeabgabe vollzog sich unter einer immerhin mehrere km mächtigen Decke sehr zögernd. Die zunächst noch atomar verteilten Grundstoffe O, Si, Al, K, Na, Ca und Fe schlossen sich zu Molekülen zusammen und diese wiederum formierten sich zu Kristallen, deren Größe weitgehend von der Abkühlungsgeschwindigkeit abhing. Allerdings spielen auch andere Faktoren bei der Korngröße eine Rolle, nämlich Druckverhältnisse und Gehalt an flüchtigen Elementen, die wie ein Entspannungsmittel wirken.

Das Verhältnis der genannten Grundstoffe zueinander bestimmt die Phasen der zu bildenden Gemengteile. In unserem Falle bildete sich

aus O, Si, Al, K = Orthoklas-Feldspat

aus O, Si, Al, Na, Ca = Plagioklas-Feldspat

aus O, Si, Al, K, Fe = Biotit-Glimmer

aus O, Si = Quarz.

Diese 4 Minerale als Gemengteile ergeben Granit. Andere Minerale bringen Tonalit, Diorit, Gabbro zuwege – treten mengenmäßig jedoch weit hinter Granit zurück. Unsere Granite sind im Gegensatz zu den roten aus Skandinavien durch einen hohen Na-Ca-Anteil gekennzeichnet und werden daher zur sog. pazifischen Sippe gerechnet. Die Orthoklas- und Plagioklas-Anteile treten jedoch nicht wie bei vielen farbigen Graniten nebeneinander im Gefüge auf; vielmehr sind beide Komponenten innerhalb eines Kristalls zonar, lamelliert vermischt (Perthit). Diese Feldspäte machen 60 % des Gesteins aus, während Quarz höchstens 30 % aufweist. Der Rest verteilt sich in erster Linie auf Biotit, dann auf Muskowit, Apatit, Amphibol, Pyroxen, Zirkon, Rutil, Fluorit und Erze von Fe und Ti. In Spuren kommen gelegentlich noch Verbindungen mit Mn, Sn, Li, Be, W und Lanthaniden hinzu.

Je nach Verhältnis der Gemengteile und nach der Struktur unterscheiden wir folgende Granitgenerationen, die in der Reihenfolge ihrer Bildung aufgezählt sind:

Porphyrgranit

Er bildet das größte Massiv und liegt zwischen Gefrees und Selb, daher die Bezeichnung *Marktleuthner Granit.* Auch das Falkenberger Massiv im Oberpfälzer Wald gehört hierher. Im heteroplanen Gefüge kommen klar ausgebildete Feldspäte bis 8 cm Achsenlänge vor, meist aber sind sie bedeutend kürzer, doch immer heben sich klar begrenzte Kristalle aus einer Grundmasse kleinerer verwachsener Einheiten hervor. Das Gestein erscheint infolge der Korngröße insgesamt sehr hell. Ganz im W allerdings geht es in Granodiorit über und zeigt bei feinerer Struktur eine graubläuliche Tönung: *Gefreeser Granit* vom Reuthberg. Die dortigen Brüche lieferten besonders Pflastersteine. Aus dem übrigen Raum kamen früher Blöcke zur Gewinnung von Platten für Architektur. Auch die riesigen Säulen für die Befreiungshalle in Kelheim, derentwegen unser Gebiet seinen Ruf als Zentrum der Granitverarbeitung in Deutschland überhaupt erst erhielt, bestehen aus Porphyrgranit (ehemalige Brüche am Rudolfstein).

Da heute derart grobkörniges Material nicht mehr gefragt ist, wird kein Steinbruch mehr betrieben. Die ehemaligen am Bibersberg bei Marktleuthen, bei Hebanz und Holzmühle, zwischen Tirschenreuth und Erbendorf sind größtenteils aufgelassen. Dennoch kann man in jenen Gegenden an Feldrainen und bei Bauarbeiten immer wieder schöne Belegstücke finden. Häufig sind darin die Feldspäte, vorwiegend Karlsbader Zwillinge, sehr deutlich ausgebildet; sie liegen kreuz und quer in einer mittelkörnigen Grundmasse.

→ 274, 322

Dioritische Randfazies

Durch Assimilation von Nebengestein bildeten sich im Magma basische Komponenten, was zu einem dunkelgrauen Gestein von der Zusammensetzung eines Tonalits, Trondhjemits bis Diorits führte. Im Vorkommensgebiet gibt es keine Aufschlüsse davon, weil das Material auch kaum je technisch verwertet worden ist. Doch trifft man hin und wieder Lesesteine an.

Feinkörnige Randfazies

Zwischen Kaiserhammer und Selb sowie ö von Selb liegen im Porphyrgranit Linsen eines äußerst feinkörnigen Materials (Korn um 1 mm), das fast schon als Aplit bezeichnet werden kann. Dabei tritt auffallend viel Muskowit auf. Als *Selber Granit* war dieses Gestein früher sehr begehrt, vor allem für Skulpturen, die sich hervorragend herausarbeiten ließen. Als Architekturmaterial hat es sich keiner sonderlichen Beliebtheit erfreut, da es zu wenig Kontrast aufweist. Aufschlüsse bestehen noch an der Häusellohe ö Selb.

Dachgranit

(= *Randgranit* nach STETTNER). Er ist charakteristisch für die Gipfel des Fichtelgebirges und bildet dort auch alle imposanten Felspartien, meist in Matratzenform oder als Blockmeer. Unruhige Textur, vorwiegend mittelkörnig, aber mit einzelnen größeren unregelmäßig geformten Kristallen. Er wurde nie im Bruchbetrieb gewonnen, weswegen es auch keine künstlichen Aufschlüsse gibt, von vorübergehenden Gewinnungsstätten für örtliche Bauwerke (Aussichtstürme, Berghütten) abgesehen.

Kerngranit

Ein recht ebenmäßiges, grobkörniges Gestein, bei dem sich die Feldspäte durch eine mehr oder weniger gelbliche bis blaß-olive Farbe auszeichnen. Muskowit ist stärker als bei anderen Graniten vertreten, auch Turmalin kommt als Gemengteil vor. Dieser Typus wurde von allen am eifrigsten abgebaut, weswegen wir über zwei Dutzend Steinbrüche davon kennen: Epprechtstein, Waldstein, Kornberg, früher auch am Schneeberg, Ochsenkopf und im Gregnitzgrund bei Nagel. Bei günstigen Lagerungsverhältnissen konnte man große Blöcke gewinnen, die sowohl zu Roharbeiten als auch Platten verwendet wurden. Hierher gehört auch der Granit des Steinwaldes, den man früher bei Pfaben als CRYSTAL GREY und in Liebenstein als EISGRANIT abbaute. Sie zählen zu den hellsten Graniten Deutschlands und waren in ihren Anwendungsbereichen weit verbreitet. Dies gilt in besonderem Maße auch für den Granit aus Flossenbürg, der einem eigenen Pluton angehört.

→ 222, 301, 396, 397, 401

Verlassene Steinbrüche

300
Noch vor wenigen Jahren wurde hier intensiv Granit gefördert. Obwohl der Steinbruch praktisch den Gipfel des Berges bildet (Wartberg bei Selb), sammelt sich Grundwasser an.

301
Dutzende von Steinbrüchen sind heute „ersoffen". Die hellen Wände zeigen uns noch den einst so begehrten „Eisgranit" von Liebenstein bei Tirschenreuth.

302
Ein idyllisches Fleckchen ist aus dem einstmals so bekannten Bruch des Redwitzits „Grafenstein" geworden. Diese Art der Stillegung kommt dem Landschafts- und Naturschutz entgegen. Ein positives Beispiel gegenüber der Manie, alles zu planieren und zu „ordnen"!

Petrographische „Dokumentation“

303
Das Problem, *wohin mit den beim Straßenbau auftauchenden Felsen?* wird nach dem Motto „zwei auf einen Streich” dadurch gelöst, daß man sie in einer Anlage sichtbar aufstellt. Nicht nur Autofahrer und Landschaftsgestalter, auch Geologen, sind für diese gute Idee dankbar. Hier handelt es sich um die dunkle Varietät von Redwitzit.

304
Granit-Findlinge schmücken eine Straßenabzweigung bei Pechbrunn. Die Straße durch die Unterführung bringt uns überdies zur Fundstelle Ochsentränke.

305
Die Erweiterungsbauten an Grund- und Hauptschule in Wunsiedel erforderten umfangreiche und recht kostspielige Sprengungen am anstehenden Marmor. Sinnigerweise ließ man im Pausenhof einige steil einfallende Partien des natürlichen Felses stehen. Derartige Möglichkeiten sollten bei der Gestaltung von Außenanlagen mehr genutzt werden. Man bezieht ja auch alte Bäume in derartige Maßnahmen ein.

Blaue Randfazies

In kommerzieller Hinsicht wurde dieses Gestein zumindest ebenso berühmt wie das vorher genannte, denn rein blaue Granite sind äußerst selten. Zwar gewinnt man an mehreren Stellen Europas Granite, die die Bezeichnung BLAU im Handelsnamen führen (BAYERISCH-BLAU, BLEU DES VOSGES, BLEU KELTIC usw.), doch handelt es sich hierbei durchwegs um eine zum Blauen tendierende graue Tönung. Unsere Randfazies hingegen weist neben immer noch vorhandenen weißen Plagioklasen himmelblaue K-Feldspäte (Mikroklin) auf. Man führt die Färbung auf Spuren von Cordierit zurück, die, von Randsedimenten abstammend, in die Feldspat-Gitter eingewachsen sind. Dafür spricht auch der relativ hohe Gehalt an eingeschmolzenen Nebengesteinspartien, die den Wert des Gesteins stellenweise mit dunkelgrauen bis schwarzen Putzen von Kirsch- bis Kopfgröße erheblich mindern. Der blaue Granit wird im Handel *KÖSSEINE-GRANIT* genannt, kommt aber auf der Kösseine selbst nicht vor, sondern nur in einem schmalen Band n, ö und s des Kösseinemassivs. Die ö Teile des Luisenburg-Labyrinths bestehen daraus, während die w dem Dachgranit angehören. Von den ehemals 8 Steinbrüchen des blauen Granits befinden sich noch 4 bei Schurbach in Betrieb. Als größter galt der von Kleinwendern. In oberflächlichen Lagen zeigten die im frischen Zustand weißen Plagioklase eine grünlichgelbe Färbung, alle frei umherliegenden Blöcke besitzen überdies eine dicke dunkelbraune Verwitterungskruste. Überdies kommt am W-Rand des Kornbergs, in der Gemarkung Wolfsgarten, gleichfalls ein lichter hellblauer Granit vor. → 485

Zinngranit

Ein reicher Orthoklas-Granit mit wenig Biotit und viel Muskowit. Gleichmäßiges mittleres Korn und ansprechende weiße Farbe. Dieser Typus enthält besonders gern Minerale der Zinnerzparagenese, von der noch die Rede sein wird. Auch als Architekturgestein war er beliebt (Brüche in der Gemarkung Fuchsbau und Zufurt in Leupoldsdorf). Die Druckfestigkeit wies jedoch geringere Werte auf als die anderer Granite, weswegen man nach dem Zweiten Weltkrieg die Gewinnung in den meisten Brüchen einstellte. Der Zinngranit tritt w Tröstau bis zum Seehausgipfel auf und dann wieder in einer großen Fläche am N-Hang von Schneeberg und Rudolfstein.

Neben dem Epprechtstein wird nur noch der Granit von Flossenbürg rege gewonnen, obwohl von den ehemals 8 Gewinnungsstätten nurmehr 2 in Betrieb sind. Das Gestein ist im frischen Zustand hellblaugrau und zeichnet sich durch wirre Anordnung von länglichen Feldspatkristallen aus. Günstige Lagerung ermöglicht die Loslösung sehr großer Dimensionen, wie man sie für Monumentalbauten, Brunnen, Säulen usw. benötigt. Daneben wird noch Material für Bodenbeläge, Rand- und Bordsteine, Pflaster, Treppen, Grenzsteine usw. hergestellt. Es gibt in Flossenbürg auch eine gelbliche Varietät, die ihre Farbe der gleichmäßigen Ausrostung der Biotite verdankt.

Die einheimische Granitindustrie – die bedeutendste Zusammenballung der Bundesrepublik – verwendet seit etwa 20 Jahren Granite und sonstige ,,Hart''gesteine aus der ganzen Welt, worüber im Anhang Näheres ausgeführt ist. Bodenständiges Material macht dabei keine 20 % mehr aus.

Redwitzit

Im Dreieck Marktredwitz – Arzberg – Thiersheim fiel von jeher ein vom gewöhnlichen Granit abweichendes dunkles Gestein auf, das von GÜMBEL als Syenitgranit beschrieben und dann von WILLMANN mit dem jetzigen Namen belegt wurde, nachdem der Vorschlag, es *Wunsiedelit* zu nennen, fehlschlug.*)

Die Tatsache, daß dieses Gestein genau dort auftritt, wo aller Wahrscheinlichkeit nach ein Kalkmarmor existieren müßte, der jetzt aber verschwunden ist, deutet auf Assimilation des Kalkes ins granitische Magma hin. Dies schließt jedoch das gleichzeitige Wirken niveaubedingter Differentiation nicht aus. Jedenfalls zeichnet sich das Gestein durch einen hohen Gehalt an Na-Ca-Feldspat aus. Diese beiden Elemente finden sich aber auch in dunklen Gemengteilen wieder, nämlich als Amphibol und Pyroxen, vor allem in einem hohen Prozentsatz von Biotit, während Muskowit völlig fehlt und Quarz nur bei den helleren Typen in nennenswerter Menge auftritt. Dabei ist das Redwitzit-Vorkommen nicht einheitlich, sondern bestreicht die ganze Skala von Trondhjemit zu Gabbro. Man kann folgende Typen lokalisieren:

a) hellgrau feinkörnig mit viel Quarz = verlassener Steinbruch am Grafenstein bei Leutenberg → 302
b) mittelgrau mit wenig Quarz = Steinbruch w Röthenbach
c) dunkelgrau mit ansehnlichen Quarz-Putzen, von Amphibol und Titanerz ummantelt = Findlinge bei Lorenzreuth, auch im Bereich der Ziegelei Rathaushütte → 269
d) dunkelgrüngrau, kaum Quarz, große Biotit-Tafeln, ziemlich Pyrit = einst riesiger Bruch auf der Wölsauer Höhe, jetzt total eingeebnet. Einzelne Felsen liegen zwischen Lorenzreuth und Wölsau noch umher, vor allem unmittelbar ö der B 15. → 303, 308
e) fast ganz schwarz, ohne Quarz, mittelkörnig = früherer Bruch bei Haag, jetzt zuplaniert. Lesesteine finden sich noch; auch die an Hünengräber erinnernden Felsen im Straßendreieck am ö Stadtausgang von Marktredwitz bestehen größtenteils aus dieser basischen Variante.

Alle Typen wurden bis vor wenigen Jahren rege gewonnen und gelangten unter den irreführenden Handelsbezeichnungen SEUSSNER SYENIT bzw. WÖLSAUER SYENIT auf praktisch alle deutschen Friedhöfe. Erst durch den Import ähnlicher dunkler Gesteine aus Südafrika und Südamerika, die man billiger und ohne Texturstörungen gewinnen konnte, ließ der Abbau unserer Materialien nach. Eine Reihe ähnlicher Vorkommen bei Mitterteich sowie zwischen Erbendorf und Tirschenreuth sind seit dem Zweiten Weltkrieg in Vergessenheit geraten.

Mineralogisch bieten die Redwitzite nichts. Solange noch regelmäßig gebrochen wurde, konnte man allenfalls größere violblaue Quarz-Partien mit Pyrit-Einschlüssen finden, gelegentlich auch große Biotit-Tafeln in Quarz-Matrix. → 486

---

*) Damit dieses signifikante Gestein den Namen nach Redwitz erhielt (damals noch kein Markt), köderte der ansässige Amateurgeologe OSCAR GEBHARD seinen Freund WILLMANN mit einigen von diesem begehrten Basaltmineralien: ein Beispiel für lokalpatriotisch manipulierte Nomenklatur.

Ehemalige Abbaustellen

306
Daß Steinsammler, wenn sie Beute wittern, nicht behutsam zu Werke gehen, zeigt dieses Bild vom Eisernen Hut der Grube Bayerland bei Waldsassen. Ein großes Stück Wald fiel der Leidenschaft zum Opfer.

307
Viele interessante Aufschlüsse werden nun zu einer Mülldeponie. Der ehemalige Serpentinit-Steinbruch zwischen Sigritz und Thumsenreuth.

308
Vor zwei Jahrzehnten befand sich (an der eingezeichneten Stelle) ein riesiger Steinbruch, der den weltweit bekannten dunkelgrünen Redwitzit der Wölsauer Höhe lieferte. Im Hintergrund der ö Stadtrand von Marktredwitz.

Ganggefolgschaft der Granite

Während und nach der Erstarrung der Granite vollzogen sich darin noch mannigfache magmatische Reaktionen, die die Bildung von Mineral- und Gesteinsgängen bewirkten, nämlich:

a) Intrusionen von Restschmelzen.
Eine vom Normalmagma in der Zusammensetzung mehr oder weniger stark abweichende Schmelze nahm im Granit Platz und erstarrte gesondert. Dadurch entstanden die sog. Spaltungsgesteine = Schizolite, von denen man je nach Chemismus zwischen Aplit, Pegmatit und Lamprophyr unterscheidet.

b) Hydrothermale Phase.
Heiße Lösungen, vorwiegend Wasser über 100° C, versuchten, das Gestein zu durchdringen und setzten an geeigneten Stellen ihre Lösungsinhalte ab.

c) Pneumatolyse.
Wasserdämpfe und verschiedene Gase stiegen an Klüften, aber auch in porenreichen Partien des Gesteins selbst hoch und schufen in Form von Ausblühungen abermals eine Mineralisation.

Aplite

sind leukokrate Entmischungserscheinungen von annähernd granitischer Zusammensetzung, jedoch mit einem höheren Anteil an Kieselsäure. Dadurch wird Quarz angereichert und der Gehalt an Glimmer und Mafiten verringert. Es kommt zur Bildung recht heller fein- bis feinstkörniger Gesteine, die gegenüber Granit eine deutliche Abgrenzung bewahren. Gänge dieser Aplite in der Mächtigkeit von wenigen mm bis einigen dm im gesamten Granitgebiet NO-Bayerns lassen sich aber mangels geeigneter Aufschlüsse nur schwer finden. Nur der Zufall zeigt uns hin und wieder in einem Lesestein oder in einem von Menschenhand geformten Stück Granit ein derartig abweichendes Gefüge. Besonders gehäuft treten Aplite im Dreieck Weißenstadt – Marktleuthen – Kirchenlamitz auf sowie im Naabtal zwischen Trevesenhammer und Grötschenreuth. Auch in den w Fuchsbau-Brüchen sah man immer wieder solche Gänge.

→ 271, 487

Pegmatite

(im eigentlichen Sinn*) sind sehr grobkörnige Gesteine mit Anreicherung der sauren Bestandteile. Quarz und Feldspat können dabei Kristalle bis über 1 dm Größe bilden. Biotit tritt mengenmäßig zurück, kann aber dennoch gelegentlich in großen Tafeln erscheinen; Muskowit nimmt auffallend zu. Turmalin und weitere sog. Pegmatit-Minerale (siehe später) reichern sich dabei auffällig an. Daher gelten die oft mehrere m mächtigen Pegmatitgänge als Lagerstätten für seltene Minerale und Erze. Feldspat- und Quarzbergwerke werden also immer in Pegmatitgängen errichtet. Aber auch kleinere Gänge, wie sie besonders am Waldstein, Epprechtstein, bei Selb und dann wieder zwischen Tirschenreuth und Waidhaus in Menge auftreten, sind durch ihre Mineralführung berühmt geworden.

→ 321

*) In der keramischen Industrie werden im Gegensatz zur Petrographie lockere Feldspat-Quarz-Gerölle jeglicher Entstehungsweise als „Pegmatit" bezeichnet.

Granite des Fichtelgebirges

309

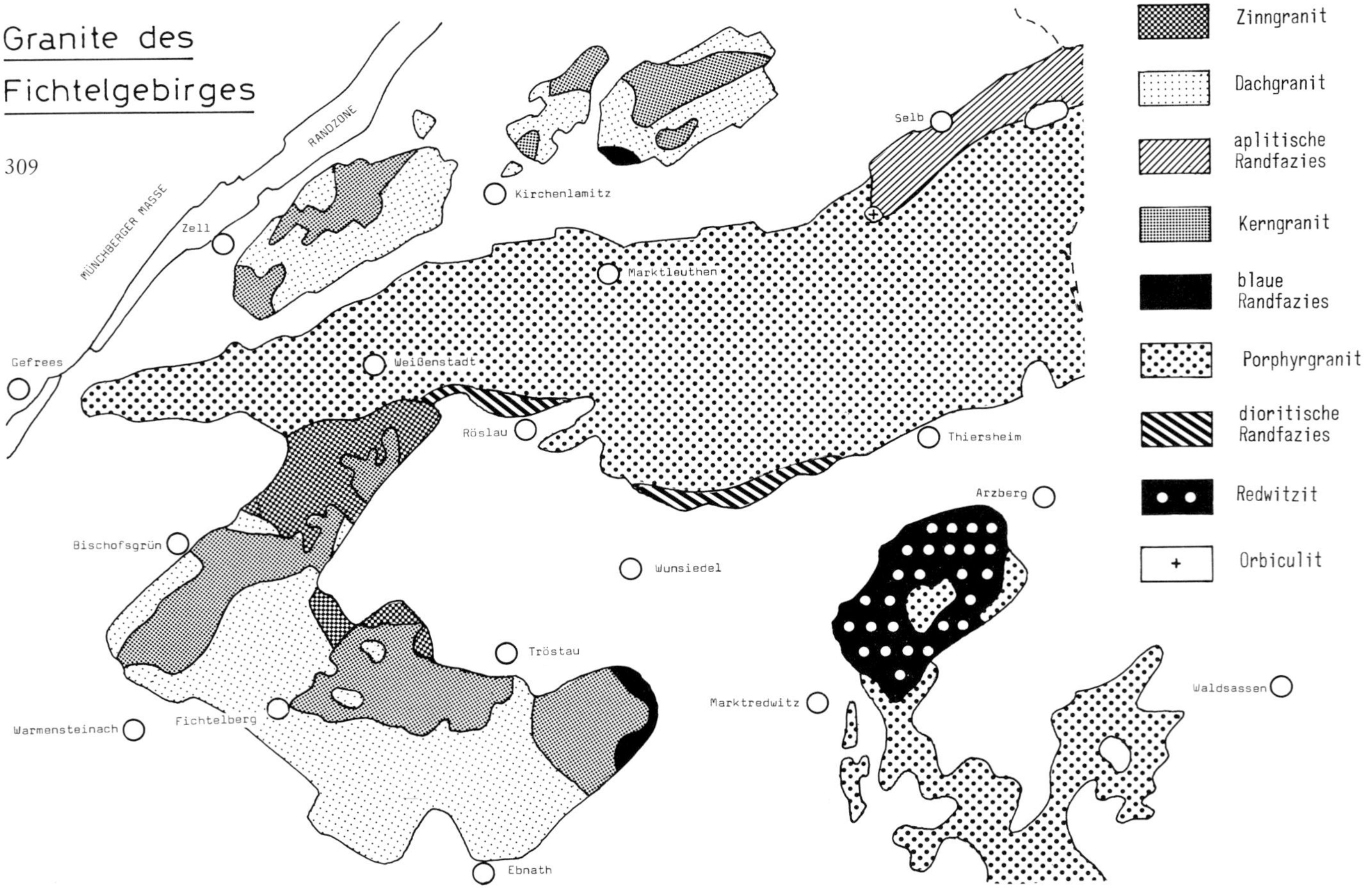

Schriftgranit

An dieser Stelle erwähnen wir eines der schönsten und eigenartigsten Gesteine überhaupt, das im Zusammenhang mit pegmatitischen Bildungen steht. Aus einer sehr sauren eutektischen Schmelze scheiden sich Feldspat und Quarz derart geregelt aus, daß eine Struktur entsteht, die ganz auffällig an Schriftzeichen erinnert, sofern man sie unter einer bestimmten Schnittrichtung betrachtet. Der Phantasie, hierin Arabisch, Hebräisch, Hieroglyphen oder Kurzschrift zu sehen, sind keine Grenzen gesetzt. Ja, innerhalb eines Stückes kann die Schrift„art" sogar jäh wechseln. Während schriftgranitische Strukturen in kleinen Partien immer wieder in allen Pegmatitrevieren auftreten, hat der Feldspatkörper der Grube Püllersreuth beachtliche Massen davon gebildet. Leider ist mit der Einstellung des Förderbetriebes die Chance vertan, weitere Belege davon jemals wieder zu finden. → 311–316

Lamprophyr

nennt man melanokrate Restschmelzen, also dunkle Magmen, in denen die basischen Gemengteile bevorzugt auftreten, nämlich Plagioklas, Amphibol, Pyroxen, Olivin und Erz. Auch diese bilden Gänge jeglicher Abmessung überall im Granitgebiet. Im wesentlichen unterscheiden wir hierbei folgende Gesteine:

Kersantit

Feinkörnig schwarzgrau aus Plagioklas, Amphibol und Biotit bestehend. Einzige erfolgversprechende Fundstelle = Bächlein n und s Gasthaus Hammerbach bei Vordorf.

Mesodiabas

Mittelgrün bis dunkelgrün feinkörnig, aus Andesin und Amphibol bestehend, bei erheblichem Gehalt (mikroskopisch) an Titanit und Rutil. Zahlreiche kleine bis kleinste Gänge im Massiv Kösseine und Rudolfstein. Klassischer Aufschluß im aufgelassenen Steinbruch Schreinerswiese, 500 m s Schauerberg im Kösseinemassiv. Ferner Lesesteinvorkommen nw Vordorf und nw Schönlind/Weißenstadt.

Proterobas

Mittelkörnig, dunkelgrün/weiß gesprenkelt. Ursprünglich Diabas-Chemismus (Plagioklas, Pyroxen), durch Autometamorphose in ein Intersertalgefüge von Oligoklas, Amphibol, Epidot und Chlorit verwandelt, dabei auffälliger Gehalt an Pyrit und Titanit. Dieses Gestein kommt in mehreren kleinen und einem recht ansehnlichen Gang vor. Dieser zieht sich in 8 km Länge bei 5–30 m Breite in so/nw-Richtung quer durch den Ochsenkopf von Fichtelberg bis Bischofsgrün. Er war in gut 20 Steinbrüchen erschlossen, von denen die meisten noch begehbar sind, aber keiner mehr im Abbau begriffen: Ortsrand von Fichtelberg. Unter der irreführenden

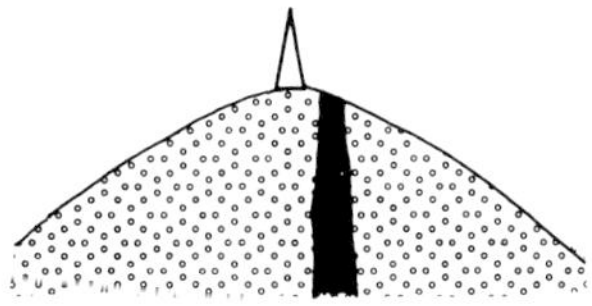

310
Schnitt durch den Ochsenkopf mit dem Proterobas-Gang.

Handelsbezeichnung GRÜNER PORPHYR galt das Ganggestein als hervorragendes Skulpturmaterial und beliebtes Grabmalsgestein; man verwendete es auch für Pflaster, Säulen und als technische Steinkörper für die chemische Industrie. Gleich den anderen Lamprophyren darf man auch im Proterobas keine Mineralisation erwarten. Allenfalls können aplitische Anhäufungen von Epidot interessant sein.

→ 356, 400, 488

Aschiste Schizolite

kommen in allen Graniten vor. Man versteht darunter Gefügevarianten, die sich chemisch und mineralogisch gar nicht, strukturell jedoch erheblich von der Normalform unterscheiden. Weitaus die meisten Formen treten als Granitporphyre auf. Es sind porphyrisch texturierte Gesteine, bei denen also einzelne Feldspat-Kristalle in einer feinkörnigen Grundmasse liegen. Oft zeigen dabei die Feldspäte auch kugelige Ausbildung. Gänge dieser Art sind zuweilen nur wenige cm stark und fallen daher im Gesteinsverband überhaupt nicht auf. Diese Tatsache hat der Granitindustrie schon hohe Kosten verursacht, denn ein mit viel Aufwand losgearbeiteter Block, der für das Gatter bestimmt ist, wird fast wertlos, wenn sich in ihm solche Gänge häufen, denn der Kunde will bezeichnenderweise nicht die für ein Naturprodukt typische Vielfalt von Farbe und Textur, sondern er hält uniformes Gepräge für das erstrebenswertere Material.

Eine ganz eigenartige aschiste Bildung tritt im blauen Randgranit auf, nämlich ein wirres Gefüge von Biotit-Tafeln, die sich im Schnitt als Striche zeigen. Oft sind beiderseits davon kleine Aufsprossungen zu entdecken. Das Gestein, das früher gar nicht so selten auftrat, heute aber zu den petrographischen Preziosen gehört, erhielt im Volksmund die Bezeichnung *Hennerkrall*, was man wohl am besten als *Hühnerspur-Textur* übersetzt.

→ 318, 320

Schriftgranit → 177

311
Die eigenartigen Verwachsungen von Feldspat und Quarz fallen erst am polierten Stück richtig auf. Dabei kann durch gewählte Schnittrichtung dieses oder jenes „Dekor" erzielt werden.
□ 120

312
Dieser und die anderen Belege stammen aus der Grube Püllersreuth bei Windischeschenbach. Mit etwas Phantasie kann man darin die unterschiedlichsten „Schriftarten" erkennen.
□ 80

313
Diese Textur erinnert doch zweifelsohne an *Arabisch* oder *Persisch*. Derart „konsequent Geschriebenes" gehörte auch schon früher zu den Seltenheiten.
□ 80

314
Dieser Typus mit der kästchenartigen Ausbildung der Quarze trat 1978 beim Ausschachten einer Baustelle im Stadtgebiet von Selb auf.
□ 50

315
Hier z. B. könnte es sich um *Sanskrit* oder bei vertikaler Ausrichtung um irgendeine fernöstliche Schrift handeln.
□ 60

316
Ein geradezu einmaliges Dokument, in dem zwei völlig unterschiedliche „Schrifttypen" abwechseln. Natürlich ist hier nicht etwa geklebt worden! *Hebräisch* und *Babylonisch* kommen in der Tat in einem Stein vor.
□ 80

311

314

312

315

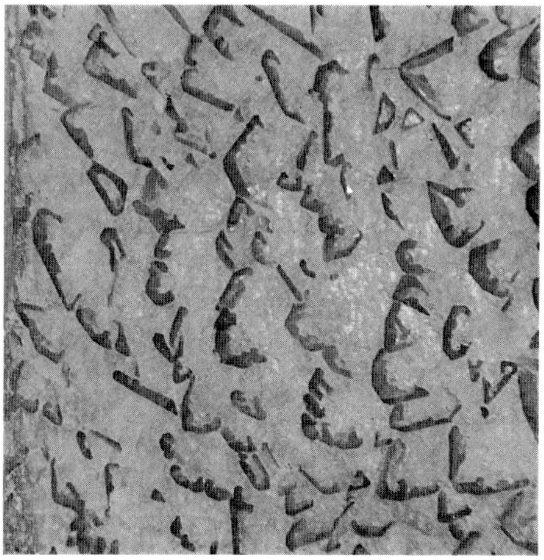
313

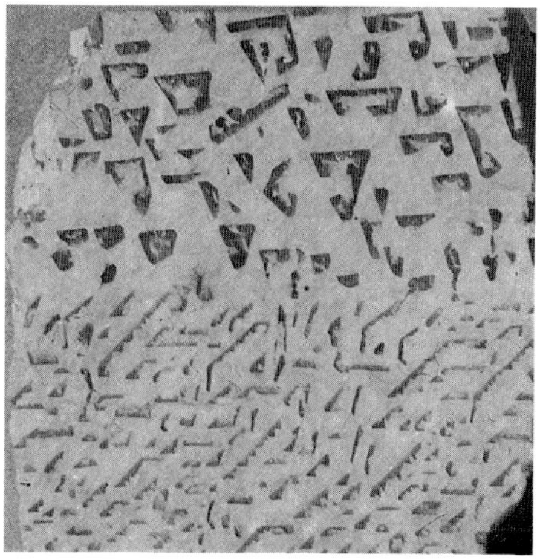
316

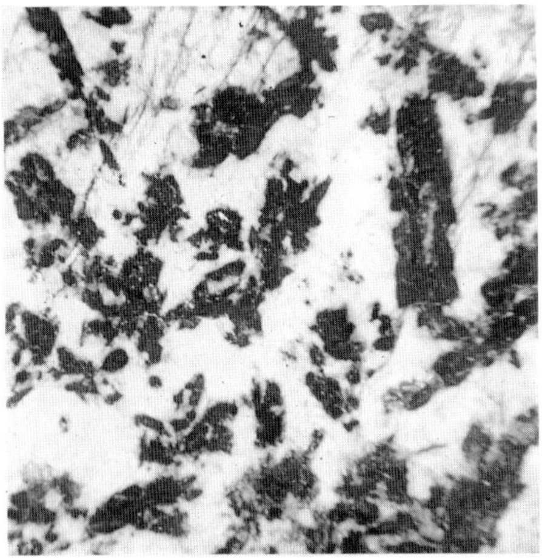
317

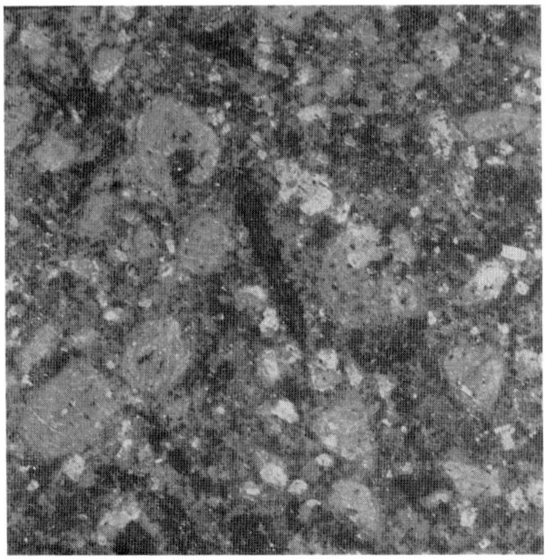
320

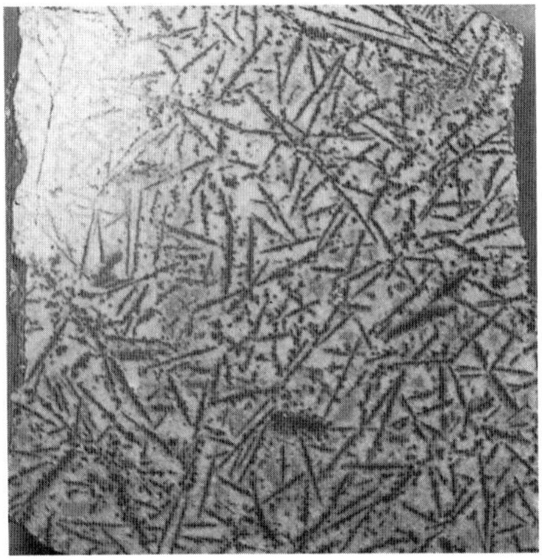
318

321

319

322

Orbiculit

An dieser Stelle erwähnen wir ein hochinteressantes Gestein, das für das Fichtelgebirge erst 1977 entdeckt wurde, nämlich einen Kugelgranit. Orbiculite, wie man diese Strukturvariante eigentlich nennt, kommen an mehreren Stellen Europas in recht begrenzter Ausdehnung vor, vor allem in Finnland und auf Korsika. Sie entstehen gewöhnlich dann, wenn viskose Schmelzen sich treffen, ineinander jedoch nicht lösen, sondern emulgieren. Dabei treten orbiculare Kristallaggregate von beachtlichen Durchmessern bis zu 10 cm auf, teilweise radiär, teilweise konzentrisch gegliedert. In einem Waldstück bei Heidelheim unfern Selb wurde nun ein Felsbrocken von etwa 0,2 m^3 Volumen entdeckt, der jedoch keinen Zusammenhang mit dem granitischen Fels der näheren und weiteren Umgebung mehr aufwies. In einer mittelkörnigen, gelbbraunen granitischen Kristall-Grundmasse liegen ellipsoide bis kugelrunde Sphäroide unterschiedlicher Zusammensetzung wahllos verteilt. Eingehende Untersuchungen scheinen darauf hinzudeuten, daß es sich hierbei um keinen Kugelgranit im üblichen Sinne handelt, sondern um ein Aufschmelzungsprodukt, etwa eines Konglomerates, das in unmittelbaren Kontakt zum Magma kam. Dieser für ganz Deutschland sicherlich einmalige Fund läßt die Vermutung zu, daß hier erstmalig mittel- bis spätpaläozoische Relikte im engeren Fichtelgebirgsraum aufgetaucht sind.

→ Abbildung siehe Einband-Rückseite.

Beachtenswerte Texturen

Hierher gehört auch die Abbildung von Orbiculit auf der Einband-Rückseite.

317
Im Metanorit des Steinhügels bei Falls traten gelegentlich Partien von Plagioklas auf, in denen Pyroxen-Kristalle von ansehnlicher Größe aufgesproßt sind.
☐ 90 → 147

318
Biotite bilden quer zur Lage ihrer Kristalltafeln ein wirres Gewebe, das an Spuren von Hühnern erinnert. Seltene Einlagerungen im Kösseine-Granit von Schurbach.
☐ 70 → 178

319
Anschliffe eines Sulfiderz-Brockens aus der Grube Bayerland. Grundmasse = Falkmanit. Eingewachsen = andere Sulfide, besonders Kupferkies.
☐ 60 → 30

320
Gewöhnlich zeigen sich im Kösseine-Granit eckig geformte Kristalle. Hin und wieder findet man jedoch Steine mit gerundeten Feldspäten, wie sie sonst nur für Rapakivi-Granit typisch sind.
☐ 80 → 178

321
Übergang vom Normalgefüge zum grobkörnigen Pegmatit. An der Grenze stellen sich häufig Turmalin-Nadeln ein. Dieses Stück stammt aus Schwarzenhammer.
☐ 80 → 175

322
Nicht nur im sog. Kristallgranit kommen große Feldspäte idiomorph vor, sondern gelegentlich auch „völlig unerwartet" im mehr oder weniger gleichmäßigen Granit, wie diese Probe von der Hohen Mätze zeigt.
☐ 100 → 168

Mineralisation in den Graniten

Die reichhaltige Palette schön kristallisierter Minerale, derentwegen das Fichtelgebirge zu einem der mineralogisch interessantesten Gebiete Europas wurde, ist an die unzähligen Pegmatitgänge gebunden, die unser Gebiet in nw/so-Streichrichtung durchziehen. Beim Durchsehen älterer Literatur gewinnt man den Eindruck, es gäbe hier kaum einen Berg und kaum ein Dorf, wo nicht schon Berylle, Turmaline, Topase, ja sogar Diamanten gefunden worden seien. Nun, Diamanten gab es nie, kann es aufgrund der petrographischen Verhältnisse nicht geben. Aber andere „edle" Steine traten in der Tat an vielen Stellen auf. Man schenkte ihnen früher nur Beachtung, wenn sie groß, klar und farbig waren. Von den vielen, oft unscheinbaren seltenen Pegmatitmineralen, die heute den Sammler und den Wissenschaftler gleichermaßen faszinieren, hielt man nicht viel. Daher werden höchstens blaue Topase, dunkle Rauchquarze, Bergkristalle und allenfalls noch kompakte Turmaline als Schmuckstein Verwendung gefunden haben. Wieviel Steine gehoben worden sind, mag man daran ermessen, daß annähernd 100 Steinbrüche und Gruben mehrere Jahrhunderte lang in Betrieb standen. Bis in die Zeit zwischen den beiden Weltkriegen mag die Ergiebigkeit angehalten haben. Dann gingen die Bergwerke ein und

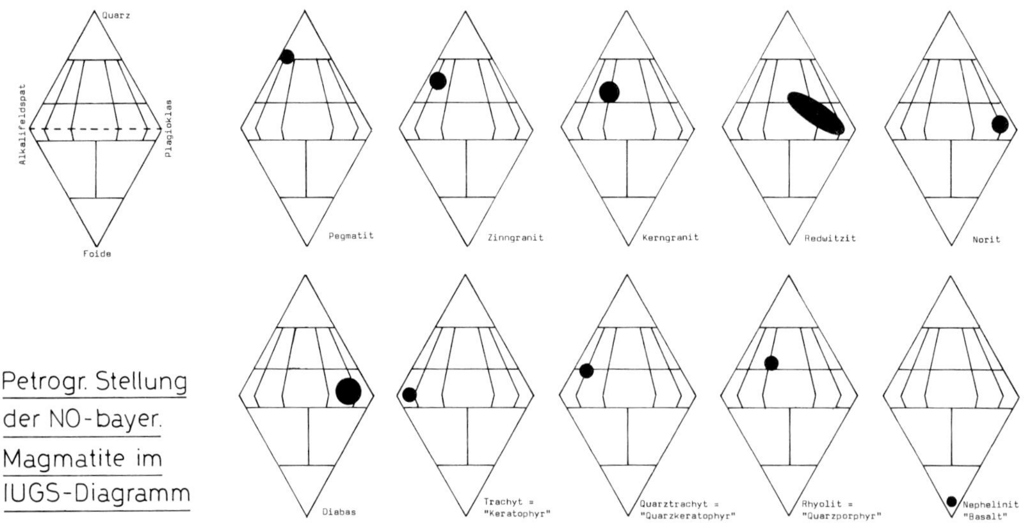

323
Die International Union of Geologic Sciences legte vor etlichen Jahren ein Diagramm fest, aus dem der Chemismus der Magmagesteine hervorgeht. Die 4 Seiten der Raute, sowie deren waagrechte Achse geben in % die Gehalte der 4 wichtigsten Gemengteile an. Die Unterteilungen innerhalb der Raute führen zu den petrographischen Artbezeichnungen.

die Förderung aus den Steinbrüchen ließ nach. Gleichzeitig aber stieg das Interesse weiter Kreise der Bevölkerung an Kristallen und Raritäten der Natur. Immer weniger Funde mußten auf immer mehr Interessenten verteilt werden. Dies führte geradezu zu einem Boom für Pegmatitstufen des Fichtelgebirges.

Die Fundorte dieser Stücke sind naturgemäß Steinbrüche, denn darin vollzog sich eben ein ,,Materialumschlag". Größte Berühmtheit erlangte der Epprechtstein, wo es früher über ein Dutzend Abbaustellen von Granit gab. Gleiche Paragenese – weniger ergiebig – wiesen Kornberg und Waldstein auf; vom letztgenannten besonders die am N-Hang gegen Reinersreuth zu gelegenen Brüche.

Pegmatitgänge schwärmten auch durch Weißenstadt und in der pneumatolytischen Zone von Schönlind – Weißenhaid bis zum Rudolfstein. Vom Schneeberg sind kaum Funde bekanntgeworden, auch nicht von Nußhardt, Seehügel, Platte und Mätze. Dagegen zählt die Waldabteilung Fuchsbau auch heute noch zu den lohnenden Stellen. Nicht ganz so fündig zeigen sich Zufurt (Waldabteilung bei Tröstau) und Silberhaus. Die ehemaligen Fundstellen von Fichtelberg und Oberwarmensteinach sind ziemlich überbaut, die von Nagel (Gregnitzgrund) aufgelassen. Im Bereich des Porphyrgranits gibt es keine Steinbrüche, in denen Pegmatitminerale gefunden wurden, wohl aber vereinzelte Stellen, an denen hin und wieder eng begrenzte Quarzgänge eine interessante Mineralisation aufweisen: Vordorf, Oberröslau, Garmersreuth, Braunersgrün. Im Kösseinestock wurde, ebenso wie im riesigen Steinwaldmassiv, so gut wie nichts gefunden. Reichlich dagegen war die Ausbeute in den Granitschollen zwischen Tirschenreuth und Waidhaus. Flossenbürg, Mähring, Plößberg, Wildenau, Marchaney und Griesbach lieferten bis um die letzte Jahrhundertwende herrliche Belege, denn dort betrieb man viele kleine Feldspatgruben. Heute kommt nur durch Zufall einmal etwas ans Tageslicht, etwa bei Straßenbaumaßnahmen.

Das Stadtgebiet von Selb sowie dessen Umgebung, nämlich die Papiermühle, die Häusellohe, ferner Kaiserhammer, waren gleichfalls wegen der reichen Funde berühmt. → 119

Bis vor wenigen Jahren kamen aus den Gruben Püllersreuth, Lenkermühle und Menzelhof bei Windischeschenbach herrliche Mineralstufen. Diese leiten bereits über zu den Phosphatpegmatiten von Hagendorf – Pleystein bei Waidhaus. Die Feldspatlagerstätte von Hagendorf gilt hinsichtlich der vorkommenden Arten als die reichhaltigste Minerallagerstätte Europas. Darüber zu berichten, würde den notwendigerweise gesteckten geographischen Rahmen unserer Darstellung sprengen.

Quarz

(Quarzkristall) ist das häufigste und auch heute immer noch habhafte Mineral der Pegmatite. Es tritt meist kurzsäulig, in

---

Feldspäte

324 – 329

Einzelkristalle und Verwachsungen aus den Pegmatiten vom Epprechtstein, Fuchsbau, Rudolfstein u. a.

□ 40–120 → 186

324

327

325

328

326

329

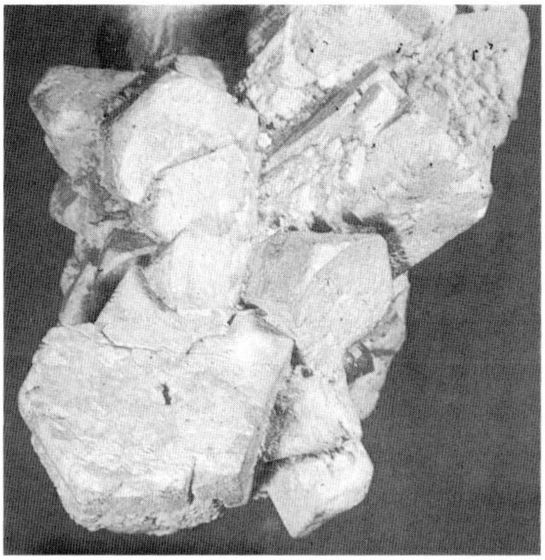
330

333

331

334

332

335

engverwachsenen Aggregaten auf. Glasklare Kristalle findet man in den Graniten kaum (im Gegensatz zu den Vorkommen im Marmor und Steatit); ihr Inneres zeigt typische trübe Verwolkungen. Die Oberfläche ist häufig mit einer gelblichen bis brauen Rostschicht überzogen. In Drusen kommen gelegentlich Doppelender vor; Phantomquarze sind selten, Kappen- und Szepterstrukturen noch rarer. Aus Klüften kamen oft riesige Tapeten, in denen die Dreiecke der Dachpyramiden mosaikartig nebeneinander lagern, ohne sonderlich herauszutreten. Die größten Stufen stammten aus Garmersreuth. Am ergiebigsten war Weißenstadt, wo man zur Markgrafenzeit ein Bergwerk unter dem Stadtkern betrieb, von dem heute noch Reste in alten Kellern zu sehen sein sollen. Aus dem Material erbaute man u. a. die Grotten der Eremitage in Bayreuth. → 85

Rauchquarz
ist vom Epprechtstein in Einzelkristallen bis 20 cm Länge bei 8 cm ∅ bekannt. Meist aber treten parallele Verwachsungen auf. Kleinere Kristalle findet man auch heute noch auf Feldern im nördlichen Granitzug. Auch der Fuchsbau hat immer wieder schöne Stufen offenbart. Nur gelegentlich kamen gleichmäßig braun getönte Rauchquarze vor; die Mehrheit der Kristalle ist außen schwach gefärbt und besitzt in der Mitte einen verschwommenen ,,rauchigen" Kern. Auch diese Typen ergeben im Schliff herrliche Juwelen. Eigentlicher Morion, wie von der Johanneszeche beschrieben, kommt im Pegmatit nicht vor. Besonders geschätzt sind Stufen von Rauchquarz in Gesellschaft mit Orthoklas, Albit, Turmalin, Apatit und Flußspat. Dafür war der Epprechtstein berühmt. → 276, 336, 337, 340

Amethyst
im eigentlichen Sinne kommt hier nicht vor, wohl aber grauviolett gefärbte gewöhnliche Quarze. Wenn die alte Literatur Amethyst erwähnt, dürfte es sich wohl um intensiv violett gefärbten Fluorit gehandelt haben.

Zitrin
Auch hier sollte man äußerlich oxidbeschichtete Quarze darunter verstehen. Typische Zitrine sind nicht bekanntgeworden.

Orthoklas
gilt als Charakteristikum unserer Pegmatite. Er tritt in recht großen, äußerst flächenreichen, klaren Kristallen auf. Seine Färbung streicht von einem intensiven Orange über Blaßrosa, Hellbraun, Fahlgelb zu Elfenbein. Weiße Bildungen kommen nicht vor, auch die Zentren der Kristalle sind immer farbig. Für die Oberflächen ist ein mehr oder weniger dicker Belag mit olivgrauem Gilbertit typisch. In Drusen treten verwachsene Kombinationen und Zwillinge nach dem Karlsbader und Bavenoer, seltener nach dem Maneba-

---

Feldspäte
330 – 335
Einzelkristalle und Verwachsungen aus den Pegmatiten vom Epprechtstein, Fuchsbau, Rudolfstein u. a.
□ 40–120 → 183

cher Gesetz auf. Einzelne Idiomorphite erreichen Ausdehnungen bis 10 cm. Auf Orthoklas-Kristallen sitzen verschiedene andere Minerale, vor allem Albit, Topas und Apatit; eingewachsen auch Rauchquarz. Da auch die porphyrischen Granite zuweilen riesige klar begrenzte Orthoklase (Karlsbader Zwillinge) führen, findet man diese Kristalle mehr oder weniger kavernös im Zersetzungsgut dieses Gesteins, wobei die Oberflächen immer mit Biotit beschuppt sind. → 324–335

Albit
sitzt grundsätzlich auf Orthoklas, entweder in Einzelkristallen oder in ganzen Krusten, die an Eiszapfen erinnern. Dieses Mineral ist immer farblos klar und zeigt scharfe Flächen. Albit kann auch von Gilbertit ummantelt sein.

Muskowit
bildet relativ unscheinbare, tafelige Verwachsungen, die mit Gilbertit überzogen sind. Selbst beim Spalten kommen nur kleine glänzende Flächen zum Vorschein. Es gibt jedoch eine für den Epprechtstein typische Paragenese mit sternförmigen Aggregaten; diese Rosetten sind meist mit Tobernit und Autunit vergesellschaftet. Riesige Muskowite lieferte die Grube Püllersreuth: plane Scheiben bis zu 20 cm waren keine Seltenheit. Selbst heute kann man im ehemaligen Grubengelände mürbe Blätter noch massenhaft finden.
→ 219, 277

Zinnwaldit
Äußerlich von Muskowit nicht zu unterscheiden, da er gleichfalls Rosetten bildet. Gewöhnlich silbrig, selten mit schwach purpurnem Schimmer. → 280

Biotit
Größere Einheiten trifft man nur im Grenzbereich von Normalgranit zu pegmatitischer Struktur in Verbindung mit Turmalin an. In den typischen Pegmatitstufen selbst ist Biotit kaum zu sehen.

Rubellan
Häufig in Püllersreuth: plane Beläge auf Feldspat, dunkelbraun bis rotbraun. Daneben kommen aber auch grüngraue Biotite vor.

Gilbertit
Eine Verwitterungsform, und zwar die Pseudomorphose von Topas nach Muskowit, überzieht viele Pegmatitminerale mit einer dünnen Kruste, die in sich aus wirr verwachsenen Schuppen besteht. Gelblich bis oliv.

Flußspat
kennt man als Würfel und als Kombination Hexaeder/Oktaeder. Es sind blaßblaue, auch grünliche, fast weiße und schwach lila gefärbte Kristalle bis 3 cm Kantenlänge. Reinersreuth lieferte die schönsten Belege. Sogar am Reuthberg bei Gefrees, der dem Mineralogen sonst kaum etwas zu bieten vermag, traf man Oktaeder von fliederfarbenem Flußspat. Nur am Fuchsbau stieß man auf tiefviolette derbe Fluorite, eingewachsen in zersetzten Granit. Diese Färbung gilt bekanntlich als Auswirkung stärkerer Radioaktivität.
→ 293, 294, 296, 480

Apatit
Dieses Phosphat ist an sich ein ständiger Gemengteil aller Granite (0,1–0,5). Nur selten jedoch bildet er idiomorphe Kristalle, ausgenommen in Pegmatitdrusen. Er tritt dann in graugrünen bis graublauen

röllchenartigen Kristallen auf Feldspat aufsitzend auf, zuweilen als Einzelkristall, zuweilen in engen Verwachsungen. Epprechtstein und Fuchsbau lieferten unzählige Stufen mit diesem von Sammlern so begehrten Mineral. → 345, 347, 348, 480

Topas
tritt bei uns in 3 Ausbildungsformen auf: Als gelblicher stengeliger Pyknit kam er am Fuchsbau äußerst selten vor. Als farblose, gut ausgebildete Kristalle kennt man ihn vom gleichen Fundort. Am häufigsten jedoch tritt er als lichtblauer Einzelkristall in Feldspatdrusen auf. Reinersreuth, Waldstein, Epprechtstein und Gregnitzgrund gaben sicherlich viele hundert Belege her, die größten maßen über 3 cm. Die Kristallformen (doppelte Firstpyramide) sind selten gut zu erkennen, da fast immer zwischen Orthoklas eingewachsen. Nur in ganz großen Drusen tapetenartige Auskleidung mit kräftig meerblauem Topas, so z. B. erst vor wenigen Jahren am Rudolfstein gefunden, Drusen-Ø fast 1 m.
→ 281–285

Herderit
Winzige, schwach gelbliche Kriställchen; nur vom Waldstein bekannt. → 297

Goyazit
Erst in den letzten Jahren bekanntgeworden. Dieses seltene Sr-Phosphat bildet gelbe tafelige Kristalle, die auf Orthoklas sitzen. Früher hat man sie wohl als Gilbertit angesehen. Sie können auch heute noch im Fuchsbau gefunden werden, meist in winzigen Kriställchen, hin und wieder jedoch gut ausgebildete hexagonale Platten bis 2 cm Ø. → 291

Euklas
Schwach grünliche, auch gelbliche Kriställchen, der Form nach dem Topas nicht unähnlich, in Drusen des Epprechtsteines. Sehr selten. → 1, 483

Beryll
tritt nur selten auf und auch dann nur in relativ unscheinbaren Kristallen. Selb, Schönlind bei Wunsiedel, Waldstein und Epprechtstein werden als Fundstellen angegeben. Dagegen zählt er im Oberpfälzer Wald zu den geläufigen Pegmatitmineralen. Die historischen Abbaue bei Plößberg–Wildenau lieferten große, wenn auch nicht immer gut ausgebildete Kristalle. In Püllersreuth kamen derbe Anhäufungen massenhaft, blaßgrünliche Säulen gleichfalls nicht selten vor. → 298

Rauchquarz

336
Großer Einzelkristall vom Epprechtstein.
□ 160 → 186

337
„Zwillinge" aus dem Pegmatit von Reinersreuth.
□ 50 → 186

338
Braunrosa Spitzen auf farblosem Schaft der Johanneszeche.
□ 80 → 51

339
Parallele Verwachsung aus der Grube Bayerland.
□ 70 → 31

340
An der Spitze verschoben, im unteren Schaft der Prismen ruhen Phantome von dunklerer Farbe. Bischofsgrün.
□ 50 → 186

341
Schwachbräunliche Verwachsungen. Johanneszeche.
□ 50 → 51

336

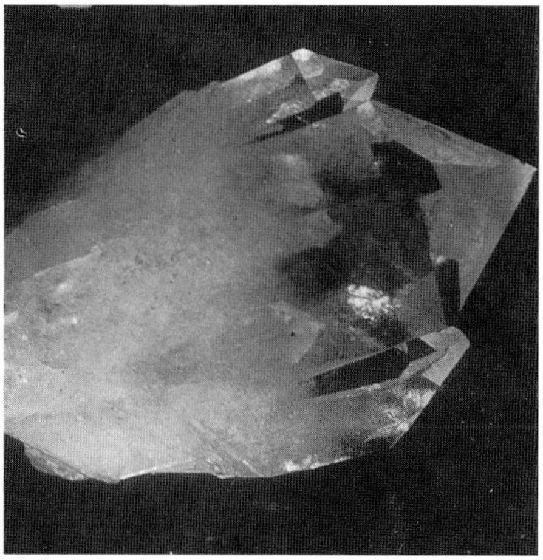
339

337

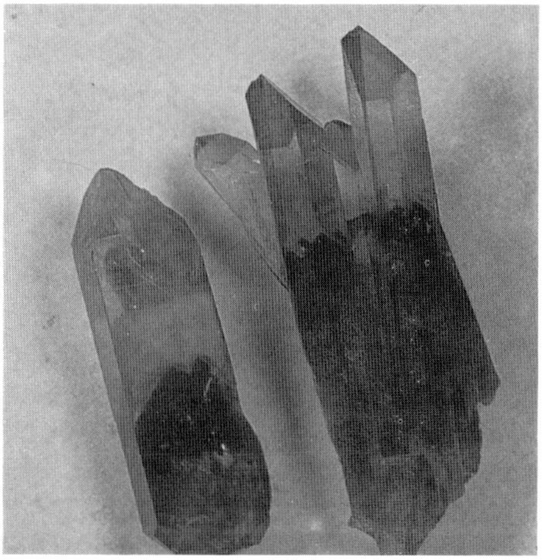
340

338

341

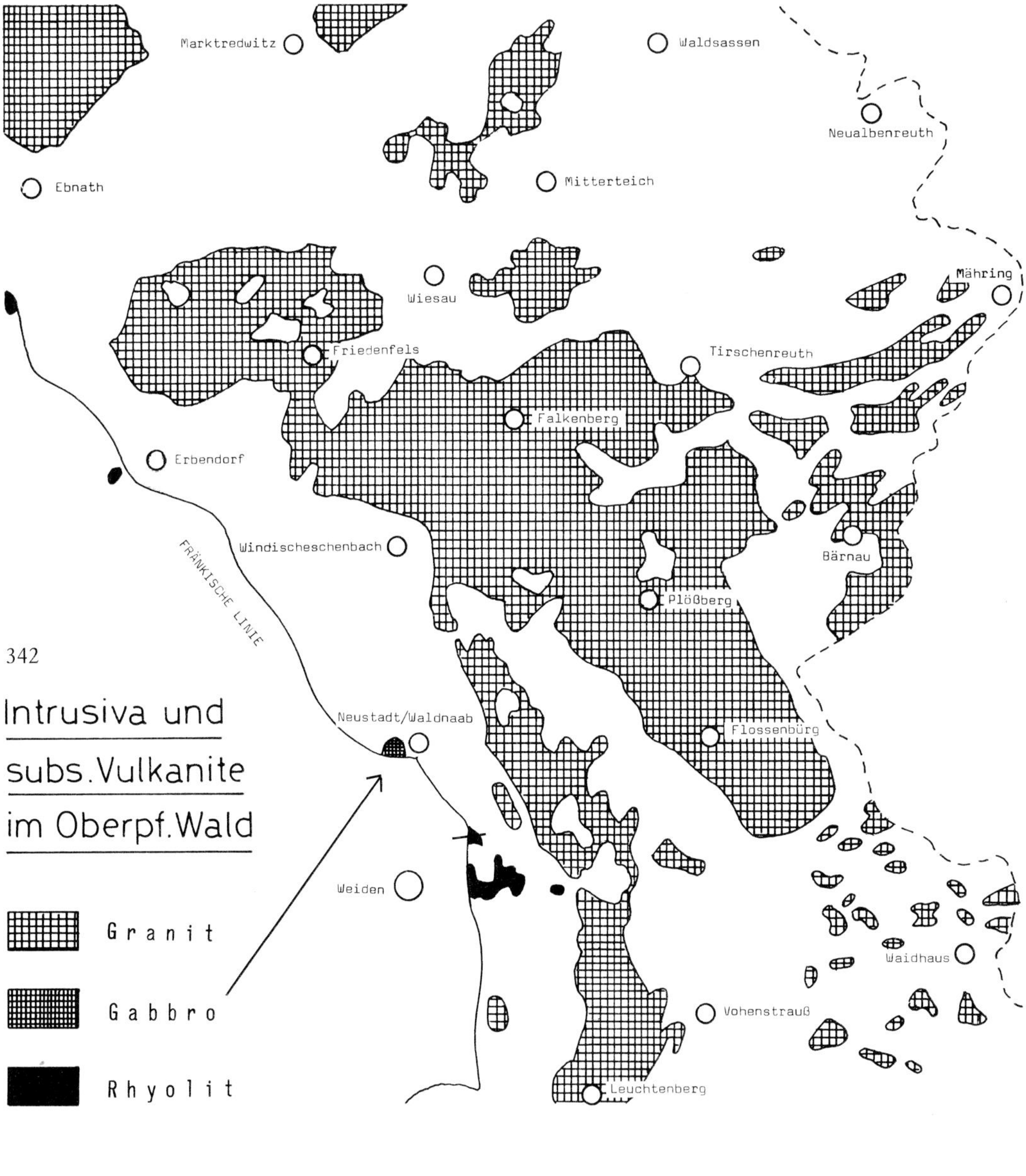

342

Intrusiva und subs. Vulkanite im Oberpf. Wald

Bertrandit
soll dem Vernehmen nach früher auch aufgetreten sein.

Phenakit
ist mehrfach im Gregnitzgrund bei Nagel, im Zufurt-Bruch bei Tröstau und neuerdings auch am Epprechtstein angetroffen worden, und zwar als farblose, auch leicht meerwasserblaue prismatische Kriställchen. Es ist eines jener Minerale, die nicht auffallen, weswegen man durchaus annehmen darf, daß es gar nicht einmal so selten ist, sondern eben in einer mineralreichen Druse nur entdeckt werden muß.

→ 283, 286

Anatas
Das eben Angedeutete gilt auch hier. Die heutige Verwendung der Stereolupe bei der Suche nach Mineralen zeigt, wie relativ häufig dieses Ti-Oxid in Pegmatitstufen auftritt, wenn auch in äußerst kleinen Einheiten. Die Doppelpyramiden weisen die charakteristische Parallelstreifung auf und können alle möglichen Farben, meist grau bis rötlich, zeigen.
Fundstellen: Zufurt, Fuchsbau, Epprechtstein.

→ 292

Turmalin
ist auch heute noch nicht rar geworden. Er findet sich bevorzugt in den kleineren Drusen des Kerngranits, wo er oft ganze Nester (Sonnen) bildet. Diese können wesentlich größer als ein Handteller sein, sofern der Fels günstig bricht. Das Herausschlagen solcher mit Turmalin tapezierter Wände führt jedoch nicht zum Erfolg, da die Garben sofort absplittern. Eingewachsen tritt Turmalin in den Übergangszonen von normaler zu pegmatitischer Gesteinsstruktur auf. Hier liegen die Nadeln meist annähernd parallel, quer zur Front, sie können dabei bis zu 1 cm dick werden. Am schönsten aber tritt der schwarze Schörl in Pegmatitdrusen auf. Freistehende schlanke Prismen sind selten, werden beim Bergungsversuch auch mit ziemlicher Sicherheit zerstört. Garben hingegen kann man immer wieder gewinnen; meist bestehen sie aus Nadeln von 0,2–1 mm Ø. Es kommen aber auch dickere vor, und ganz vereinzelt besitzen sie noch Endflächen. Auch die reinen Quarzgänge der Pegmatitreviere führen zuweilen stengeligen Turmalin in völlig wirren Verwachsungen. In einem jetzt verfallenen Aplitgang auf der Wölsauer Höhe trat Turmalin als Gesteinsbestandteil auf, so daß das an sich lichte Gestein graue bis fast schwarze Farbe annahm. In einem Waldstück 300 m w dem Dorf Asch bei Griesbach liegen massenhaft weiße Brocken umher, die man früher wohl als Granit ansah. Es handelt sich aber um ein aplitisch-pegmatitisches Gekörne, das reichlich Turmalin enthält. Bei etwas Glück lassen sich bleistiftdicke Stengel finden; immer aber ein Gewirr feiner Nadeln. Wenn Turmalin in reinem Quarz auftritt, neigen die Stengel zu weit größerer Ausdehnung. Bei einem jüngst erfolgten Straßenbau bei Beidl unfern Tirschenreuth kamen massenhaft frische kompakte Säulen vor, deren größte 20 cm Länge und 3 cm Stärke erreichten. Schließlich sind noch neuere Funde in den Kösseine-Granitbrüchen (Schurbach) zu erwähnen, die sonst kaum Minerale führen. In feinschuppigen Biotit-Anhäufungen ruhen in Gesellschaft mit Arsenkies unzählige kleine Turmalin-Nadeln von 1–2 mm Dicke.

→ 275, 278

Granat
Gleich dem Beryll verschieben sich die

Vorkommen mehr nach Süden. Im Fichtelgebirge sind historische Funde von Almandin mit diadochem Titan aus mehreren Fundstellen erwähnt. Dagegen zählt roter Granat in Püllersreuth zu den ganz geläufigen Begleitmineralen, zumindest als körniges Aggregat. Dort hat man aber auch herrlich ausgebildete Rhombendodekeder mit gefasten Kanten gefunden. Aus der benachbarten Grube Menzelhof kamen zuweilen klare Ikositetraeder. Die Feldspatlagerstätten im Raum Plößberg–Wildenau waren gleichfalls für große Granate bekannt. S von Weiden (bei Irchenrieth) kamen sogar kopfgroße Kristalle vor. → 295

Rutil

Würfelige Kristalle in aplitischen Bereichen des Granits vom Fuchsbau (1–5 mm Kantenlänge) erkennt man immer an dem braunen Hof, der sie umgibt. Die Rutile selbst sehen rotbraun aus. → 289

Laumontit

Sehr selten in Püllersreuth. Winzige glasklare Kristalle von tafeligem Habitus.

Pneumatolyse im Granit

Mit den Pegmatiten sind häufig, aber nicht grundsätzlich pneumatolytische Erscheinungen verknüpft. Man versteht darunter das Hochsteigen metallgeschwängerter Dämpfe in Klüften und Schwächezonen des erstarrenden oder bereits erkalteten Magmas und deren Kondensation im Gestein. Dadurch verändert sich einerseits das Primärgestein, andererseits entstehen Mineral-, speziell Erzgänge. Beschreiben wir zunächst zwei pneumatolytisch gebildete Gesteinstypen, anschließend die dazugehörigen Minerale.

Steinachgranit

Lokal so benannt, weil die Veränderungen des Granits am Bächlein Steinach (durch Warmensteinach fließend) erstmalig beobachtet wurden. Der dort ruhende grobkörnige Granit zeigt eine intensive Färbung: die ehemals weißen K-Feldspäte sind jetzt kräftig orange, auch lachsrot oder gelb, während die ehemals gleichfalls weißen

---

Pegmatitisch-pneumatolytische Minerale
Zu den Abbildungen dieser Tafel gehört auch der Tobernit-Einzelkristall von der Umschlagdecke oben rechts.

343
An diesen beiden Kristallen von Torbernit erkennt man deutlich die Form der doppelten Trapezoide. Vom Fuchsbau.
□ 6 → 202

344
Autunit. Anhäufung vieler kleiner, fast transparenter Kristelle im Granit von Flossenbürg.
□ 30 → 202

345
Tönnchen oder Röllchen gilt als typischer Habitus für unsere Apatite. Fuchsbau.
□ 33 → 187

346
Viele Tobernit-Plättchen auf einem von Manganit schwarz gefärbten Quarz. Fuchsbau.
□ 100 → 202

347
Ein Einzelkristall von Apatit vom Gregnitzgrund bei Nagel.
□ 22 → 187

348
Derart langprismatischer Apatit tritt nur sehr vereinzelt am Epprechtstein auf.
□ 7 → 187

343

346

344

347

345

348

Plagioklase graugrün aussehen. Dabei stellte sich aber auch eine mechanische Veränderung ein, die zum völligen Zerfallen des Gesteins führt. Daher ist es verhältnismäßig schwierig, größere Stücke aus den zersetzten Massen zu erhalten, wie es erst recht unmöglich ist, Gestein für Architektur oder Skulptur daraus zu gewinnen, so reizvoll Farbe und Textur auch wären. Aufschlüsse bestehen nicht. Allenfalls bei Erdarbeiten treten hin und wieder Partien davon auf, und zwar am Gleißinger Fels bei Fichtelberg, im Dreieck Fleckl – Oberwarmensteinach – Warmensteinach, dann bei Tröstau, Vordorf und an den Hügeln am s Stadtrand von Weißenstadt. Die ursprünglichen und die neuerdings getriebenen Stollen im Besucherbergwerk (s. Seite 199) schneiden den Steinachgranit mehrfach an. Stellenweise führt er dort bröselige Putzen von grünlichem Nakrit bis Nontronit.

Epidosit

So nannte man zersetzte Granite mit viel Epidot. Meist weisen sie keine Körnung mehr auf, sondern bestehen nur aus einer gleichmäßigen Feldspatmasse, weiß, chamois, gelblich, rötlich bis intensiv orange. Darin ruhen Schlieren, Schnüre, Garben, Putzen, Wolken, kaum jedoch deutliche Kristalle von leuchtend grünem Epidot. Nicht selten gesellen sich Erze hinzu, meist Specularit. Auch von diesem Material gibt es keine größeren Felsen. Man findet Lesesteine zwischen Voitsumra und Weißenstadt, am N-Hang des Rudolfsteins, am Gebirgsrand von Meierhof bis Eulenlohe, auch jenseits des Kammes im Steinachgebiet und bei Mehlmeisel.

→ 273

Kassiterit

Nur in dieser Verbindung tritt Zinn hier auf. Im Bereich des Zinngranits, der als Gemengteil kaum Zinnerz enthält, sind größere Erzkörper linsenartig eingelagert. Es handelt sich dabei um Imprägnationen des Granits mit Graupen von Kassiterit, die sich der Korngröße des Granits (1–5 mm) anschließen. Der Granit nimmt dabei eine olive gelbliche Farbe an und erreicht ein Artgewicht bis 5. Früher bezeichnete man das Sn-führende Gestein als *Greisen*, was mit der heutigen Nomenklatur jedoch nicht mehr übereinstimmt. Erzgänge kommen am W-, N- und O-Hang des Schneeberges vor, streichen zum Rudolfstein und zum Seehügel. Vielfach erreichen sie dabei die Grenze vom Granit zum prävariskischen Gneis, eine rein zufällige Erscheinung, die man früher für eine Bedingung zur Zinnbildung hielt. Die nelkenbraunen Visiergraupen von Kassiterit stellen verzwillingte Kristalle dar; sie ruhen in einem Gemenge von seritisiertem Feldspat, schuppigem Gilbertit, ausrostendem Biotit und verhältnismäßig wenig Quarz. Stellenweise kommt es zur Anreicherung anderer Erze (siehe später). Das Primärerz ging man erst im letzten Jahrhundert an; in den 20er Jahren stellte man den Betrieb endgültig wegen zu geringer Ergiebigkeit ein. Im Vergleich zu den sekundären Lagerstätten war die Ausbeute ziemlich mager.

→ 226, 352, 385

Zinnerz als Seife

Wirtschaftlich sehr bedeutende Ablagerungen von Zinnsand verliehen dem Fichtelgebirge bereits im Mittelalter den Ruf als bergmännisch wichtiges Gebiet und brachten der hiesigen Bevölkerung ein halbes Jahrtausend lang Arbeit und Wohlstand. Der Egerer Handelsherr SIG-

MUND WANN, der in der Geschichte Wunsiedels in vieler Hinsicht eine Rolle spielte, gilt als bedeutendster Föderer des Zinnbergbaus und der Verarbeitung des begehrten Metalls. ALEXANDER VON HUMBOLDT brachte den durch den 30jährigen Krieg ziemlich darniederliegenden Bergbau wieder in Schwung. Die Seifen fanden sich im Gehängeschutt des Zentralmassivs weit verbreitet, zogen sich auch weit in die Täler hinein: Schneeberg, Seehügel, Rudolfstein, Platte, Zinnleite, Farnleite, Silberrangen, Zinnschützenweiher, Schöffellohe, Vordorf, Leupoldsdorf, Tröstau, Furthammer, Wunsiedel. Das ausgedehnteste Revier befindet sich im Dreieck Weißenstadt – Grün – Dürnberg. Man schätzt die dortigen Vorräte auf 6 000 000 t bei einem derzeit noch nicht diskutablen Sn-Gehalt von 0,07 %. Die konzentriertesten Lager befanden sich zwischen Weißenstadt und Schönlind – Weißenhaid; sie sind sicher restlos erschöpft. Hier hat man im II. Weltkrieg noch einmal geschürft, während 1914/18 die Seife am Seehaus angefahren wurde. Beides befriedigte nicht. Die Zinnsande enthalten Fragmente weiterer Minerale: farbloser und blauer Topas, säuliger Turmalin, prismatische rote Rutile, Magnetit, Eisenglanz, Wolframit, nach Limonit pseudomorphe Pentagondodekaeder von Pyrit, vor allem aber

Ilmenit
Dieses blauschwarze Erz in Körnern unter 1 mm überragt stellenweise die Konzentration des Zinnsandes, in dem es eingebettet ist, beträchtlich, z. B. bei Dürnberg, am Rosenbühl bei Grün, in Leuthenforst, am Tännig bei Kaiserhammer und im Flußbett der Eger kurz vor Hohenberg. Früher hat man dieses Ti-Erz oft mit Zinnstein verwechselt und dann die Berggeister für das Fehlschlagen bei der Verhüttung verantwortlich gemacht. → 349

Wolframit
kommt in derben, strahlig blätterigen Massen von tiefschwarzer Farbe und charakteristischer Flächenstreifung primär und sekundär vor. In Weißenhaid nicht selten, doch wirtschaftlich nicht ergiebig genug.

Columbit
Im Felspat der Grube Püllersreuth verriet

Minerale der Pneumatolyse

349
Ilmenit aus der Eisenglanzlagerstätte am Gleißingerfels bei Fichtelberg.
□ 10 → 195

350
Columbit wurde während der Betriebsphase von Püllersreuth immer wieder in dendritischen Auflagen auf Feldspat gesehen.
□ 45 → 195

351
In meist gewellten, blätterigen Aggregaten kam Antimonit in Brandholz vor.
□ 70 → 206

352
Gut ausgebildete Kassiterite gehören zu den bemerkenswertesten Funden des Fuchsbaues.
□ 7 → 194

353
Ein ziemlich großer Brocken von massivem Columbit vom Ödberg bei Wildenau/Oberpfalz.
□ 90 → 195

354
Dieses strahlige Antimonit-Stufe war in der Dr.-Schmidtschen Sammlung als Fund von Goldkronach deklariert.
□ 70 → 206

349

352

350

353

351

354

355

358

356

359

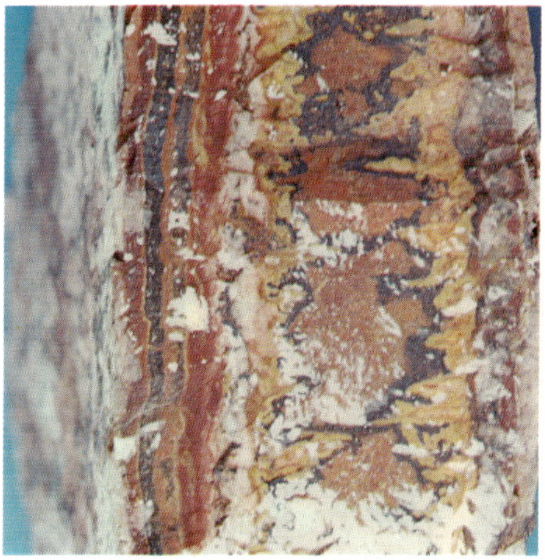
357

360

sich dieses Nb/Ta-Mineral durch seinen braunen Hof, den es um sich bildete. Es wurden fächerförmige Aggregate und tafelige Einzelkristalle bis 3 cm ∅ gefunden, auch am Ödberg bei Wildenau.

→ 350, 353

Arsenkies
war ständiger Begleiter der Zinnerze. Kleine verzwillingte Kristalle. Eine primäre Lagerstätte wurde in pegmatitischem Granit bei Hopfau unfern Erbendorf entdeckt.

Molybdänglanz
Einmaliger Fund vom gleichen Ort.

Specularit
(Eisenglanz, im Volksmund auch *Eisenglimmer*, die blätterige Modifikation von Hämatit) bildete neben Zinn die zweite für frühere Vorstellungen ergiebige Erzlagerstätte des Granitgebirges. Das Mineral tritt in stahlblauen bis violgrauen, zuweilen auch bunt angelaufenen welligen Blättern, in Schuppen und als staubige Einlagerung auf. Es ist immer an Quarzgänge gebunden, in denen es Imprägnationen bildet, die stellenweise mehrere dm stark sind. Das Zentrum des Vorkommens liegt am Gleißinger Fels w Fichtelberg; doch gibt es Ausstrahlungen bis Warmensteinach, Fleckl, Bischofsgrün, Seehaus, Silberhaus, Eulenlohe, Leupoldsdorf, Vordorf, Meierhof, Kirchenlamitz, Luisenburg, Schurbach, Mitterlind und Mehlmeisel. Am Gleißinger Fels – heute überbaut – begann vor 1500 in der Gottesgabe der Bergbau und dauerte mit gelegentlichen Unterbrechungen bis 1938. Nach LAUBMANN ,,setzten die eisenglimmerführenden Quarzgänge in einem stark zersetzten Granit, dem GÜMBELschen Steinachgranit, auf, dessen Feldspat zum Teil kaolinisiert, serizitisiert und chloritisiert, in Epidot oder Steinmark umgewandelt ist. Hin und wieder hat sich Flußspat als neugebildetes Material in dem zerfressenen Granit eingenistet. Die Zersetzung, Um- und Neubildung zeigt sich besonders stark an den Salbändern der Quarzgänge und deutet zweifellos auf intensiv wirkende chemische Vorgänge hin, wie man sie nur im

---

Subsequenter Vulkanismus

355
Typische Porphyr-Struktur (weiße Feldspat-Einsprenglinge in roter Grundmasse) zeigt der Rhyolit von Lenau.
☐ 80 → 215

356
Im Intersertalgefüge von Proterobas von Fichtelberg erkennen wir weiße leistenförmige Plagioklase in einer Grundmasse aus Amphibol und verschiedenen Akzessorien.
☐ 80 → 177

357
Den Effusionsschlot von Lenau durchziehen Jaspis-Adern, die besonders viel Hämatit führen.
☐ 40 → 215

358
Es gibt wenige ,,Quarzporphyre" (= Rhyolite) von so ausgesprochen blauer Farbe. Davon besteht zur Zeit noch ein kleiner Aufschluß in Schadenreuth bei Erbendorf.
☐ 80 → 215

359
Im jetzt verfallenen Steinbruch an der Thusmühle bei Röslau fand man schmale Gänge eines Vitrophyrs von rhyolitischem Chemismus im Granit.
☐ 80 → 216

360
Die grüngrauen Chalcedone, die Gänge im Rhyolit von Schadenreuth bilden, kann man dann als Heliotrop bezeichnen, wenn sie Putzen oder Schlieren von Roteisen enthalten.
☐ 100 → 216

Gefolge pegmatitischer Intrusionen kennt. Die letzten kieselsäurereichsten Nachschübe des Magmas dürften aus der Tiefe die erzbildenden Agentien mitgebracht haben." In Fichtelberg befand sich ein Hochofen, der so lange die einheimischen Hammerwerke mit Roheisen belieferte, bis die günstiger zu gewinnenden Erze der Oberpfalz und des Siegerlands den Rang abliefen. Die Fichtelberger Gewerkschaft verstand jedoch, sich rasch umzustellen, nämlich auf die Produktion der sog. Panzerschutzfarbe, einer Anrührung gemahlenen Specularits mit diversen Ölen bzw. Lacken. Der Anschluß Österreichs bescherte dem Reich ähnliche Lagerstätten in Kärnten, so daß Fichtelberg schließen mußte.

In jüngster Zeit haben mutige Ortsansässige die Stollen wieder gangbar gemacht und fasziniert festgestellt, daß 50 Jahre Stillegung ausreichen, um herrliche Oxidationserscheinungen zu produzieren, die in allen Farben und Formen die ehemaligen Stollenwände zieren. Man erwog daher, die Gänge wieder begehbar und zu einer touristischen Attraktion zu machen. Seit 1980 besuchen jährlich Tausende von Touristen, mit Helm und Grubenlampe ausstaffiert, durch einen lehrreichen Diavortrag eingestimmt, im Geleit kundiger Führer einen Teil des Stollensystems mit imposanten Blicken auf die frühere Montantechnik und die einmalige Lagerstätte. Nur an der wohl aus Werbegründen erfolgten Benennung ,,Silbereisen"-Bergwerk nehmen Fachleute Anstoß.

Jeder Besucher findet in der Umgebung des Stolleneingangs reichlich Belegstücke, aber auch außerhalb lassen sich heute noch genügend Erzproben auflesen, und zwar praktisch an allen Quarzfelsen der Umgebung Fichtelbergs, besonders beiderseits der Straße von Neubau zum Fleckl sowie an der Panoramastraße rund um den Ochsenkopf und an den Wanderwegen zu diesem Gipfel. Weitaus die schönsten Stufen von Specularit, idiomorphe Täfelchen, innig verwachsen mit glasklaren Quarzkristallen und grauem Quarzgekörne, findet man in den Wäldern um die Raststätte Silberhaus. → 290, 402–404

Tertiäre Gesteine

361
Heute sucht man vergebens nach lavaartigem Basalt. Er kam in Zinst vor etwa 10 Jahren in großer Menge vor.
☐ 80 → 228

362
Sonnenbrenner erkennt man der ruppigen Oberfläche und der Blaufärbung durch Kieselgallerte, die oft von schneeflockenartigen Dendriten übersät ist. Zinst.
☐ 80 → 232

363
Als einzig nennenswertes Sediment kennen wir limonitisch zementierte Quarzbrekzien. Aus dem Wald ö Zirkenreuth.
☐ 80 → 223

364
In Pullenreuth fand man diese autochthone Ablagerung von Limonit. Sie hat sich durch jahrtausendelange Berieselung mit erzführenden Wässern in Höhlen des Marmors gebildet.
☐ 80 → 63

365
In den Basalt eingeschmolzene und daher gefrittete alte Schiefer (hier Phyllit) zeigen kräftige Oxydationsfarben. In Zinst kommen sie hin und wieder zum Vorschein.
☐ 80 → 237

366
Eine gleichfalls seltene Erscheinungsform ist der Perlbasalt (mit ansehnlicher Glasbasis) vom Waldecker Schloßberg.
☐ 80 → 228

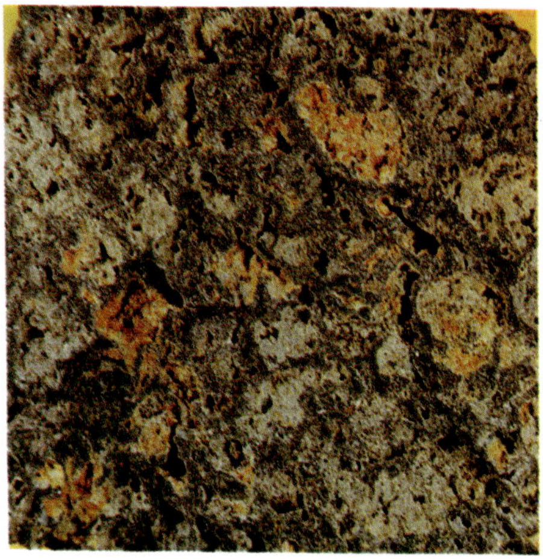
361

364

362

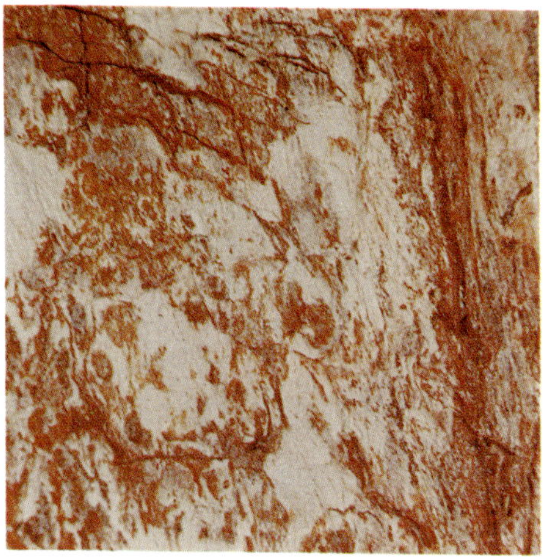
365

363

366

367

370

368

371

369

372

Pyrit

kam allenthalben, aber noch nie angereichert vor. Pseudomorphosen danach, zu Limonit umgewandelt, zeigen sich hin und wieder, z. B. an der Zufurt, in ansehnlichen Kuben. Dabei weist die Matrix infolge der S-Freigabe ziemliche Zersetzung auf.

Uranpechblende

In größerer Teufe, wie Bohrungen zeigten, ganz schön angereichert, jedoch nicht so, daß sich derzeit ein Abbau lohnt. Die Hauptvorkommen beschränken sich auf die Waldabteilung Fuchsbau w Leupoldsdorf und auf den Rudolfstein-N-Hang bei Weißenhaid. Dort gingen nach 1945 Versuchsschürfungen um. In makroskopischen Ausmaßen ist dieses Mineral jedoch nicht zu sehen. Es gilt aber als Ausgangspunkt für die beiden wie folgt beschriebenen Sekundärerze.

Torbernit

Metallisch grüne Täfelchen und doppeltrapezoide Kristalle bis zu 2 cm Länge sitzen auf Klüften des Granits. Während der regen Steinbruchtätigkeit im Fuchsbau waren sie gar nicht selten zu finden, zumindest losgelöst im Grus. Seit der Stillegung scheinen die Halden immer noch Funde zu ermöglichen. Auch im Zufurt-Bruch, in Flossenbürg und seltener am Epprechtstein leuchtet hin und wieder eine Granitfläche grün her. Nichtkundige halten auch die fahlgrünen Anflüge von Chlorit, die oft die riesigen Granitwände belegen, für Tobernit. Erst Geigerzähler und UV-Leuchten zeigen den Sammlern, daß dieses Cu-U-Phospat in Drusen und auf Klüften gar nicht so selten ist.

→ 3, 343, 346

Autunit

unterscheidet sich vom vorhergehenden Mineral durch seine gelblichgrüne Färbung. Es tritt nie in größeren Kristallen, immer nur als winzige Schuppen auf. Im Fichtelgebirge seltener, in Flossenbürg jedoch häufiger als Tobernit. Dort kann man auch jetzt noch größere Flächen sehen, die durch und durch mit Autunit übersät sind. Wegen der starken UV-Reaktion nachts besonders leicht zu finden. Größere Kon-

---

Minerale im Basalt bzw. Nephelinit

367
Fächerartig gruppierter Drilling (= Normalausbildung) von Tridymit aus Zinst.
☐ 2,8 → 236

368
Kascholong, ein Hydrothermalprodukt, das erst vor wenigen Jahren in besonders schönen Partien an der Ochsentränke gefunden wurde.
☐ 180 → 237

369
Große Kugeln von Calcit und kleine Nester von Zeoliten sitzen auf blasser Kieselgallerte. Triebendorf.
☐ 250 → 233

370
Stalaktitische Gebilde von Hyalit, transparente Stengel und getrübte Köpfe. Zinst.
☐ 2,8 → 236

371
Porzellanjaspis, durch Frittung bei Aufschmelzung von Quarzit entstanden. Violette Tönung gilt als typisch. Steinmühle.
☐ 100 → 236

372
Abgebrochene oder ausgelaugte Calcit-Kugeln hinterlassen weiße, zuweilen auch farbige konzentrische Ringe, die an Seepocken oder Baumflechten erinnern.
☐ 120 → 233

zentrationen stellen sich im Raum Mähring (Versuchsabbau Poppenreuth) ein. Dort begann man 1978 das radioaktive Material untertage zu fördern. Die Bundesrepublik, arm an Uranvorräten, muß, um wenigstens einen Bruchteil ihres hohen Bedarfs an Kernbrennstoff zu decken, auch auf wenig ergiebige Lagerstätten zurückgreifen. Die Zukunft wird die Hoffnung bestätigen (oder zunichtemachen), dort mit einer Wirtschaftlichkeit zu fördern, die internationalen Maßstäben entspricht.

→ 344, 479, 482

Uranophan, Saleeit

Diese U-haltigen Umwandlungsprodukte primärer Pechblende reicherten sich am Kontakt Granit/Glimmerschiefer in der Nähe von Großschloppen (im Dreieck Weißenstadt – Kirchenlamitz – Röslau) an. Seit 1980 treibt man dort lange Stollen in die Zerrüttungszonen, um die Ergiebigkeit zu erkunden. Natürlich spielen auch hier Autunit und Torbernit die größte Rolle.

Montmorillonit

Ein rosa bis karmesines erdiges Material, das an Granitwänden Überzüge bildet, die besonders im nassen Zustand auffallen. Manchmal auch körnige Einlagerungen im Zinngranit. Im Fuchsbau nicht selten.

Manganomelan

Derbe Putzen im Granit. Verursachte auch die Dendriten. → 436

Lithiophorit

Traubige Gebilde in Drusen des Granits vom Fuchsbau. → 287

Epidot

Nicht nur in den als ,,Epidosit" bezeichneten Gängen (Seite 194), sondern auch als häufiger Begleiter anderer Minerale kommt Epidot in Form leuchtend grüner Täfelchen vor. → 288

Nontronit

Ein amorphes, teilweise erdiges, teilweise kompaktes und dann muschelig brechendes Verwitterungsprodukt von gelbgrüner, seltener auch oranger Farbe. In Drusen und Gängen nicht selten. → 279

Minerale im Basalt bzw. Nephelinit

373
Die hexagonalen wollartigen Fäden des wenig geläufigen Minerals Offretit (Zeolit-Gruppe) sind erst jüngst am Teichelberg entdeckt worden.
□ 2,8 → 233

374
Diopsid kommt in klar ausgebildeten Kristallen im Lupenformat nicht selten am Teichelberg vor.
□ 2,8 → 233

375
Die großen Kauern von Olivin sieht man im polierten Stück besonders schön. Ein in Zinst sicherlich nie auslaufendes Mineral.
□ 120 → 233

376
Osumilit, ein dihexagonal-dipyramidales Insosilikat von Zinst. Gleichfalls erst vor kurzem für das Fichtelgebirge erstmalig festgestellt (grünblaue Kristalle).
□ 2,8 → 233

377
Zu den Kostbarkeiten im Nephelinit von Zinst zählen Pseudomorphosen von Hämatit (rot) nach Magnetit (Oktaeder).
□ 2,8

378
Die chemische Verwitterung macht aus Olivin ziemlich rasch die farbenprächtigen Brösel von Iddingsit.
□ 120 → 233

373

376

374

377

375

378

379

382

380

383

381

384

Gediegen Gold
an sog. *Edle Quarzgänge* gebunden. Schlierige, dünnblättrige, meist sporadische Einlagerungen der Primärvorkommen in Brandholz bei Goldkronach. Bereits zu Beginn unseres Jahrtausends erkannt und dann bis 1925 betrieben, jedoch nie mit besonderer Ergiebigkeit:

- *Fürstenzeche, Silberne Rose, Schickung-Gottes, Name-Gottes, Schmutzler-Zug, Täschel-Zug, Schmid-Stollen, Ludwig-Wittmann-Schacht, Sankt-Georgs-Zeche.*

Es würde den Rahmen unseres Buches übersteigen, die wechselvolle Geschichte und die geologischen Tatsachen des Goldbergbaus zu schildern. Hier sei auf die umfangreiche Fachliteratur verwiesen. Für unsere und die kommenden Generationen haben die Vorkommen so gut wie keine Bedeutung mehr. Trotz unzähliger Versuche ist es in den letzten Jahrzehnten niemandem gelungen, oberflächlich auch nur die Andeutung von Gold zu finden. Selbst die Flüsse, die früher gleichfalls rege und lohnend nach Gold durchsucht wurden, bringen kaum mehr etwas. Die sekundären Lager befanden sich in den Tälern des Zoppatenbaches, der Steinach, des Weißen Maines und sogar der Rösla. Nach ZÖLLER ergab die 1937 im Zusammenhang mit der Rösla-Regulierung durchgeführte Prospektion des Bachgrundes in Krohenhammer bei Wunsiedel, aber auch kurz vor Seußen, sowie am Geiersbächlein bei Schönbrunn in der Tat einen Goldgehalt. Er betrug im Mittel 0,4 g/m^3. Der Zinnerzgehalt an denselben Stellen schwankte zwischen 100 und 650 g/m^3. Historischen Belegen zufolge betrieb man auf Seifengold:

- *Gottes-Gabe* und *Edle-Fischerin* bei Schönbrunn
- *Sankt-Bernhard* und *Sankt-Georg* bei Furthammer
- *Gelobtes Land* und *Goldene Rose* bei Tröstau

Antimonit
kam gemeinsam mit Gold vor, wurde im Mittelalter kaum beachtet und erst in unserem Jahrhundert geschätzt; man durchforstete sogar die alten Goldpingen danach. Das Erz trat meist blättrig oder derb auf; nur selten fand man spießige Kristalle. Heute danach zu suchen ist sinnlos, ob-

---

Stufen aus dem Basalt

379
Faszinierend schön ausgebildete „Igel" von Natrolit aus dem verfallenen oberen Steinbruch des Wartberges bei Längenau.
□ 15 → 237

380
Limonit-Lösungen färbten diese Durchkreuzungs-Mehrlinge von Phillipsit intensiv braun. Gleichfalls aus Längenau.
□ 10 → 237

381
Ideal ausgebildete Sonne von Aragonit aus Triebendorf.
□ 40 → 237

382
Imposant hochgewachsener Biotit-Kristall. Teichelberg.
□ 2,8

383
Für den Apophyllit des Wartberges ist der grüne Schimmer typisch, der überdies zuweilen auch durch aufsitzende andere Minerale scheint.
□ 65 → 233

384
Verhältnismäßig große Kristalle von Gismondin aus dem Steinbruch am Teichelberg.
□ 30 → 237

386
Der in Massen vorkommende Quarz regte die Entwicklung der Glasmacherei an. Das Fichtelgebirgsmuseum besitzt wertvolle handwerklich hergestellte Belege aus den vergangenen Jahrhunderten.

385
Zinnverarbeitung war im Mittelalter Haupterwerbsquelle des städtischen Gewerbes im Fichtelgebirge. Unser Bild zeigt schöne in Wunsiedel gefertigte Gefäße aus der Barockzeit.

387
Neben Zinn und Glas verschafften die Eisenerzvorkommen der Gebirgsbevölkerung Arbeit und Brot. Daß damit solider Reichtum erzielt werden konnte, beweisen die vielen kleinen Schlößchen, die sich die Hammerherren bauten. Unser Bild zeigt das von Reuth bei Erbendorf.

388

391

389

392

390

393

wohl sich in der Teufe bestimmt noch Vorräte befinden. → 351, 354, 484

Begleiter der Goldlager

Historischen Berichten zufolge kamen im Verband mit Gold und Antimonglanz im Revier von Brandholz noch vor: Wolframit, Magnetkies, Arsenkies, Pyrit, Zinkblende, Jamesonit, Kupferkies, Bleiglanz, Cuprobismuthit, Meneghinit, Fahlerz, Bournonit, Plagionit, Wismutglanz, Emplektit, Klaprothit, Wittichenit, Rotspießglanz, gediegen Wismut und gediegen Arsen. Davon dürften selbst in alten Sammlungen kaum mehr Belege vorhanden sein. Es ist mit Sicherheit auszuschließen, daß jemals wieder etwas von diesen Schätzen an die Oberfläche gerät. Valentinit und kompakte Kristalle von gediegenem Schwefel hingegen konnten an jüngeren Funden festgestellt werden.

Subsequenter Vulkanismus

Darunter versteht man die einer Faltungsperiode nachfolgende Effusivtätigkeit, die im Gegensatz zum basisch betonten Initialvulkanismus steht, der sich vor der Orogenese bemerkbar macht. Hier haben wir es mit vorwiegend sauren Schmelzen zu tun. Die Ausbrüche unseres Raumes datiert man in das mittlere Rotliegende. Sie sind besonders entlang der Fränkischen Linie verbreitet, aber auch durch einen Schwarm kleinerer Durchbrüche im ö Fichtelgebirge vertreten.

In unserem Gebiet liegen ausschließlich Effusiva von granitischem Chemismus vor. Früher waren sie allgemein als *Quarzporphyr* bekannt. Die neue Nomenklatur verwendet diese Bezeichnung nicht mehr und übertrug den Namen für ursprünglich neovulkanische Bildungen auch auf die paläovulkanischen. Also Rhyolit statt

---

Känozoische Bildungen

388
Fichtelit in kleinen farblosen Kristallen auf fossilem Holz. Fundort = Wampen bei Thiersheim.
☐ 50 → 251

389
Gips in ganz abenteuerlichen Gestalten gehört zu den immer noch auffindbaren Mineralen des Fichtelgebirges. Aus der Braunkohle in Schirnding.
☐ 80 → 224

390
Glagerit aus Bergnersreuth gehört zur Gruppe der Hydrokaoline und kann als Halloysit mit ,,Röllchen-Struktur" aufgefaßt werden.
☐ 80 → 223

391
Die der Gagatkohle ähnelnden Brösel von Dopplerit (aus Torfmoorhölle) werden kaum je mehr angetroffen werden können.
☐ 80 → 251

392
Blattabdrücke in der Blätterkohle von der Klausen (zum Dorf Haid gehörig).
☐ 60 → 224

393
,,Pseudophit" = Pseudomorphosen von Pennin nach Orthoklas vom klassischen Fundort an der Miedelmühle bei Marktredwitz.
☐ 120 → 223

Nutzbare Gesteine im Fichtelgebirge

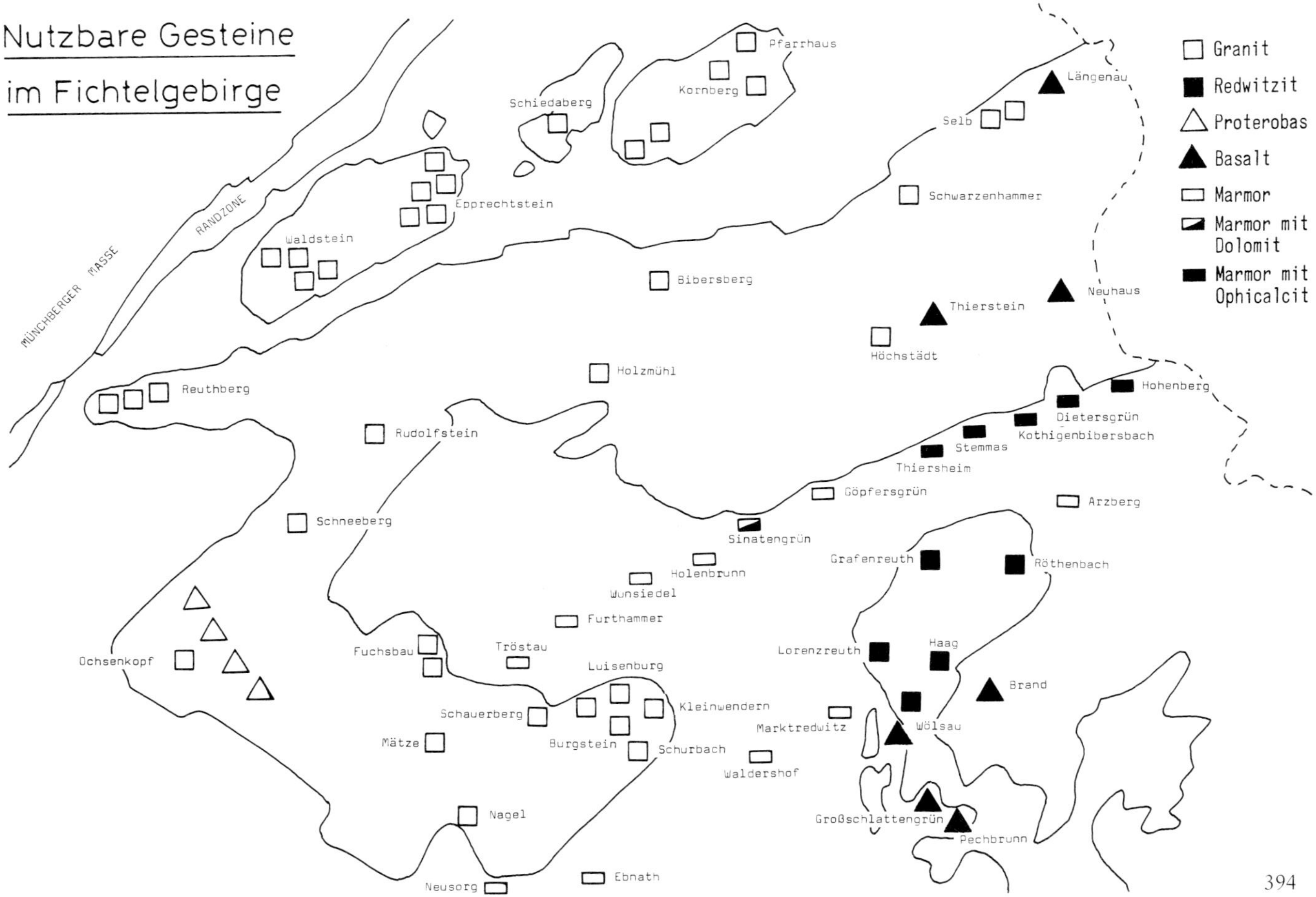

394

Erz- und Minerallagerstätten im Fichtelgebirge

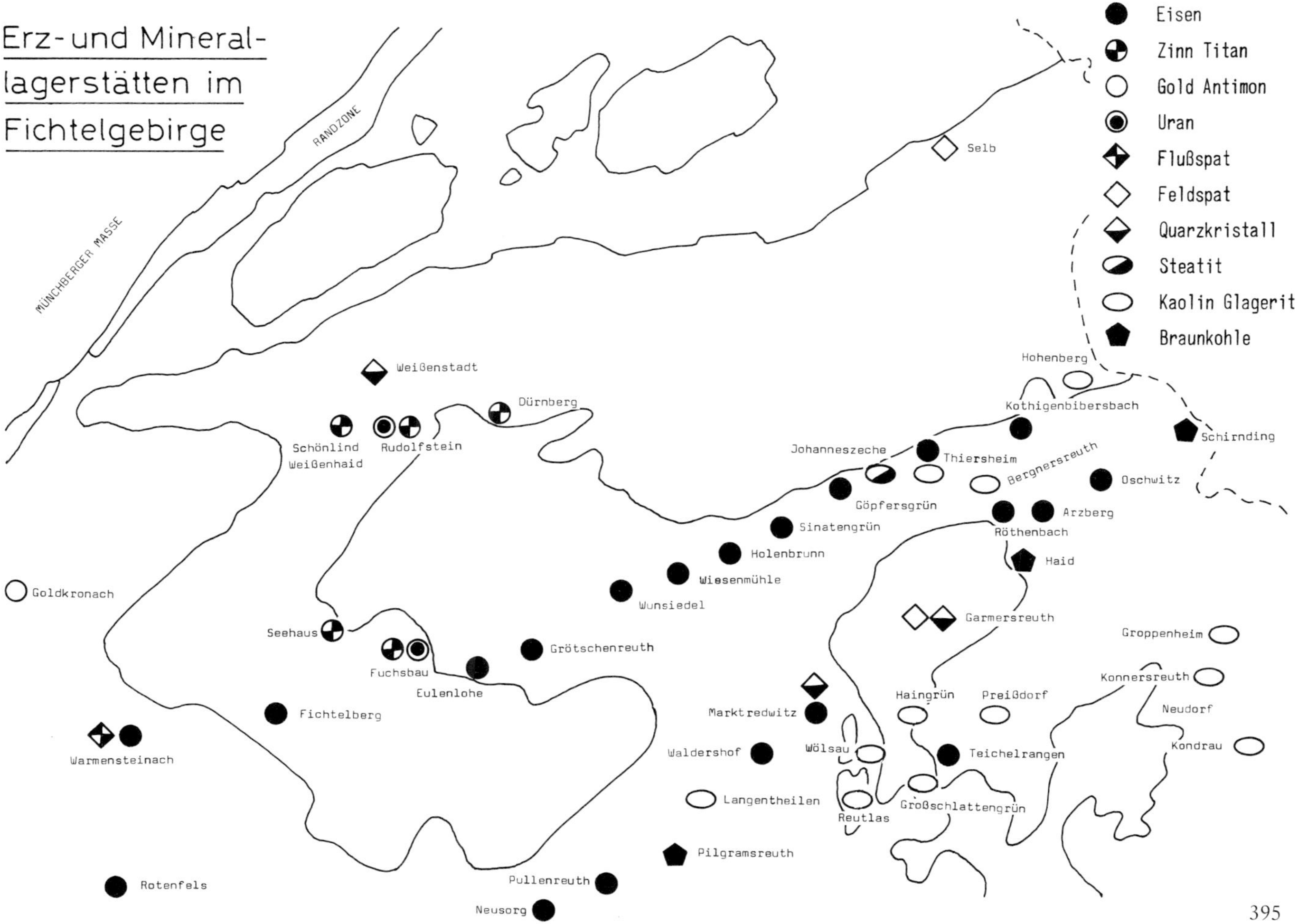

Granitindustrie

396
Der größte Granitbruch unseres Raumes befindet sich in Flossenbürg. Hier werden vor allem roh bearbeitete Werkstücke produziert.

397
Kugelförmige Werkstücke bis über 3 m Durchmesser können aus Fichtelgebirgsgranit herausgebracht werden. Von der Luisenburg gelangt dieses Kunstwerk ,,Gespaltene Erde" nach Berlin.

398
Weil die einheimischen Granite an Farbe und Textur nur wenig Abwechslung zeigen, kann man auf die Einfuhr dunkler, roter und grüner Hartgesteine nicht verzichten. Hier das Blocklager des Importeurs für sowjetisches Material (am Bahnhof in Weißenstadt).

399
Im 17. und 18. Jahrhundert verwendete man den Wunsiedler Marmor für Grabplatten, von denen noch erfreulicherweise viele erhalten geblieben sind.

400
Für monumentale Plastik des III. Reiches (hier ,,ein Stück" Prometheus, von Breker) erwies sich der Ochsenkopf-Proterobas als sehr geeignet.

Steinmetzarbeit

401
Ein Bild aus der „guten alten Zeit", in der die Steinhauer für einen Hungerlohn und ohne maschinelle Hilfe Pflastersteine herstellten.

Eisenglanz-Lagerstätte

402
Lösungen von Fe-Hydroxid scheiden sich in äußerst fragilen Zapfen an der Decke ab. Hier ein fast ½ m langer Stalaktit. Leider kommen auf dem Schwarzweißbild die leuchtend gelben, roten, braunen Farben der Kulisse im Hintergrund nicht zur Wirkung.

403
Zugang zu einem Querschlag des Gleißinger Felses bei Fichtelberg. Von diesem seit 1920 verlassenen Bergwerk stammen auch die beiden anderen Aufnahmen dieser Seite.

404
Wie in Tropfstein-Höhlen (Kalk) zeigen die Limonit-Stalagmiten gedrungenere Formen. Dieses Gebilde sitzt auf Grubenhölzern und Röhren auf, wodurch sein junges Alter anschaulich bewiesen ist.

Quarzporphyr, Dacit statt *Quarzporphyrit,* Trachyt statt *Orthophyr,* Andesit statt *Porphyrit* usw.

Rhyolit

In der Struktur gleichen sich alle unsere Vorkommen sehr: gleichmäßige Grundmasse, darin einzelne ursprünglich gut ausgebildete Feldspat-Kristalle, die jedoch weitgehend kaolinisiert und auch mechanisch deformiert wurden. Die Farbe hingegen bestreicht eine weite Palette und kann selbst innerhalb eines größeren Felsens stark wechseln.
Im einigermaßen frischen Zustand liegt ein graues Gestein mit hellgrauen bis schmutzig-weißen Einsprenglingen vor. Wir finden es so noch auf den Gipfeln von Nachtberg und Schloßberg bei Höchstädt.

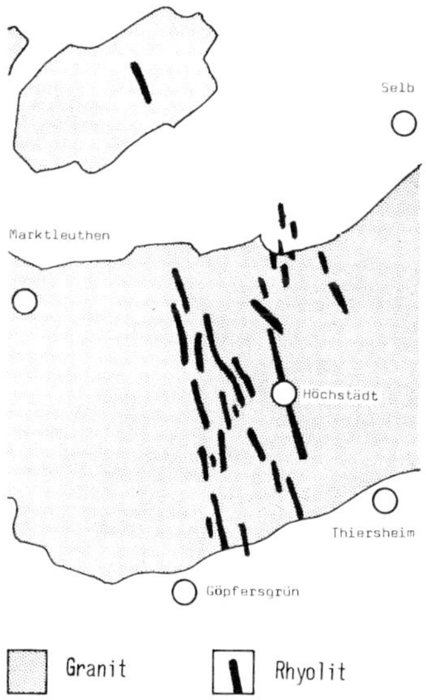

405
Der Schwarm von Rhyolit-Gängen (früher Quarzporphyr) im Marktleuthner Granit.

Durch Verwitterung nimmt es gelbliche Tönung an, wobei sich die Feldspäte dennoch gut abheben: Wendenhammer, Hendelhammer und Kaiserhammer. Dunkelblaugrau war der Rhyolit in einem ehemaligen Steinbruch am Pfaffenberg bei Schönwald, der jetzt aufgefüllt ist.

406
Das Rechteck markiert den Aufschluß von blauem Rhyolit. Die Punkte weisen auf das Feld hin, das viele Splitter von Heliotrop enthält.

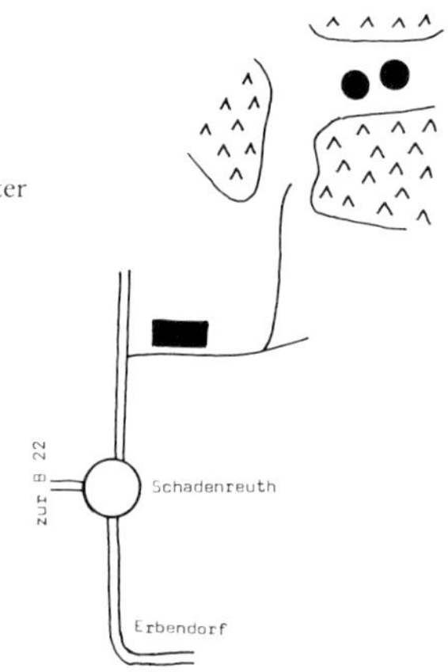

Auffällig an Blutwurst erinnert das Gestein von Lenau bei Kulmain. Dort ist der etwa 50 m starke Schlot eines Durchbruches nö des Dorfes, unmittelbar an der Bahnlinie, hervorragend aufgeschlossen. Wie schon angedeutet, tritt der Rhyolit dunkelrot auf und zeigt unregelmäßig geformte weiße Feldspat-Einsprenglinge. Es kommt aber auch eine gelbbraune Abart vor, die auf nachträgliche Verkieselung zurückzuführen ist. Schließlich finden wir am O-Rand des Aufschlusses intensiv grün gefärbte Partien. Einige weitere Durchbrüche in der unmittelbaren Umgebung sind kaum mehr zugänglich.
Der petrographisch interessanteste Rhyolit aber bildet den Zwillingsgipfel des Kornbergs bei Schadenreuth unfern Erbendorf. Man erreicht einen lohnenden Aufschluß an der Flurbereinigungsstraße

200 m oberhalb des Dorfes. Dort tritt ein dunkel- bis himmelblaues Gestein auf, in dem sich die weitgehend kaolinisierten Feldspäte klar begrenzt abheben. Zur Oberfläche zu wird das Material fahl, ja an einigen Stellen grell gelb. Es gibt aber auch völlig kaolinisierte weiße Massen, aus denen kleine Quarzkörnchen heraustreten.
Felsitisch, d. h. ohne Einsprenglinge, ist der Rhyolit von Rothenkirchen und Stockheim im Frankenwald ausgebildet. Im Flußgerölle trifft man am ehesten auf Belegstücke. → 355, 358, 411

Vitrophyr

Am W-Abhang des Kornberges hat man sogar Pechstein gefunden, der gleich Obsidian schwarz aussieht und völlig muschelig bricht. Leider gibt es davon weder Aufschluß noch Lesesteine.
Eine ähnliche vitrophyrische Varietät war vor Jahren in einem ehemaligen Granitbruch an der Thusmühle bei Röslau aufgeschlossen, wo sie wenige cm dicke Gänge im Granit bildete. → 359

Chalcedon

Mineralogisch bieten die Rhyolite lediglich Ausscheidungen von Gelquarz. In Lenau lag früher ein Gang frei, der gebänderten gelben bis roten Jaspis enthielt. Starker Hämatit-Gehalt verursachte flockige Zeichnungen darin. In der Mitte des insgesamt höchstens 5 cm breiten Bandes trat sogar Amethyst in mikroskopisch kleinen Kriställchen auf. Dunkelgrünes bis türkisfarbenes Plasma durchzieht den Gipfel des Kornberges bei Schadenreuth. Wennzwar der Gang nicht aufgeschlossen ist, lassen sich auf einem Acker am nw Hang jede Menge Bruchstücke davon finden. Oft sind die muschelig brechenden Stücke mit roten Einschlüssen übersät, so daß man durchaus von Heliotrop sprechen kann. Anschliffe dieser Chalcedone lohnen immer. → 357, 360

Kontaktbildungen

Die Kontakthöfe an den Granitplutonen prävariskischer Herkunft schufen die Kalksilikate. Darüber sprachen wir bereits. Ebenso erwähnten wir die von frühpaläozoischen Schiefern abzuleitenden Hornfelse, die durch die variskischen Granite eine Kontaktmetamorphose erfuhren. Dagegen müssen wir noch eine Kontakterscheinung erwähnen, die Frankenwald und Fichtelgebirge gleichermaßen betrifft. In der Umgebung von Gefrees begegnet nämlich der porphyrische Granit des Reuthberges obersilurischen Sedimenten.

Chiastolit

Dieses Vorkommen hat, weil es geradezu ein Schulbeispiel für die Wirkungen der Kontaktmetamorphose darstellt, eine gewisse Berühmtheit erlangt. Der an sich völlig homogen aussehende schwarze

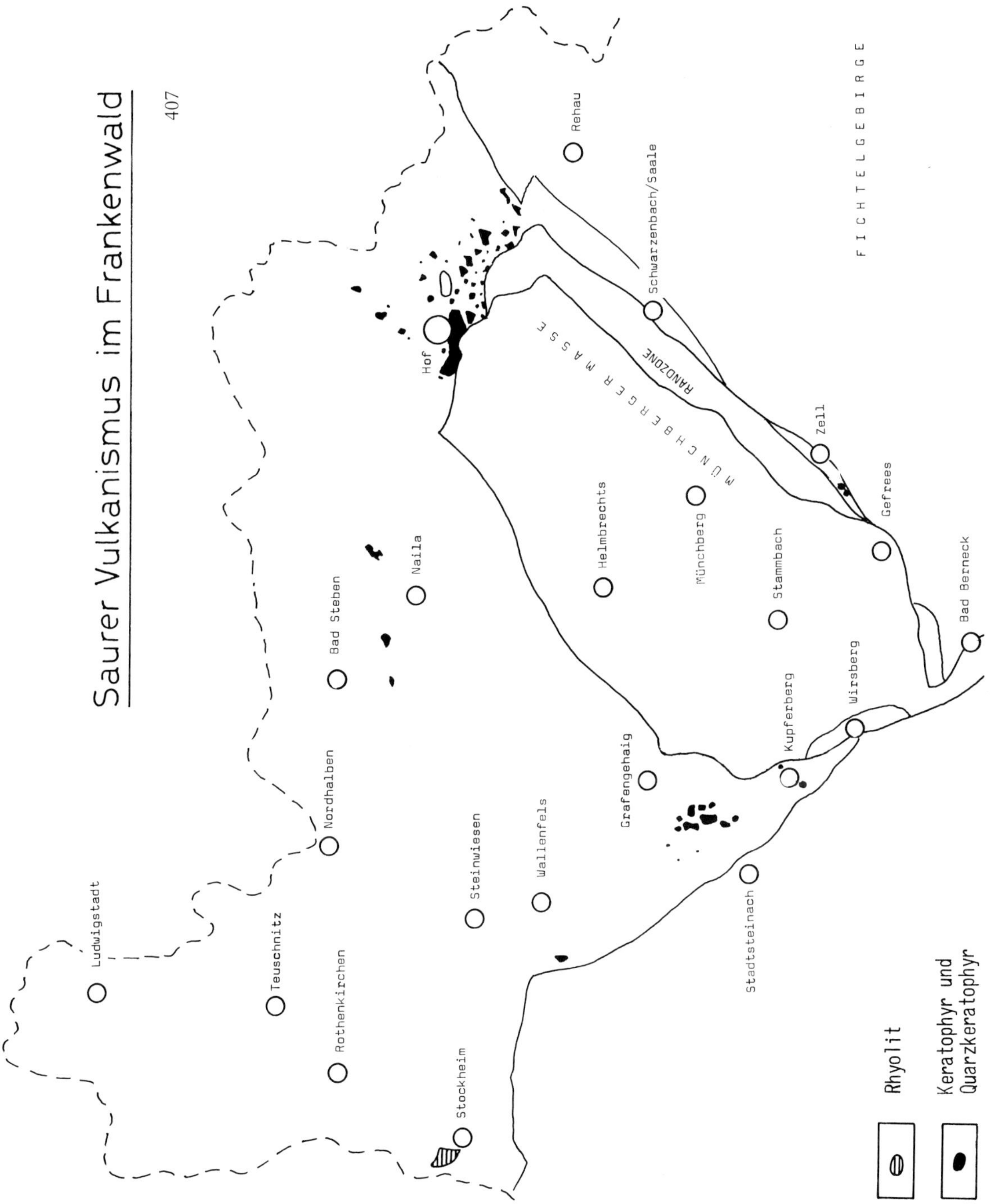
Saurer Vulkanismus im Frankenwald
407
Rehau
Schwarzenbach/Saale
FICHTELGEBIRGE
Hof
MÜNCHBERGER MASSE
RANDZONE
Zell
Gefrees
Helmbrechts
Münchberg
Stammbach
Bad Berneck
Naila
Bad Steben
Wirsberg
Kupferberg
Grafengehaig
Nordhalben
Steinwiesen
Wallenfels
Stadtsteinach
Ludwigstadt
Teuschnitz
Rothenkirchen
Stockheim
Rhyolit
Keratophyr und Quarzkeratophyr

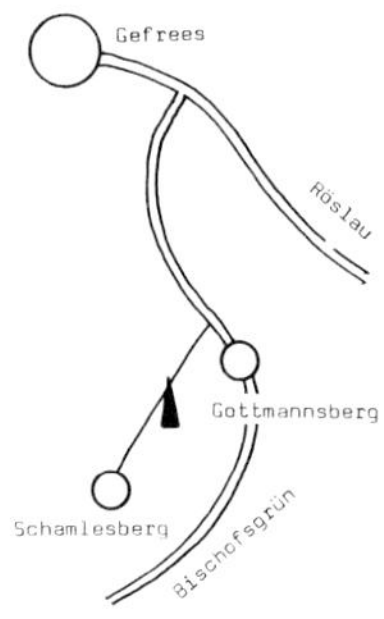

408
Oberhalb der Gemeindestraße zwischen Gottmannsberg und Schamlesberg sind am ehesten noch Lesesteine von Chiastolit zu finden.

Alaunschiefer erfuhr durch die Druck- und Temperaturerhöhungen, die die granitische Intrusion mit sich brachte, eine stoffliche und damit auch strukturelle Veränderung. Es bildeten sich weiße prismatische Andalusite, bis zu 3 mm stark und 20 mm lang. Sie liegen kreuz und quer im Gestein, kümmern sich nicht um die Schichtung und ignorieren auch die Kleinfältelung, von der der Schiefer stellenweise betroffen ist. Im Querbruch kann man die wirre Anordnung der Stäbchen besonders gut sehen. Oft kommt es dabei zu einer Überkreuzung. Interessanterweise sind die Kerne der Prismen unvollkommen auskristallisiert und daher noch schwarz. Man nennt dieses Gestein Chiastolitschiefer.

→ 54, 496

Es ist zur Zeit nirgends aufgeschlossen; dennoch findet man immer wieder Lesesteine davon, und zwar zwischen Gottmannsberg und Schamlesberg s Gefrees. Als vor Jahren der Verbindungsweg ausgebaut wurde, kamen große Platten davon zum Vorschein. Einige davon wiesen neben den Andalusitkristallen noch pfennig-große rote Hämatit-Flecken auf.

Fruchtschiefer

Hangaufwärts, oberhalb der Kreisstraße nach Bischofsgrün reicht der Kontakthof in untersilurische Phykodenschiefer, die bereits regionalmetamorph geprägt waren, bevor sie kontaktmetamorph verändert wurden. Diese Doppelwirkung gibt sich bereits äußerlich zu erkennen: das graugrüne schwachkristalline Gestein ist von kleinen Kernen übersät (2 – 3 mm groß), die unregelmäßig im Gestein liegen und keine Beziehung zur Schieferungsrichtung aufweisen. Es handelt sich dabei um Cordierit-Kriställchen in unvollkommener Ausbildung. Damit gleicht es strukturell dem allseits bekannten Fruchtschiefer von Theuma in Thüringen. Ein interessanter Fossilfund vor etlichen Jahren soll nicht unerwähnt bleiben: trotz der doppelten Metamorphose fand man im Fruchtschiefer noch das Fragment von Phycoden.

Korundfels

Erst vor wenigen Jahren wurde ein Gestein im Oberpfälzer Wald entdeckt, dessen Existenz hier niemand vermutet hätte, liegen doch vergleichbare Vorkommen erst wieder im Ural und in Übersee. Es handelt sich um ein Material, das aus Gabbro-Restschmelzen hervorgegangen sein dürfte und einer sog. Kontaktanatexis (= Wiederaufschmelzung) durch den Granit des Leuchtenberger Plutons unterworfen war. Überschüssiges Al-Oxid hat dabei Korund erzeugt. Dieses Material tritt in 1 – 2 mm langen, säulenartigen Kristallen auf, daneben kommen Ilmenit, Biotit, Hercynit, Cordierit und Granat vor. Hauptgemengteil stellt jedoch Plagioklas dar. Das recht feinkörnige, blaugraue Gestein liegt zusammen mit Gabbro- und Gneisfelsen in der Waldabteilung Point dicht an der Straße von Wildenau nach Plößberg, etwa 1,5 km vom letztgenannten Ort entfernt.

Vulkanische Durchbrüche

409
Hier bricht ein Basaltschlot durch den Granit. Ein sehenswertes Naturdokument am Wartberg bei Längenau (unterer Steinbruch). Hier kamen die herrlichen Zeolit-Stufen vor.

410
Der Pfeil weist auf die diskordante Einlagerung von Amphibolit im kambrischen Marmor. Steinbruch in Holenbrunn Nordseite.

411
Im Rhyolit-Schlot von Lenau wird nach Jaspis gefahndet, der in schmalen Gängen darin zum Vorschein kommt. An der hell getönten Stelle links steht grünes Ergußgestein an.

Perm

„Die Rotliegendvorkommen in N- und O-Bayern sind meist dem alten Gebirge vorgelagert, wo sie, durch jüngere Tektonik versenkt, von der Abtragung verschont blieben. Stellenweise greifen sie zungenförmig in schon präpermisch angelegten Senken noch ins alte Gebirge ein. Überall zeigt sich eine deutliche Diskordanz des Rotliegenden gegen das ältere Gebirge, z. B. bei Stockheim gegen das stark gefaltete Unterkarbon. Andererseits finden sich aber auch die Rotliegendschichten nicht mehr in söhliger Lagerung, sondern sind durch spätere Bewegungen schief gestellt worden. In Gegenden, wo das Rotliegende älteren Gesteinen, z. B. unterkarbonischen Grauwacken auflag, aber jetzt abgetragen ist, zeigt sich häufig eine intensive Rötung dieser älteren Gesteine, z. B. in der Gegend von Rothenkirchen. Es handelt sich hier wahrscheinlich um eine fossile Verwitterung zur Rotliegendzeit" (WURM).

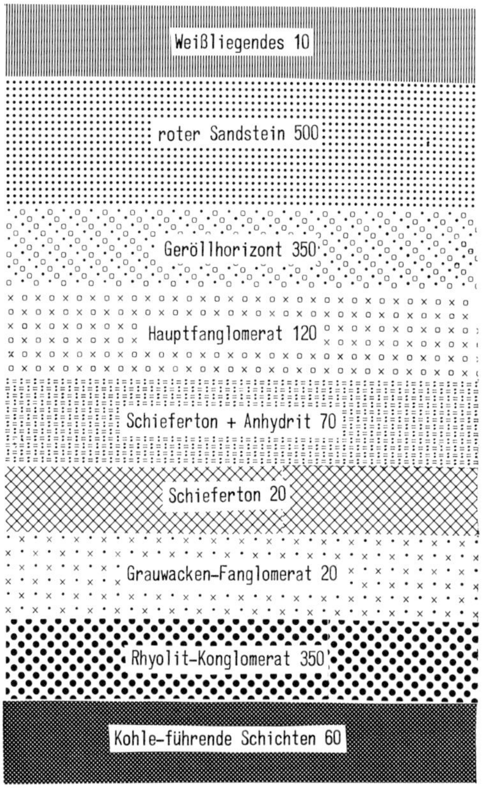

412
Stratigraphische Darstellung der Perm-Scholle in der Umgebung von Stockheim.

In dem von uns behandelten Gebiet unterscheidet man 5 Stellen mit anstehendem Perm: das Stockheimer Becken im Frankenwald, der Fichtelgebirgsrand bei Weidenberg, ein schmaler Zug bei Aigen unfern Kulmain, kleinere Schollen w Erbendorf und ein ansehnliches Areal um Weiden.

Nicht nur die festen Gesteine, auch die durch Verwitterung daraus hervorgegangenen Ackerböden sind intensiv rot gefärbt. Die roten Konglomerate des Stockheimer Beckens waren in mehreren Brüchen erschlossen; man gewann bis in unsere Tage Bausteine, wennzwar die Güte des Materials keineswegs an die der analogen Sernifite des Alpenraums reichte. Bei Weidenberg trifft man ausgedehnte Kiesgruben, in denen Permische Lockersedimente für Bauzwecke gewonnen werden. Die kurvenreiche Landstraße von Weidenberg nach Warmensteinach schneidet mehrfach steil stehende permische Tonschiefer an. Bei Kulmain treten kaum Festgesteine auf und auch im Erbendorfer sowie Weidener Gebiet verraten nur die tiefroten Tone und Erden die Abstammung des Bodens aus dem Perm.

Steinkohle

Bis in die 50er Jahre wurden die Steinkohlenflöze von Stockheim ausgebeutet. Sie traten völlig unregelmäßig in Mächtigkeiten von 2 – 4 m auf. Der hohe Lettengehalt beeinträchtigte die Güte der Kohle beträchtlich. Gelegentlich stellten sich sulfidische Paragenesen in kleinen Nestern ein mit Pyrit, Markasit, Kupferkies, Bleiglanz und Zinkblende. Die Kohlenasche erbrachte einen Gehalt an Molybdän und Germanium bis zu 1 %. Rund 70 Arten mehr oder weniger gut konservierter Versteinerungen aus Flora und Fauna waren bekanntgeworden, darunter Fische, Relikte von Sauriern und der Flügel einer Libelle.
Auch die Kohle zeigt eine Parallelität auf zwischen Frankenwald und Oberpfälzer Bergland: Bei Erbendorf (1 km w der Stadt) war bis gegen 1930 gleichfalls ein Abbau auf Steinkohle in Betrieb. Die Erschließung erreichte gegen Ende der Bauperiode in 120 m Teufe Flöze bis 2,00 m Stärke. Die Fossilführung war offensichtlich geringer als die von Stockheim.

Zechstein

Oberes Perm ist nur in einem schmalen Band bei Burggrub n Stockheim erschlossen. Dort treten weiße Sandsteine, schwarze Bitumenschiefer mit Malachit, hellgrauer Dolomit, graue Schiefertone, dunkle Schiefer mit Dolomitbänken, rote Kalkknollenletten, mergelige Plattendolomite und ganz oben rötliche Letten auf. Addiert ergibt sich ein Profil von annähernd 70 m.

Mesozoikum

Während des Erdmittelalters geschah im no-bayerischen Raum überhaupt nichts, was eine Urkunde im petrographischen oder mineralogischen Sinne hinterließ. Mit Sicherheit trügt die frühere Annahme, wonach unser Gebiet in dieser langen Epoche immer nur Abtragungs- und nie Sedimentationsraum war. Vielmehr sanken wir mehrfach unter den Meeresspiegel ab, tauchten dazwischen natürlich auch wieder auf. Vergleiche mit den Nachbarschollen Thüringen und Egerland, wo Mesozoikum oberflächlich noch existiert, legen die Vermutung nahe, daß das alte Gebirge von Buntsandstein und Muschelkalk überdeckt war. Für Keuper gibt es keine Anhaltspunkte. Im Lias scheint das Meer unseren Raum ziemlich überflutet zu haben, da heute am unmittelbaren Gebirgsrand keine Anzeichen für Küstennähe vorliegen. Im Kretaz hingegen überragten unsere inzwischen bereits stark denudierten Höhen den Meeresspiegel wieder. Geokratie und Marinokratie halten sich also ungefähr die Waage. Dennoch findet man nirgendwo im alten Gebirge mesozoische Auflagen, nicht einmal autochthone. Daraus folgt, daß eine sehr rege Abtragungstätigkeit während des Erdmittelalters geherrscht haben muß, die alles Vorhandene hinwegtrug. Darauf deuten ja auch die beachtlichen Sedimentmächtigkeiten zwischen 200

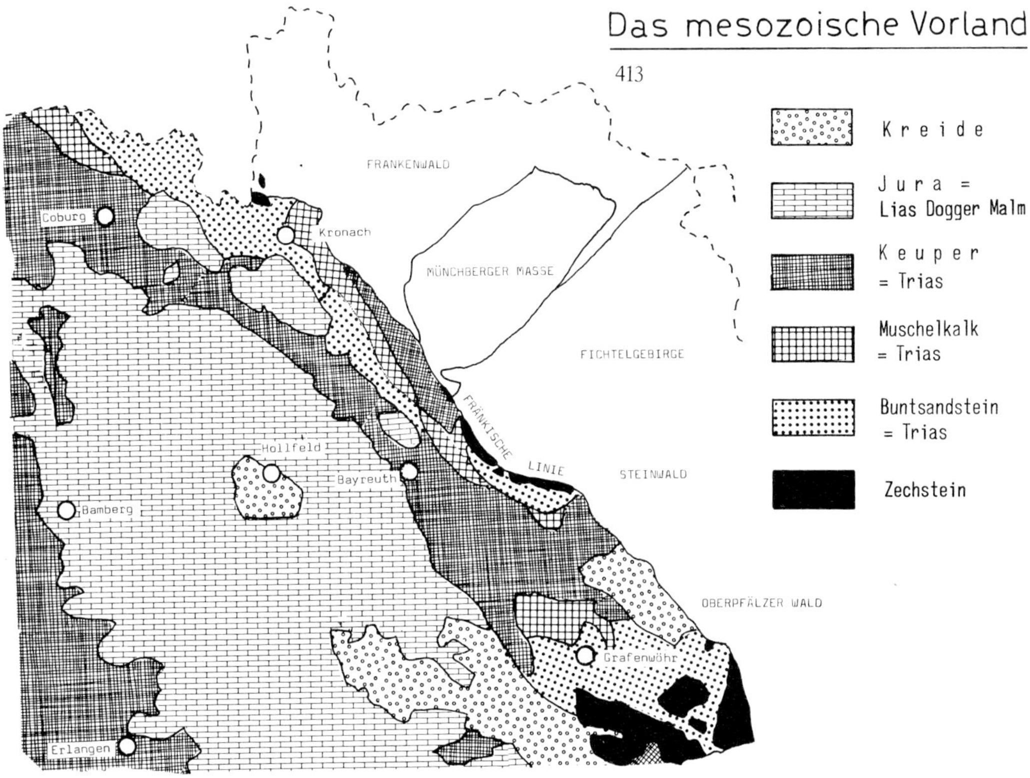

und 800 m im schwäbisch-fränkischen Schichtstufenland. Am Ende der Kreidezeit bestanden etwa dieselben Niveauverhältnisse wie heute.
Daher ist auch die Grenze zwischen altem Gebirge und Vorland, die Fränkische Linie, so klar ausgebildet. Erst im Tertiär nimmt unsere Erdgeschichte die Sequenz wieder auf, wobei kaum mehr Unterschiede zwischen den bisher so verschiedenen Landschaften auftreten. → 13

Tertiär

Bekanntlich herrschte in dieser Formation in ganz Europa tropisches bis subtropisches Klima. Darauf ist die tiefgründige Verwitterung zurückzuführen, deren Ergebnisse allenthalben festzustellen sind. Sie betrifft naturgemäß vor allem die Phyllite und Granite. An vielen Stellen erbohrte man Tiefenwirkungen bis 30 m. Aus dem Granit wird dann ein lockerer weißer Grus mit sehr viel Kaolin. Auch aus dem Schiefer bilden sich Tone, jedoch rote, braune und fast violette. Eigentliche Ablagerungen traten erst im Miozän auf. Es handelt sich durchwegs um Festlandsbildungen. Die Gesteine und Lockermassen des Tertiärs sind an vielen Stellen des Fichtelgebirges und Oberpfälzer Waldes aufgeschlossen; im Frankenwald und in der Gneismasse fehlen sie vollständig.

Tone

bilden seit langem Grundlage der vielen Ziegelei-, Klinker-, Tonwaren- und Kapselbetriebe. Zum Studium eignet sich am besten die große Grube in Steinmühle bei Waldsassen.

Kaolin

nicht oder nur wenig von färbenden Substanzen durchtränkt, wurde seit fast 200 Jahren in unzähligen Gruben übertag gewonnen und der ansässigen Porzellan- bzw. Schamottefabrikation zugeführt. Die Abbaustellen konzentrierten sich im Dreieck Selb, Thiersheim, Waldsassen. Heute sind noch Förderstellen w Waldershof, s Tirschenreuth und bei Wiesau in Betrieb.

→ 443

Die Hoffnung, die nordostbayerischen Kaolingruben könnten die einheimische Porzellanindustrie vollkommen versorgen, erwies sich bereits im letzten Jahrhundert als unzutreffend. Selbst unter Einbeziehung der ausgedehnten Lagerstätten bei Hirschau/Oberpfalz („Monte Kaolino") konnte seit dieser Zeit auf Importe aus der CSSR, England, Frankreich und Übersee nicht verzichtet werden.

Glagerit

gewann man in Bergnersreuth bei Thiersheim. Er tritt in weiß/gelb gesprenkelten derben Massen auf.

→ 390

Pseudophit

eine aus Pennin bestehende grüne Verwitterungsfolge von Granit, kommt am Strehlenberg n Marktredwitz vor. Im Kontakt mit Marmor fand man sogar pseudomorphe Feldspäte bis 8 cm Achse.

→ 393

Quarzbrekzie

gilt als einziges massives Gestein jener Periode. Er weist alle Übergänge zu Sandstein und zu grober Brekzie auf. Da als Bindemittel Limonit, stellenweise auch Hämatit auftritt, hat man das zähe Material früher sogar zu verhütten versucht. Zur Zeit steht kein fester Fels davon an, wohl aber bezeugen die vielen im Lehm eingelagerten Brocken die weite Verbreitung dieses Steines in den tertiären Flächen. Wegen seiner stratigraphischen Stellung in Liegenden der Braunkohle nannte man das Gestein auch *Braunkohlensandstein.* In den Wäldern ö Zirkenreuth und an den Teichen rings um Schönfeld n Wiesau liegen ansehnliche Stücke umher. In der Dorfmitte von Schönfeld steht sogar eine Andachtskapelle, die ganz aus dem braunen Stein errichtet ist. Im W von Waldershof kommt der gleiche Horizont überdies in ganz lichter gelblicher Tönung vor; Aufschlüsse gibt es aber dort nicht.

→ 363, 456, 494

Braunkohle

bildet stellenweise ansehnliche Flöze, so bei Schirnding, unmittelbar am Grenzübergang. Das Flöz erreicht 7 m Mächtigkeit und besteht größtenteils aus Lignit. Das dunkelbraun bröckelige Material hat man nur in Kriegszeiten dem Hausbrand zugeführt. Heute mischt man es dem Lehm unter und brennt daraus Ziegel, die sich durch eine hohe Porosität auszeichnen, bewirkt vom Innenbrand der Kohlepartikel. Den Mineralogen interessieren in Schirnding die Kristalle von

Gips

Sie entstanden durch Vitriolisierung der ehemals reichlich vorhandenen Markasit- und Pyritkonkretionen. Die äußerst flächenreichen Mehrlingsbildungen, auch große fast armdicke Schwalbenschwanz-Kristalle traten früher nach jedem Regenguß an der SW-Ecke der Grube massenhaft zutage. Heute haben die Scharen von Steinsammlern, die voll Optimismus in das Grubengelände kommen, die Erosion praktisch schon vorweggenommen, indem sie an den möglichen Fundpunkten das Flöz bis fast 1 m Tiefe durchwühlen. Besonders begehrt waren die kleinen glasklaren büschelartigen Verwachsungen. Eingewachsener schwarzer Kohlenmulm beeinträchtigt oft die Schönheit der großen Individuen. Beide Typen zeigen, sofern sie längere Zeit frei daliegen, bald ausgewaschene Oberflächen und gerundete Kanten. In Richtung der kleinen Achse lassen sich die Kristalle hervorragend spalten, wodurch sich eine spiegelglatte Innenfläche ergibt. → 389

Weitere Braunkohlen wurden am n und s Rand des Steinwaldes periodisch abgebaut:

- *Rudolf* und *Sattlerin* bei Fuchsmühl
- *Zottenwies, Schindellohe, Rehbühl* bei Waldershof
- *Thumsen-Zeche* bei Bayerischhof unfern Friedenfels
- *Zeche Hindenburg, Carolus-Zeche* und *Freundschaft* bei Schirnding

Blätterkohle

Die Zechen *Eduard* und *Treue-Freundschaft* an der Klausen, Gehöft des Ortes Haid bei Seußen, dienten bereits im 17. Jahrhundert zur Gewinnung von Alaun. Es handelt sich hier um eine stark geschieferte, blätterige Kohle, die aber vermutlich nicht deshalb ihren Namen erhielt, sondern wegen des reichlichen Auftretens von fossiler Flora, eben vorwiegend Blättern. Daneben fand man Früchte, eine reiche Süßwasserfauna und natürlich analysierfähige Pollen. Die angeblich 40 m mächtige Lage zog seit jeher Forscher an; sogar GOETHE hat hier schon geschürft. Heute wird vom Grundstückseigentümer die Genehmigung zum Graben kaum mehr erteilt werden können. → 392

Mikrominerale im Basalt

Daß diese durch die Stereolupe aufgenommenen Kristalle nur schwarzweiß abgebildet sind, ist kaum ein Mangel, denn sie weisen keine charakteristische Färbung auf. Fundort für alle 6 = Teichelberg.

414
Thomsonit
□ 7 → 237

415
Chabasit
□ 2,8 → 237

416
Apophyllit
□ 2,8 → 233

417
Phillipsit
□ 7 → 237

418
Gismondin
□ 2,8 → 237

419
Montmorillonit, pseudomorph nach Gismondin
□ 4,5 → 236

414

417

415

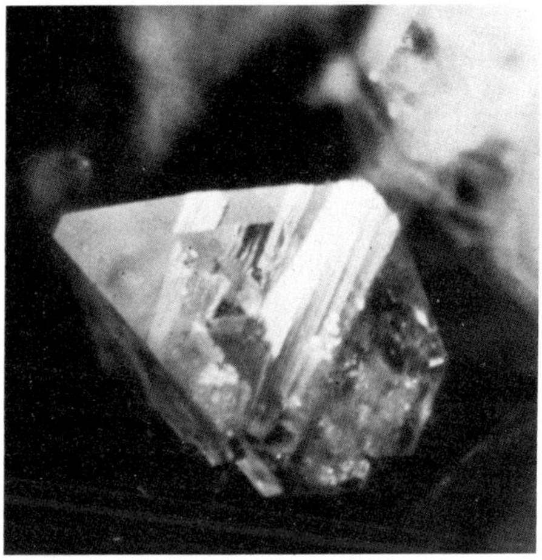

418

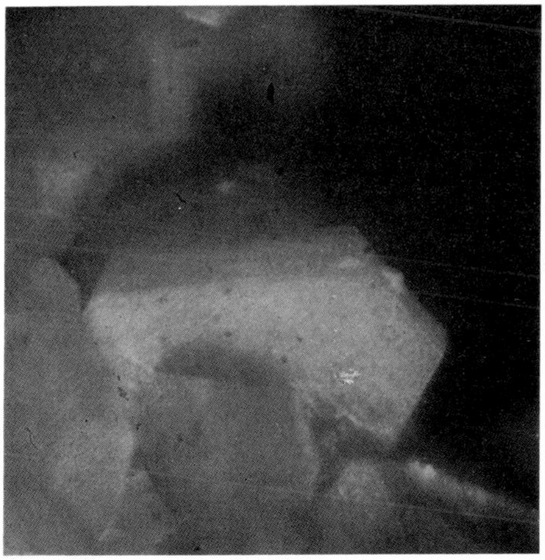

416

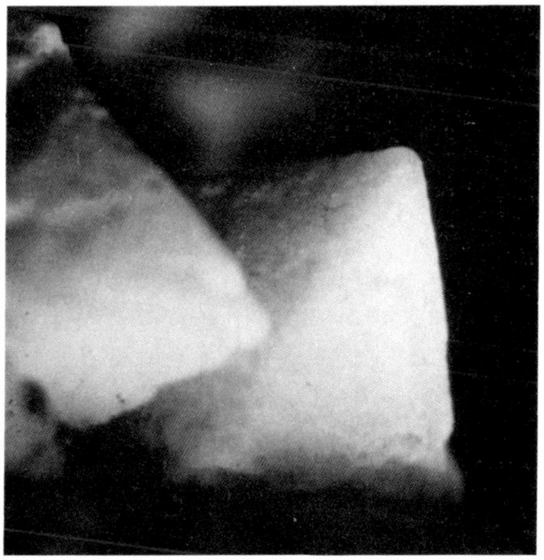

419

Basaltvulkanismus

Im Tertiär vollzogen sich die weltweit wirkenden alpiden Gebirgsbildungen, denen nicht nur die mitteleuropäischen Alpen, sondern ziemlich alle heutigen Hochgebirge zu verdanken sind. Sie brachten auch in die außerhalb der Orogene gelegenen Räume beträchtliche tektonische Unruhe, was wiederum Anlaß für rege Effusivtätigkeit bedeutete. Der von Innerböhmen sw-wärts bis zum Hegau und nwwärts zum Westerwald reichenden Vulkankette gehören auch unsere Basaltdurchbrüche an.

Nach WURM handelt es sich um ,,Zentraleruptionen, und zwar gemischte Vulkanbauten, bei denen Explosiv- und Effusivphasen verschiedentlich miteinander abwechselten . . . dabei ist die Gangform häufiger vertreten. Zum Teil waren es wohl echte Spaltenergüsse, d. h. voneinander getrennte Durchbrüche, deren lineare Anordnung auf einen gangförmigen Vulkanherd in der Tiefe schließen läßt.'' Allgemein nimmt man für die Ausbruchstätigkeit im Fichtelgebirge und der nördlichen Oberpfalz sarmatisches Alter an; lediglich der Kammerbühl bei Eger mag im Pleistozän gespuckt haben.

Wir erkennen Lavadecken, die bis zu 50 m dick werden können, und Vulkanschlöte, die sich als Härtlinge aus der weiteren Umgebung herauspräpariert haben. Die ehemaligen Krater sind längst abgetragen; allerdings vermutet man von einigen Basaltgängen, daß sie die Oberfläche nicht erreichten. Oft stellen sich prächtige Säulenbildungen ein, deren Richtung rechtwinklig zur Abkühlungsfront steht. In Zinst erreichten sie 1 – 2 m Dicke; am Parkstein dagegen nur 10 – 30 cm. Dabei entstehen im Grundriß jene Formen, die sich bei möglichst großer Eckenzahl noch lückenlos schlichten lassen. Daher das Sechseck im Idealfall. Hinsichtlich der strukturellen Ausbildung unterscheiden wir 5 Typen:

dichter Basalt

Homogen anmutendes, ungemein zähes, beim Abschlagen unberechenbar splitterig und muschelig springendes Gestein von blauschwarzer Farbe. Die Gemengteile messen weniger als 0,1 mm. Allerdings treten nicht selten Einsprenglingskristalle bis zu mehreren cm Größe darin auf. Heute wird nur dieser Typ als Schotter gebrochen. Es ist das Gestein der Deckenergüsse und Schlöte und nur in ihm macht sich die Säulenbildung bemerkbar.

→ 227, 409

Minerale im Basalt

Auf dieser Tafel sind 6 Minerale abgebildet, die durchwegs kugeligen, meist radialstrahligen Habitus besitzen. Daher bereitet die Bestimmung oft erhebliche Schwierigkeiten, wenn man die Stufe nicht aufbrechen möchte. Die durchwegs weiße bis farblose Tönung erschwert das Erkennen abermals.

420
Calcit, Teichelberg
□ 7 → 233

421
Thomsonit, Teichelberg
□ 8 → 237

422
Hyalit, Zinst
□ 25 → 236

423
Calcit, Teichelberg
□ 7 → 233

424
Natrolit, Längenau
□ 23 → 237

425
Natrolit, Teichelberg
□ 7 → 237

420

423

421

424

422

425

Basalttuff

Ein Sediment aus vulkanischem Niederschlag. Man erkennt es an seiner dunkleren, fast schwarzen Farbe und der unregelmäßig holperigen Bruchfläche. Häufig sieht man Andeutungen von Partikelgrenzen und Hohlräume, die nicht selten mit gelbem Mineralmulm gefüllt sind. Dennoch muß man sich wundern, daß eine Spanne von nur 11 Millionen Jahren genügt hat, den Trümmercharakter weitgehend zu verwischen. Früher baute man auch diesen Typ ab. Man trifft ihn als Saum oder weiträumige Umgebung des dichten Basaltes vor allem bei den ö Vorkommen an;

Ignimbrit

Gluttuff, Niederschläge vorwiegend kristallisierter Massen, aber ebenso fest zusammengebacken wie der amorphe Tuff, daher von diesem äußerlich kaum zu unterscheiden. Man kennt nur ein gesichertes Vorkommen, nämlich den Silberrangen bei Groschlattengrün, der heute überwachsen ist;

Bombentuff

sei nur informativ erwähnt, da er auf CSSR-Gebiet, unmittelbar an der Landesgrenze bei Boden/Neualbenreuth, auftritt;

poröse Lava

ist hier verhältnismäßig selten, im Vergleich zu anderen Basaltgebieten. Schaumige Partien wurden hin und wieder in Triebendorf beobachtet, wo die Poren kaum mehr als 2 mm ∅ aufweisen. In Zinst traf man vor gut einem Jahrzehnt große Felsen eines schwammigen Gefüges an, dessen Porosität sicher über 30 % betrug. Die länglichen Hohlräume bis 2 cm Ausdehnung besaßen eine gelbe Auskleidung.

→ 361

Minerale im Basalt

426
Während große Natrolit-Stufen oft irreparabel verschmutzt, häufig auch abgestoßen oder geradezu „glattrasiert" sind, kommt die Schönheit dieses Minerals (hier aus Längenau) bei Vergrößerung erst richtig zur Geltung.
□ 10 → 237

427
Prisma von Nephelin mit eingewachsener Apatit-Nadel. Zinst.
□ 2,8 → 233

428
Magnetit, als Gemengteil immer vertreten, findet sich nur höchst selten idiomorph aufgewachsen. Zinst.
□ 2,8 → 233

429
Das Nebenstehende gilt ebenso für Aragonit, der sogar noch empfindlicher ist, weil seine in alle Richtungen zielenden Nadeln größere Abstände aufweisen. Ein Fund vom Teichelberg.
□ 7 → 237

430
Phillipsit (Teichelberg) bildet, meist in Gesellschaft mit anderen Zeolithen, weiträumige Kristallansammlungen.
□ 30 → 237

431
In den weißen Verwitterungskrusten von Natrolit treten die dunkelgrünen Nadeln von Diopsid deutlich hervor. Teichelberg.
□ 55 → 233

426

427

428

429

430

431

Hinsichtlich des Chemismus stellt man gleichfalls mehrere Typen fest. Hierbei ist eine Unterscheidung mit bloßem Auge völlig ausgeschlossen, einerseits wegen des so feinen Gefüges, andererseits weil bei der Vormacht von Pyroxen die weiteren kritischen Gemengteile kaum hervortreten.

Feldspatbasalt

also ein „eigentlicher" Basalt, der noch 44 % Kieselsäure enthält. Nach dem Modalbestand aufgeschlüsselt ergeben sich 60 % Pyroxen, 20 % Plagioklas (Andesin bis Labradorit), 10 – 15 % Olivin mit Verwitterungsprodukten und einem Rest aus verschiedenen Erzen, nämlich Magnetkies, Ilmenit, Pyrit, Kupferkies, Arsenkies, Bornit, Vallerit, Idait, Covellin und Pentlandit. Daneben kommen mit zusammen etwa 2 % vor: Rutil, Anatas und zuweilen auch Apatit. In den Olivin-Kristallen ist ferner ein 5 %-Anteil Chromit enthalten. Stellenweise zeigt sich glasige Ausbildung. Basalte von diesem Typus treten in Steinmühle und Umgebung, in Triebendorf bei Wiesau und am Parkstein auf.

Nephelinit

also eigentlich kein „Basalt"! Da er äußerlich, in seinen Eigenschaften und in seiner Entstehungsgeschichte, vom (echten) Basalt nicht zu unterscheiden ist, gebraucht man im Fachschrifttum auch weiterhin den Begriff Basalt. Nach IUGS-Nomenklaturreform tritt dann die Bezeichnung Nephelinit ein, wenn mindestens 66 % der Tektosilikate aus einem Foid (Feldspat-Vertreter) bestehen. Dies ist hier gut der Fall, denn im Gesamtansatz des Gesteins stehen 25 % Nephelin, 55 % Pyroxen, 15 % Olivin und 5 % Akzessorien gegenüber. Aus diesem Material sind der Armesberg, Waldecker Schloßhügel, Anzenberg und der Deckenerguß von Rotenhof bei Zinst aufgebaut.

Nephelinbasalt

nimmt eine Art Mittelstellung ein, wobei sich im idealen Fall Plagioklas und Nephelin die Waage halten. Der Feldspat ist etwas basischer; also nur Labradorit. Diese Zusammensetzung gilt für den Teichelberg und den Rauhen Kulm.

Dendriten

432
Kleine Mangan-Sterne auf Calcit von der Johanneszeche.
☐ 50 → 43

433
Calcit-Kruste im Basalt mit braunen Eisen-Dendriten. Teichelberg.
☐ 11 → 233

434
Grazile Formen trifft man immer wieder im Steatit der Johanneszeche an.
☐ 80 → 51

435
Winzige Verästelungen auf Chalcedon im Serpentinit. Daneben Kristalle von Topazolit. Wurlitz.
☐ 20 → 158

436
Dicke grobgliederige Dendriten im Granit vom Fuchsbau.
☐ 80 → 203

437
Platten übersät mit braunen und schwarzen Dendriten gibt es massenhaft im Dolomitmarmor von Sinatengrün.
☐ 200 → 47

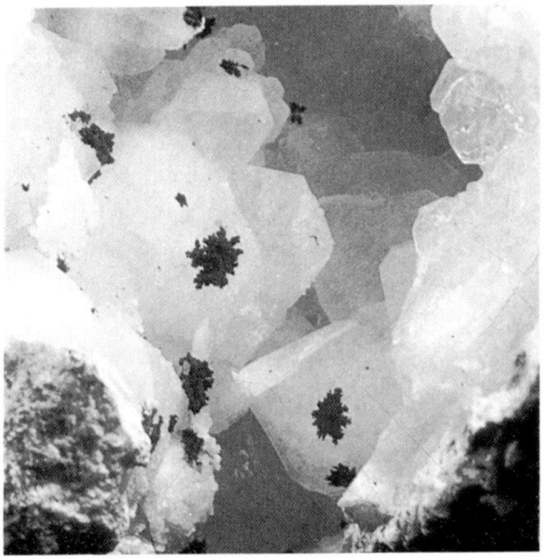
432

435

433

436

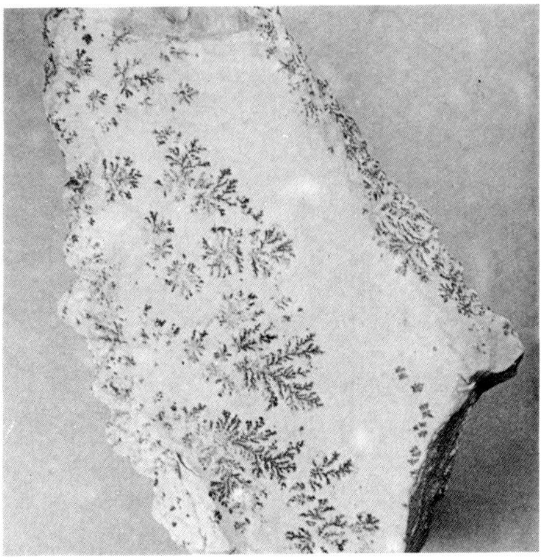
434

437

Limburgit

mit einem merklichen Gehalt an Melitit, der selbstverständlich nur im Dünnschliff observiert werden kann und nie als mineralische Ausscheidung heraustritt. Kommt lediglich am Wartberg bei Längenau vor.

Sonnenbrenner

Dies ist kein eigentliches Gestein, sondern eine petrologische Erscheinung, die foidische Ergußgesteine des öfteren betrifft. Bereits vor Jahrhunderten traf man immer wieder „Basalt"-Brocken an, die im Gegensatz zu den üblichen sehr körnig ausgebildet und fleckig sind. Sie weisen eine geringe Festigkeit auf, zerfallen unter Umständen sogar durch einen einzigen Hammerschlag in lauter kleine Krümel (etwa vergleichbar mit dem Zerbersten einer Autoscheibe aus Sicherheitsglas beim Auffliegen eines Steinsplitters). Man meinte, die Sonneneinstrahlung trage die Schuld an der schlechten Kornbindung des Steins. Heute kennt man die wahre Ursache: Den Fels durchzieht ein Gemasche von Leucit-Schlieren, die in ihm gewissermaßen einen Körnerverband vorprogrammieren. An die Erdoberfläche gelangte Partien nehmen Feuchtigkeit auf, wobei Analcim Kristallwasser bindet und durch Volumenzunahme den Verband sprengt. Im Chemismus stehen die Sonnenbrenner einem Tephrit nahe.

Im Steinbruch Rotenhof bei Zinst kann man die körnigen Nephelinite in Menge finden, sie fallen neben der Oberflächenstruktur durch ihre schwach bläuliche Färbung auf. Diese ist vermutlich eine Folge der Analcim-Zersetzung, wobei Kieselgallerte frei wird.

Eine stattliche Zahl von Basaltvorkommen diente früher und die größeren heute noch der Gewinnung hochwertigen Straßenbaumaterials, das täglich durch viele Sprengungen freigelegt, dann mit modernsten Maschinen gefördert, gebrochen und teilweise gleich mit Bitumen versetzt wird. Daher dürfte es auch in den nächsten Jahrzehnten für Sammler noch lohnende Aufschlüsse geben, die eine Reihe interessanter Minerale enthalten. Allerdings sind gerade jene Steinbrüche erschöpft oder aufgelassen, die sich durch besonders schöne Stufen auszeichneten. Die weitaus meisten Mineraleinschlüsse entstammen der hydrothermalen Phase, ausgenommen die beiden zuerst genannten, die sich liquid-magmatisch bildeten. → 362

Mineralisation in den Basalten

Titanaugit
kommt in allen Brüchen vor. Braunschwarze, stufig spaltende Kristalle von oft ansehnlicher Größe, jedoch völlig mit der Matrix verwachsen, so daß äußere Flächen nicht freiliegen. In Drusen tritt Augit nie auf, daher für die nach ästhetischen Gesichtspunkten Sammelnden nicht lohnend.

Olivin
ist gleichfalls innig eingewachsen, und zwar in Knauern bis 10 cm Ø, innerhalb derer dunkel- bis hellolive, seltener braunolive Kristallite von wenigen mm Größe ein mehr oder weniger festes Gekörne bilden. Die hübschen Gebilde kann man in Zinst massenhaft finden. Besonders gut erkennt man den Aufbau der Partikel im Anschliff. Beginnende Verwitterung zeigt sich an der unterschiedlichen Färbung der Körner, die vorwiegend lindgrün werden, wobei aber immer einzelne noch leuchtend grün bleiben → 375
Weitere Zersetzung führt zu

Iddingsit
Gelbe bis grüne, selten auch bläuliche oder orange Massen, gleichfalls recht häufig in Knauern des dichten Nephelinits. Recht bröckelig. → 378

Calcit
gilt als häufigstes Drusenmineral. Es weist aber nie rhombischen Habitus auf, sondern ist grundsätzlich skalenoedrisch ausgebildet, wobei sich die Einheiten zu Halbkugeln formieren, die wie kleine Igel in Drusenwänden nisten. Dadurch fällt die Unterscheidung gegenüber Natrolit und Aragonit schwer (sofern man die Bestimmung nicht durch Säureproben unterstützt). Wenn die genannten runden Gebilde abbrechen, bleiben konzentrische „Fundamente" auf der Matrix stehen. Früher sah man diese als eigenes Mineral an. Im übrigen ist es durchaus denkbar, daß ehemalige Aragonite (ein relativ instabiles Mineral) unter Beibehaltung ihrer Tracht in Calcit übergegangen sind, eine Umkristallisation, die sich nur röntgenoptisch nachweisen läßt.
→ 369, 420, 423, 433

Magnetit
Obwohl steter Bestandteil der Basalte und Nephelinite, tritt dieses Erz idiomorph höchst selten, und dann auch nur im mikroskopischen Format auf. Seine Oktaeder finden sich in Drusen und auf Klüften. → 428

Ilmenit
Als akzessorischer Gemengteil reichlich vertreten, als idiomorph ausgebildeter Kristall jedoch nur sehr selten in Drusen bei starker Vergrößerung zu beobachten, vor allem in Zinst. → 465

Apophyllit
gab es gelegentlich in Längenau: graue tafelige oder dipyramidale Kristalle.
→ 383, 416

Offretit
Erst 1975 für hier entdeckt. Kommt zuweilen in Drusen des Teichelberges vor, wo die winzigen grauen Fasern zwischen Chabasit und Biotit hervorschauen.
→ 373

Nephelin
vom Teichelberg. Sehr selten in winzigen kurzsäuligen Kriställchen. → 427

Diopsid
sitzt zuweilen in Natrolit-Rasen; kleine grünliche Säulen. → 374, 431

Osumilit
Dieses kompliziert aufgebaute Mg-Fe-Silikat, das dem Cordierit gleicht, ist auch erst in jüngster Zeit für unser Gebiet entdeckt worden. Davon kommen in Drusen des Nephelinits von Zinst grünblaue, kantengerundete Doppelpyramiden vor, zusammen mit Calcit und verschiedenen Zeolithen. → 376

438
Bei der Ortschaft Grasseman kann man im Hochmoor ein Bad nehmen.

439
Ein Gedenkstein erinnert an die Entdeckung des Eisensäuerlings von Alexandersbad.

Känozoische Bildungen

440
Mehrere Meter mächtige Lagen von Torf stehen an der Seelohe bei Fichtelberg an. Die Erhebung zum Naturschutzgebiet berechtigt zur Hoffnung, daß auch die ökotypische Flora erhalten bleibt.

441
Der Eisensäuerling im Torfmoor der Seelohe beim Fichtelsee.

442
Blick in den Brunnenschacht der Kondrauer Mineralquelle. Mehrere Säuerlinge Nordostbayerns werden gewerblich genutzt.

443
Die Kaolingrube am Kreuzweiher zwischen Waldershof und Pullenreuth.

Nakrit
lagert als weiche grüngraue Masse in Zwischenräumen der Basalte aller Orte.

Wolchonskoit
ist gleichfalls an mehreren Stellen beobachtet worden. Die Unterscheidung gegenüber den anderen weichen Mineralien läßt sich nur auf chemischem oder röntgenoptischem Weg treffen.

Magnalit
ein Gemenge verschiedener Al-haltiger Hydrosilikate, bildet günlichgraue, weiche, amorphe Einlagerungen in allen Basalten.

Montmorillonit
Überall häufig als erdige weiße Kruste.
→ 419, 463

Phosphorit
Dieses weiße bis gelbliche Mineralgemenge verdankt seine Entstehung P-haltigen Tiefenwässern, die die Zwischenräume der Basaltsäulen, zuweilen auch Drusenhohlräume, ausfüllen. In Triebendorf gab es einen 50 cm breiten Gang; in Steinmühle traten größere Anhäufungen im zersetzten Basalt auf; am Steinwitzhügel durchziehen unzählige bis 3 cm starke Gänge den Basalt und bei Fuchsmühl sind angeschwemmte Phosphoritmassen in den Umgebungssedimenten in beträchtlicher Verbreitung festgestellt worden.
Die weite Verzettelung der Lagerstätten machten eine Förderung indiskutabel.

Limonit
im Zuge der Basalteruptionen entstanden, bildete ansehnliche Lagen in den Tuffen und in Nachbargesteinen. Um 1700 bestanden darauf verschiedene Zechen, vor allem:

- *Sattlerin* bei Fuchsmühl
- *Pechofen* und *Zottenwies* bei Pilgramsreuth
- *Rudolphzeche* bei Herzogöd
- am Schloßberg bei Waldeck.

Psilomelan
war in Steinmühle nicht selten. Er bildete nierige Krusten und mulmige Zwischenlagen. Der Mn-Gehalt mancher Basalte zeigt sich auch in Form von Dendriten, die sich rosettenartig immer auf den bläulichen Bruchflächen des Sonnenbrenner-Typus zeigen.

Tridymit
Erst seit jüngster Zeit von Zinst bekannt. Dieser raumgittermodifizierte Quarz kommt in Form winziger hexagonaler Plättchen in Drusen mit Karbonaten und Zeoliten vergesellschaftet vor. → 367

Hyalit
ist die interessanteste Gelquarzbildung in den Basalten. Das transparente amorphe Mineral bildet Überzüge, die an Vereisung erinnern. Randpartien erscheinen infolge von Lufteinschlüssen weiß; auch Gelbfärbung durch Limonit kann beobachtet werden. Unter dem Mikroskop erkennt man auch stalaktitische Formen. Die NW-Ecke im Bruch Zinst war kurz nach dem II. Weltkrieg für gute Funde bekannt; heute glücken solche nur gelegentlich.
→ 370, 422

Porzellanjaspis
kam am Parkstein in violetten bis hellgrauen, zuweilen auch grünlichen faustgroßen Einlagerungen vor. Sicherlich handelt es sich dabei um eingeschmolzene Si-reiche Partien des Nachbargesteins.
→ 371, 378

Aragonit
ist mit bloßem Auge nicht immer als solcher zu erkennen. Es muß hier grundsätzlich erwähnt werden, daß fast alle Basaltminerale farblos auftreten, weswegen die Feldbestimmung Schwierigkeiten bereitet. Unter dem Mikroskop bzw. der stereoskopischen Lupe geben die Kristallformen natürlich genügend Anhaltspunkte für Identifizierung. Argonit wurde in Triebendorf in Form riesiger Sonnen auf Kluftflächen angetroffen, kommt aber auch in den anderen Steinbrüchen als Drusenmineral vor, wobei es gleich Calcit zur kugeligen Anordnung neigt. Häufig sieht man auch nur weiße Überzüge.
→ 381, 429, 461, 464

Natrolit
bildet gleichfalls radialstrahlige Gebilde von weißer, mitunter leicht gelblicher Färbung. Die einzelnen Strahlen können sich dabei zu Halbkugeln verdichten; man fand, vor allem in Längenau, aber auch kronenartige Gebilde, deren Einzelsäulen bis zu 2 cm angewachsen waren. Die ehemals so berühmte Fundstelle am unteren Steinbruch des Wartberges wird nie mehr etwas liefern können: der Betrieb ist eingestellt und die Basaltdurchbrüche stehen unter Wasser. → 379, 424, 425, 426

Phillipsit
wird neben Natrolit wohl der häufigste Zeolit sein, der besonders am Teichelberg immer wieder zu finden ist, wenn auch nur in Kristallen kaum über 1 mm. Es treten dabei ausschließlich Mehrlingsbildungen in allen nur erdenklichen Kombinationen auf, sogar Durchkreuzungen, die bei Auffüllung der Winkelzwischenräume ein Pseudorhombendodekaeder ergeben.
→ 380, 417, 430, 466

Gismondin
Seine Pseudooktaeder trifft man in Gesellschaft mit anderen Zeoliten auf der obersten Sohle des Teichelbergs an.
→ 384, 418

Thomsonit
erscheint in Form kugeliger Gebilde mit abgestufter Oberfläche, was auf die unterschiedliche Länge der radial angeordneten Prismen zurückzuführen ist. Nur am Teichelberg. → 414, 421

Chabasit
Steile Rhomboeder mit Durchkreuzungserscheinungen von weißer, häufiger aber hellgrauer Farbe. Meist sitzen die kleinen Kristalle in Drusen auf einem grünlichen Verwitterungsgrund, der durch die Chabasite schimmert. → 415

Kascholong
Immer wieder tauchten in den Basaltrevieren leuchtend weiße, an den Rändern auch milchig-trübe Einlagerungen auf, die an Milchglas oder Porzellan erinnern. Auch hier handelt es sich um einen Gelquarz, um Kascholong, wie ihn das Schmucksteingewerbe bezeichnet. Erst vor wenigen Jahren stieß man beim Straßenbau an der Einöde Ochsentränke zwischen Haid und Groschlattengrün auf ein ganzes Feld von Bruchstücken dieses herrlichen Minerals, von dem inzwischen schon manche Cabochons gefertigt wurden. Auch dieses dürfte durch Einschmelzung entstanden sein.
→ 368

Kontakte
Überhaupt beobachtet man Nebengesteinseinschlüsse in recht vielseitiger Ausbildung. Granitbrocken bis m^3-Di-

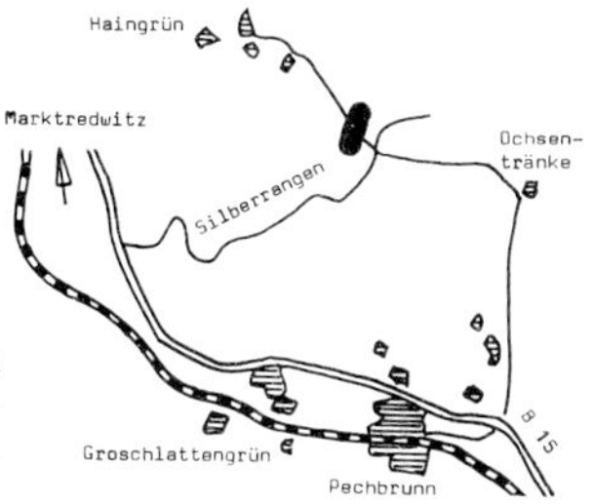

444
Der schwarze Fleck bezeichnet das Fundgebiet von Milchopal

mensionen, Phyllitfetzen und jenseits der Fränkischen Linie auch Keupersandsteine traten auf. Diese Einschlüsse waren natürlich recht mürbe und wiesen immer die charakteristische Rötung auf. „Wohl das großartigste Beispiel", schildert WURM, „für solche Einschlüsse bietet der Schlot des Kühhübels bei Neustadt am Kulm, wo über mannsgroße Schollen eines weißen, verglasten quarzitähnlichen Gesteins im Magma schwimmen und der Basalt mit kleinen und kleinsten Stücken dieser Fremdkörper durchspickt ist." → 365
Ebenso beeindrucken die Kontaktstellen. Einerseits zeigen sie ein abruptes Anein-

445

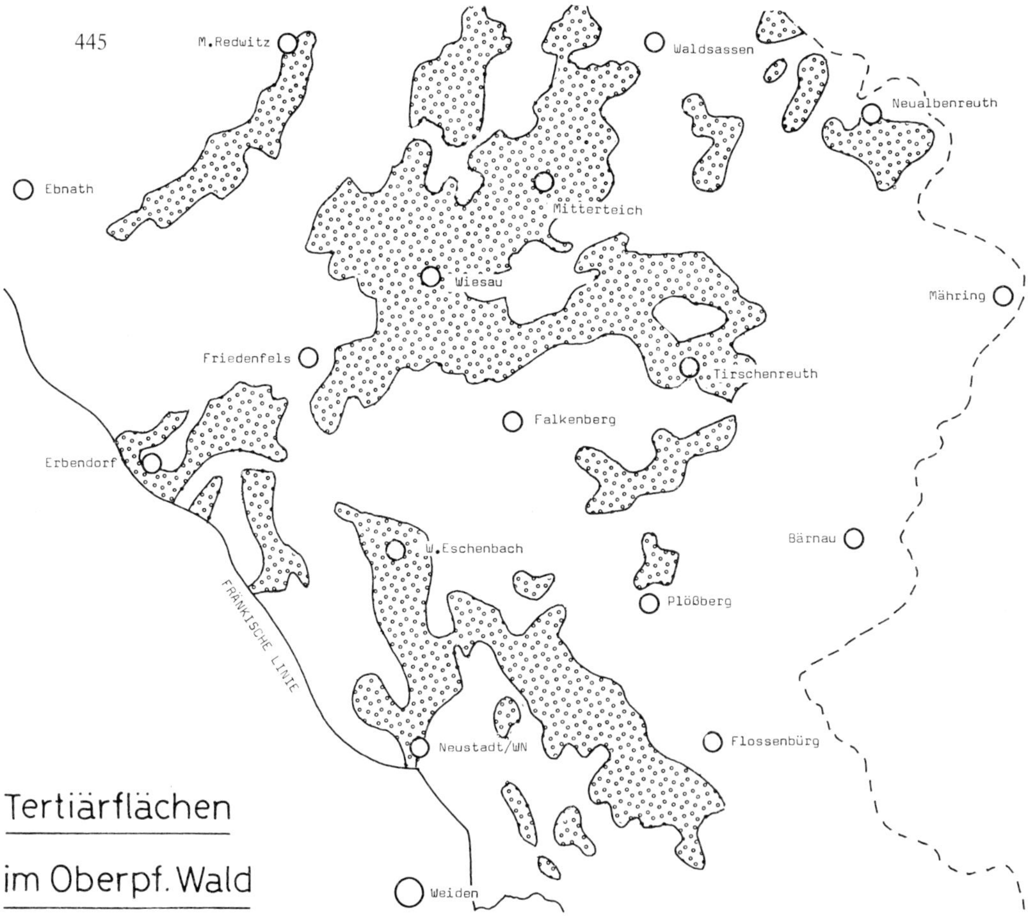

Tertiärflächen im Oberpf. Wald

andergrenzen, wie es früher am Rauhen Kulm auf Sandsteinuntergrund gut zu beobachten war. Andererseits können sie aber auch weitreichende pneumatolytische Wirkungen verursachen, so z. B. am Wartberg bei Längenau. Dort ist der Durchgang mehrerer Basaltschlöte durch Granit in zwei Steinbrüchen gut erschlossen und stellt in der Tat ein großartiges Naturdokument dar, das auch den Nichtgeologen beeindrucken kann. Der betroffene grobkörnige Porphyrgranit des Marktleuthener Massivs wird dabei stark gerötet, allerdings auch weitgehend zermürbt. Weniger deutlich färbte sich der dort gleichfalls auftretende aplitische Granit der Randfazies; sein Gefüge litt mechanisch weniger.

→ 274

Aber selbst hier gab es keine sonstige Metasomatose, weder im Granit noch im Basalt. Vermutlich auch auf Assimilationen sind besondere Ausprägungen zurückzuführen, die hin und wieder in allen Basaltmassiven auftreten. Das können perlartige Strukturen, wolkig-bröselige Partien und besonders glasige Steine ebenso sein wie körnige, einsprenglingsreiche, an Intrusiva erinnernde Bezirke.

Im Tuff des Triebendorfer Basaltes fand man gelegentlich fossile Hölzer, verkieselt und phosphoritisiert.

Postvulkanische Erscheinungen

Jede Periode heftiger Effusivtätigkeit zieht eine Folge geologischer Aktivitäten nach sich, von denen Spring- und Dampfquellen, Thermen und Sinterterrassen die bekanntesten sind. Diese Erscheinungen sind hier längst abgeklungen. Lediglich mineralführende Tiefenwässer treten noch hervor. Es kann kein Zweifel darüber bestehen, daß die vielen Säuerlinge im Fichtelgebirge und dem angrenzenden Oberpfälzer Raum mit dem Basaltvulkanismus genetisch in Verbindung stehen. Für die entsprechenden Quellen des Frankenwaldes hingegen verbietet sich die Annahme eines Zusammenhangs. Hier halten sich die Aufstiegskanäle an paläozoisch geschaffene tektonische Lineamente. Die bekanntesten „Heilquellen" sind:

- *Max-Marien-Quelle* bei Langenau/Frankenwald
- *Höllen-Sprudel* in Hölle bei Marxgrün
- *Wiesen-Quelle* und *Tempel-Quelle* in Bad Steben
- *Sophien-Quelle* in Sophienreuth n Schönwald
- *Carolinen-Sprudel* bei Hohenberg/Eger
- *Säuerling* von Kothigenbibersbach bei Schirnding
- *Oswald-Quelle* und *Prinz-Ludwig-Quelle* in Kondrau bei Waldsassen
- *Silvana-Quelle* in Groschlattengrün
- *Neue* und *Alte König-Otto-Quelle* in König-Otto-Bad bei Wiesau
- *Königin-Luise-Quelle* in Bad Alexandersbad
- *Säuerling* auf der Torflohe am Fichtelsee.

Einige von ihnen werden industriell als Tafelwasser genutzt, andere begründeten die Errichtung von Heilbädern. In diesem Zusammenhang sei die Radioaktivität mancher Quellen des Fichtelgebirges, besonders im Gebiet des Fuchsbaus, erwähnt.

→ 439, 441, 442

Merkwürdig geformte Felspartien

446
Touristen unterliegen oft der Versuchung, den ,,Napoleonshut" auf der Luisenburg wegzukippen. Trotz der geringen Unterstützungsfläche liegt der gerundete Block ,,felsenfest".

447
Die Verwitterung schuf selbst im harten Granit recht merkwürdige Formen. Der ,,Teufelstisch" am Waldstein.

448
Der größte natürliche Aufschluß von Phyllit, der Wendenstein bei Kleinwendern, läßt die Schieferung deutlich erkennen.

449
Blockmeere gelten als charakteristische Oberflächenformen des Fichtelgebirges und des Oberpfälzer Waldes. Ein flacher Hang im Schneebergmassiv, der Haberstein (nicht zu verwechseln mit einem Gipfel gleichen Namens im Kösseinestock).

450
Im Blockmeer der Platte, dem südlichen Ende der Schneebergkette, trifft man auf kurzwüchsige Bergföhren.

451
Die Naab durchquert bei Tannenlohe eine Blockpackung. Dabei bildet der schnelle Fluß in Winkeln und Höhlungen Gischtballen, weswegen diese unter Naturschutz gestellte Felsenwildnis „Butterfaß" genannt wird.

Matratzenbildungen

452
Matratzen als typische Form unterirdischer Verwitterung des Granits stellen sich auf allen Bergen des Fichtelgebirges ein. Eine der interessanten Felspartien am Rudolfstein.

453
Durch die Schirmwirkung oberer Granitpartien bleiben manche Matratzen säulenartig stehen, während dazwischenliegende Felsen der Verwitterung anheimfallen. Gipfel des Weißensteins s Marktredwitz.

454
Oft bilden die Matratzen gefährlich erscheinende Überhänge, so am Haberstein, einem Gipfel des Kösseinestocks.

455
In vergangenen Jahrhunderten dienten Diabas und der gleichfalls widerstandsfähige Schalstein im Frankenwald (hier: Lichtenberg) als wichtiges örtliches Baumaterial.

456
Das Andachtshäuschen in Schönfeld ist aus bizarren Brocken der tertiären Limonit/Quarz-Brekzie errichtet, ein schönes Beispiel für die Verwendung bodenständigen Gesteins.

457
Höchstwahrscheinlich der einzige Turm der Welt, der aus Eklogit errichtet ist: am Gipfel des Weißensteins. Nachträglich sollte man die hier tätig gewesenen Steinmetze noch bedauern.

Zu einer Dauervereisung kam es nach den Ergebnissen der neueren Forschung im Fichtelgebirge und Frankenwald während des Pleistozäns nicht, wohl aber zeigt sich eine periglaziale Fazies. In den höheren Lagen NO-Bayerns bestand Frostschutt-Tundra mit Dauerfrost in der Tiefe und gelegentlichem oberflächlichem Auftauen während einiger Sommerwochen. Dabei spielten sich Solifluktionen ab, die Fließerden und Blockströme auslösten. Im Fichtelgebirge genügten 5 % Gefälle bereits für die Entstehung von Firneisgrundschutt. Daher entwickelten sich hier auch bevorzugt Blockmeere, deren Einheiten meist auf Solifluktionsschutt aufliegen.

Auch das Felsenlabyrinth der Luisenburg – weithin berühmt, da in seiner Art wohl einmalig – entstand erst im Pleistozän durch langsame Verwitterung. GOETHE fand als erster diese Deutung, während man vorher gewaltige Naturkatastrophen für die Bildung verantwortlich machte.

Im Gegensatz zu den imposanten Felsbildungen in aller Herren Länder (z. B. Externsteine, Fränkische Schweiz, Sächsische Schweiz, Viamala-Schlucht, Cañons in den USA usw.) hat bei der Entstehung unserer Labyrinthe und Blockmeere die oberirdische Erosion nur eine untergeordnete Rolle gespielt. Fast alle Formen präparierten sich in mehr oder weniger großer Tiefe heraus.

Erst in jüngster Zeit befaßt sich die geomorphologische Forschung eingehender mit dem Formenreichtum der Bildungen im Granit. Eine äußerst gewissenhafte, umfassende Enzyklopädie dieser Erscheinungen verdanken wir HEINRICH VOLLRATH, dessen Forschungsergebnisse (seit 1979) wie folgt zusammengefaßt werden können.

Labyrinthe

Die Voraussetzungen dafür entstanden bereits infolge der unterschiedlichen Abkühlung des erstarrenden Granits, die waagrechte Kontraktionsfugen schuf, an denen wiederum durch Biegezugbeanspruchung eine zunächst vorwiegend quadrisch gegliederte Stückelung des gesamten Intrusivkörpers eintrat. Wennzwar einzelne Aplitgänge und die das Massiv stets durchströmenden Bergwässer mit Quarzabsätzen gelegentlich für geringfügige Ausheilung sorgten, kam es während vieler Millionen Jahre infolge Krustendeformationen doch bereits tief im Erdinnern zu einer weiteren Lockerung des Verbandes. Diese setzte sich in den jüngsten Perioden in

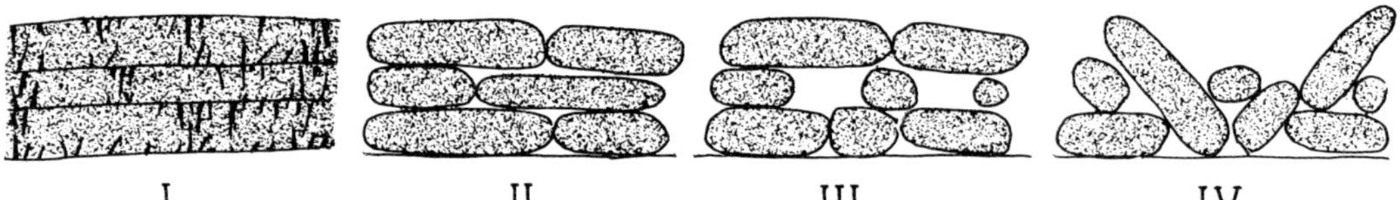

I. II. III. IV.

458
Ungleichmäßige Abkühlung des Granits ermöglicht der mechanischen Verwitterung die Bildung von Matratzen. Ungleichmäßige weitere Gesteinszerstörung führt schließlich zum Entstehen eines Felsenlabyrinths.

oberflächennahe Bereiche fort, dann auch begünstigt durch die weitaus stärkere und durch chemische Agentien begleitete Einwirkung des tertiären Subtropenklimas. Schließlich brachten die Eiszeiten den zerrütteten Verband vollends außer Ordnung, so daß es verhältnismäßig rasch zu einem Verschieben, Überschieben und Umstürzen der einzelnen Blöcke, die bereits Wollsackform angenommen hatten, kam – allerdings nicht etwa ruckartig katastrophal, sondern schier unmerklich. Kein Mensch hätte, wenn sein Haus auf dem Gebiet der heutigen Luisenburg gestanden wäre, davon einen Schaden erlitten. Die genetische Skizze (458) muß man sich also unterhalb der Oberfläche vorstellen und die Zwischenräume mit Verwitterungsgut ausgefüllt. → 497

Karren

Dies sind unterschiedlich geformte Aussprengungen im Gestein, gleichfalls auf langzeitige Verwitterung unterhalb der Oberfläche zurückzuführen. Je nach Gestalt unterscheidet man Wannenkarren, Rinnenkarren und Kluftkarren. Am besten sind sie auf den Felstürmen des Großen Waldsteins, des Weißensteins bei Hohenhard, des Schloßberges bei Flossenbürg und an vielen Stellen im Raum Falkenberg–Liebenstein zu sehen. Schalenabwitterung und feines Abschuppen (Desquamation) kann man vorzüglich auf dem Weg vom Luisenburg-Labyrinth zum Burgstein beobachten. Ein schöner Kernsprung, bei dem die Blockhälften unten auseinandergewichen sind, so daß man durch den Spalt sogar laufen und sich vom Zusammenpassen der Hälften überzeugen kann, liegt am Höhenweg 900 m wsw der Hohen Mätze.

459
Ein gratartig zugeschärfter, schmaler Fels von 3,8 m Höhe im Leuchtenberger Wald zwischen Teufelsbutterfaß und Wolfslohklamm trägt auf seiner Oberseite Wannenkarren, die an den Schmalseiten in Rinnenkarren einmünden. Deren Abstand = ca. 25 cm; ihre Tiefe = bis zu 36 cm.

Frostkliffe

werden Überhänge an „Felsburgen" genannt. Vom immer wieder neu sich bildendem Eis werden dabei Blöcke herausgestemmt. Typische Beispiele treten an der Südwand des Großen Habersteins, an den Dachsfelsen im Steinwald sowie am Kleinen Waldstein auf.

„Opferkessel"

Ein auf der früheren Annahme beruhender Ausdruck, wonach diese Schüsseln, Kessel, Löcher an Felsoberflächen einst zum Zwecke heidnischer Menschenopfer geschaffen worden sind, hat sogar Eingang in die Fachsprache genommen. Auch von

460
Zwei mit einer Rinne verbundene „Opferkessel" im Blockmeer am Gipfel der Großen Kösseine. In diesem Fall beweist allein schon die unregelmäßige Form, daß ein natürlicher Verwitterungsvorgang für die Bildung verantwortlich ist.

„Priestersitzen" spricht man heute noch bei randständigen Löchern und von „Blutrinnen" für rinnenartige Ableitungen, also Überläufe eines Kessels an die Peripherie einer Felsoberfläche. Im Fichtelgebirge hat sich der Begriff „Druidenschüsseln" eingebürgert (Druiden = keltische Priester) und lange Zeit war man tatsächlich der Meinung, daß kultische Handlungen darin oder darum stattfanden, wofür überdies für ganz Mitteleuropa bis heute kein Beweis erbracht werden konnte. Solche häufig ständig wassergefüllte Schüsseln treffen wir auf dem Großen Haberstein, dem Burgstein und dem Nußhardt und an noch weiteren Stellen an. Gelegentlich scheint es eine künstliche Vertiefung der ursprünglich verhältnismäßig flachen Form gegeben zu haben, vielleicht benutzte man die Löcher im Mittelalter doch als Pechpfanne für Signalement.

Blockströme

Im Gegensatz zu Blockmeeren, die man als flächig ausgebildete Labyrinthe auffassen kann, bildeten sich Blockströme während

---

Weitere bemerkenswerte Micromounts aus dem Basalt

461
Grazile Rosetten von Aragonit, farblos, auf Calcit sitzend. Teichelberg
☐ 2, 8 → 237

462
Biotit-Tafel, umkrustet von weißem Montmorillonit. Teichelberg
☐ 7 → 236

463
Perimorphose von Montmorillonit nach Aragonit, dessen Prisma im Querschnitt gut sichtbar ist.
☐ 11 → 236, 237

464
Nur selten stellen sich Kristallbündel von Aragonit dem Fotografen derart günstig.
☐ 2, 3 → 237

465
Ilmenit, mit Biotit (siehe links daneben) leicht zu verwechseln. Zinst.
☐ 2, 8 → 233

466
Phillipsit neigt bekanntlich zur Bildung kompliziert konfigurierter Mehrlinge. Hier die Naht eines Vierlings, infolge der Riefung deutlich zu sehen. Teichelberg.
☐ 2, 3 → 237

461

464

462

465

463

466

der Eiszeiten durch Übergleiten des gerundeten Materials auf dem Dauerfrostboden, eine Erscheinung, für die das zungenartige, steil abfallende Unterende charakteristisch ist. Am Kratzebach und an der Gregnitz läßt sich dies gut studieren. Ein prächtiger Pseudoblockstrom, bei dem Wasser das Lockermaterial ausgespült hat, dessen Felsblöcke jedoch nicht „geströmt", sondern nur um einige m versetzt worden sind, bildet das Naturschutzgebiet Doost in der Nähe von Störnstein im Oberpfälzer Wald. → 497

Denudationsformen

entstehen durch flächenhafte Abtragung. Da in unserem heutigen Klima die linienhafte Erosion dominiert, nimmt es nicht wunder, daß die Denudationsflächen einer warmen Periode zuzuordnen sind, wie sie im Tertiär herrschte. Die Inselberge, wie der Buchberg bei Fichtenhammer, der Bibersberg u. a. bei Marktleuthen, wurden während des subtropischen Klimas ebenso herausgearbeitet, wie es heute noch in Zentralafrika und Südamerika durch Schichtfluten geschieht. Aber auch Kaltzeiten schaffen, allerdings mittels anderer Methoden, ähnliche Erscheinungen. Die Nivation (Abtragung unter Schnee) führt dabei zu sog. Kryoplanationsterrassen, wie wir sie am obersten West- bis Südhang von Schneeberg und Ochsenkopf beobachten können. Am Ochsenkopf ist ein derartiger Hang sogar als Felsstufe entwickelt, und der Eisschub hat die Klüfte zu einer ansehnlichen Höhle erweitert. Die Blockstreu, überall im Granitgebiet die Hänge bedeckend und teilweise auch auf Nachbargestein gewandert, zeigt sich an mehreren Stellen rings um die Luisenburg mit Schauerberg und Fahrenbach (vorwiegend auf Phyllit ruhend).

Strudellöcher

Sie gehören der sehr jungen Generation linienhafter Erosion im Oberflächenbereich an, wobei selbstverständlich das fließende Wasser den Ton angibt. Bei Wellertal hat die Eger durch stationäre Wasserwirbel (= Standwalzen) gewaltige Hohlformen in die im Flußbett liegenden Blöcke aus Selber Granit geschliffen, wofür dieser feinkörnige Granit besonders

---

Neuere Funde aus dem Frankenwald

467
„Ausblühungen" von Chalcedon auf einem Gerüst von Goethit.
☐ 2,8 → 135

468
Goethit-Kristalle in einmaliger Schönheit können immer wieder in Siebenhitz gefunden werden.
☐ 2,8 → 135

469
Daß auch Auricalcit bei der Dorschenmühle vorkommt, war bis vor kurzem unbekannt.
☐ 3,5 → 136

470
An der Bruchstelle eines Stalaktiten von Goethit erkennt man den radialstrahligen Aufbau. Siebenhitz.
☐ 5 → 135

471
Blätterig-fächeriges Aggregat von Hämatit. Dorschenmühle.
☐ 3,5 → 135

472
Ungestört ausgebildeter Oktaeder von Fluorit. Dorschenmühle.
☐ 3,5 → 135

467

470

468

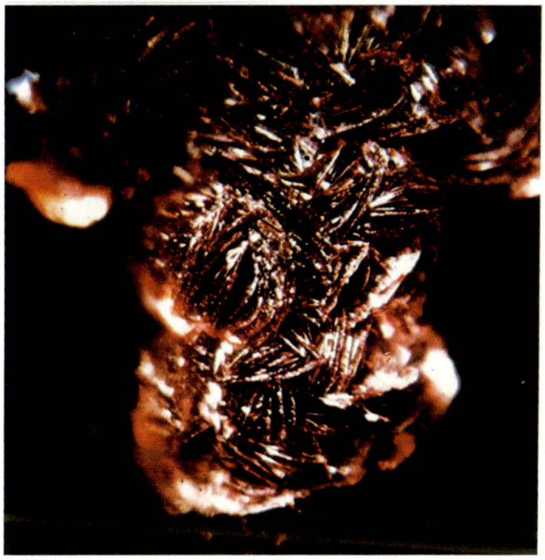
471

469

472

empfänglich ist. Bei tieferen Auswaschungen handelt es sich um „Scheinstrudellöcher", bei deren Bildung Grobsand und Feinkies als Scheuermittel dienten. Bei Neumühle nahe Marktleuthen liegt an einem kleinen Wasserfall ein echtes Strudelloch von gut 80 cm Tiefe. In ihm wurden ein größerer Mahlstein aus Granit und mehrere kleine aus Quarz gefunden. Auch Schießrinnen, Schliffe und Scheinstrudellöcher treten an dieser Stelle auf. Viele Aushöhlungen treffen wir im Durchbruchstal der Waldnaab zwischen Falkenberg und Windischeschenbach an, auch enorm dimensionierte Unterschneidungen durch den anströmenden Fluß. Hier ist der porphyrische Granit in erster Linie betroffen. Butterfaß und Gletschermühle werden die beiden eindrucksvollsten Beispiele genannt.

Tektonisch bedingte Formen
unbekannten und sicherlich unterschiedlichen Alters schufen Mini-Staffelbrüche, z. B. an der Höhe 715 am SW-Fuß der Kösseine und in der Zwergenhöhle im Waldnaabtal oberhalb Johannistal.

Härtebedingte Formen
im kleinen ähneln im Prinzip jenen großen Präparationszeugnissen, die morphologisch deutlich hervortreten (Pfahl, Basaltschlotruinen usw.). Fremdgesteinseinschlüsse im cm- bis dm-Bereich bilden Mulden, sofern sie weicher als die Matrix sind, oder überziehen die Felsen mit wurzelähnlichen Netzen, Stegen, Spitzen und Vorsprüngen, wenn sie der Verwitterung eine höhere Festigkeit als ihr Einbettungsmaterial entgegensetzen können. Selbst die unterschiedlichen Granittypen führen zu derartigen Erscheinungen, z. B. bis zu 1 m^3 große Härtlingsbuckel von festerem Dachgranit im Kerngranit innerhalb des Ochsenkopfgebietes, vor allem am Semmelstein bei Fleckl. Inhomogenitäten, besonders Glimmeranhäufungen zeigen dann das Gegenteil, deutlich an den „Findlingen" zu sehen, die zwischen Weißenstädter See und benachbarter Landstraße aufgestellt wurden. Diese Phänomene spielten in vielen Fällen auch bei der bereits geschilderten Bildung der Opferwannen eine Rolle. Es gibt überdies noch manche Rätsel zu lösen, z. B. die Entstehung des Herrgottssteins bei Hendelhammer, des Hügelfelsens bei Bischofsgrün und eines Felsens in der Fischerloh ebenfalls bei Bischofsgrün.

Nach einer neuerlichen Heraushebung des gesamten alten Gebirges im Tertiär bildeten sich die Steilabfälle gegen das mesozoische Vorland und die tieferen Partien der Münchberger Masse. Die Erosion verminderte die Höhen unserer Berge wohl um mehr als 100 m. Aus dem Abtragungsgut bildeten sich zum Teil die Fastebenen, die den jetzigen Flußläufen als Bett dienen. Im Frankenwald lagen die charakteristisch tief eingeschnittenen Täler bereits im letzten Abschnitt des Tertiärs vor. Nur im Fichtelgebirge und Oberpfälzer Wald kam es noch zu Flußverlegungen kleineren Ausmaßes.

Torf
Als ziemlich einziges Dokument des älteren Holozäns liegen die Torfmoore vor. Ihre Bildung mag vor 10 000 Jahren begonnen haben. Diese (nach FIBRAS) ombrogenen Sphagnum-Hochmoore finden wir

- zwischen Fichtelsee und Seehaus-Parkplatz an der B 303
- zwischen Fichtelberg und Mehlmeisel

- zwischen Wurmlohe und Eulenlohe
- im Zeidelmoos zwischen Wunsiedel und Weißenstadt
- in der Torfmoorhölle zwischen Weißenstadt und Kornbach
- im Raum ö und sö Selb.

Die maximale Mächtigkeit beträgt 7 m, wird aber nur selten erreicht. Bis in unsere Tage diente der Torf der bäuerlichen Bevölkerung als Heizmaterial und während der Kriegszeiten bildete er auch für die umliegenden Städte das einzige Material für Hausbrand. Durch rechtzeitige Anwendung der Naturschutzgesetze ist erfreulicherweise eine Ausbeute zum Zwecke der Gartentorfmull-Gewinnung vermieden worden. Überdies beherbergen die Torfflächen-Relikte eine interglaziale Tundrenflora und auch eine davon abhängige Kleinfauna. → 438, 440 Mineralogisch bieten diese Ablagerungen folgendes:

Fichtelit
ein nach dem Fichtelgebirge benannter organogener hochmolekularer Kohlenwasserstoff. Er kam in weißen Krusten und gelegentlich in farblosen Kriställchen bis 8 mm Länge auf Hölzern sitzend vor und war früher keine seltene Erscheinung an der Häusellohe bei Selb und in Wampen bei Thiersheim. Heutzutage sind die Fundmöglichkeiten praktisch null. → 388

Dopplerit
Ein humöses Ca-Salz, das man in Form schwarzbrauner gelartiger Massen am Fichtelsee und bei Karches fand. Der Volksmund nannte es *Torfleber*. → 391

Euosmit
zeigte sich in braunen Putzen im Lignit von Thumsenreuth bei Friedenfels eingelagert. Es ist ein dem Bernstein nahestehendes Fossilharz.

Vivianit
kam in graublauen erdigen Massen an vielen Stellen vor, saß bevorzugt auf Lignit, Holzfragmenten, Knochen und sogar Geweihstücken auf. Da der Torfstich so gut wie eingestellt ist, wird man diese interessanten Erscheinungen kaum je mehr antreffen können.

Neuere Funde von der Münchberger Masse und Frankenwald

473
Montmorillonit in traubiger Form. Aus der serpentinisierten Serie in Röhrenhof.
☐ 3,5 → 158

474
Andradit-Kristall. Wurlitz.
☐ 3,5 → 158

475
Pseudomalachit von Siebenhitz.
☐ 2,8 → 136

476
Eine Nadel von Millerit durchzieht einem Pfeil gleich den Granat-Dodekaeder. Wurlitz.
☐ 5 → 158

477
Fast farblose Topazolite im Serpentin von Wurlitz.
☐ 8 → 157

478
Langit, ein seltenes Cu-Sulfat mit Kristallwasser. Dorschenmühle.
☐ 2,8 → 136

473

476

474

477

475

478

479

482

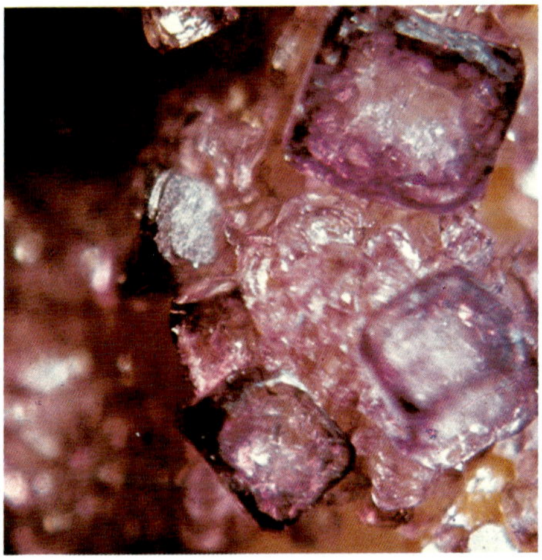
480

483

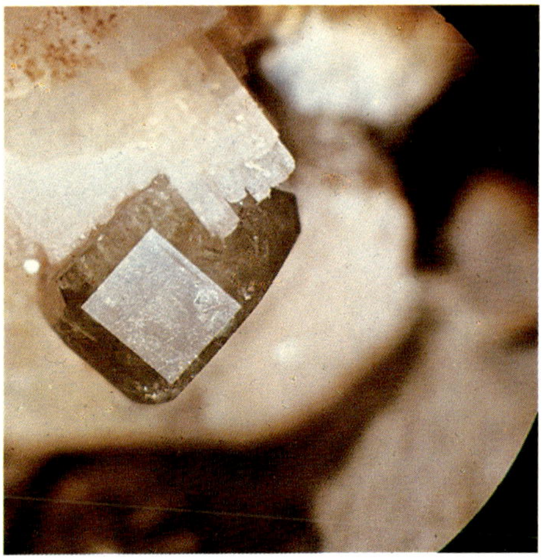
481

484

Hinweise für Sammler

Allgemeine Situation

Nordostbayern zählt zu den von Sammlern am meisten aufgesuchten und, wenn man so will, heimgesuchten Gebieten der Bundesrepublik. An keine Gegend werden so hohe Erwartungen gestellt wie an das Fichtelgebirge. Da der Erfolg einer Exkursion und damit das Gefühl, alle Wünsche erfüllt zu sehen, als Quotient aufgefaßt werden kann, der sich aus der Erwartung und der effektiven ideellen oder materiellen Beute ergibt, wird mancher Besucher unseres Gebietes enttäuscht zurückkehren. Zeitschriften und Broschüren, sogar wissenschaftlich ausgerichtete Werke, dazu noch Berichte in Funk und Fernsehen, vor allem aber lokale Prospekte preisen das Nordostbayerische Grundgebirge immer wieder, und teilweise recht überschwenglich, als ein wahres Eldorado für Mineralogen an.

Sie alle haben recht, wenn sie sich damit auf frühere Zeiten beziehen. In der Tat gab es aufgrund der sehr vielseitigen Paragenesen innerhalb des Frankenwaldes, der Münchberger Masse, des Fichtelgebirges und des nördlichen Oberpfälzer Waldes ungemein viel und äußerst vielseitige Minerale. Dies belegen ja auch die wertvollen Bestände der Museen und die oft erstaunlich reich bestückten Privatsammlungen. Aber fast alles, was darin den Beschauer fasziniert, sind Funde aus vergangenen Jahrzehnten, wenn nicht Jahrhunderten. Bis etwa 1960 wußte jeder Ortsansässige, wenn er zum Steinesammeln aufbrach, mit Sicherheit, daß er irgendetwas mit nach Hause bringen würde. Bis zu dieser Zeit befanden sich immerhin gut dreimal so viel Steinbrüche und Gruben in Betrieb wie heute. Den Mineralfreunden noch wesentlich günstiger gesonnen war die Zeit bis zum Ersten Weltkrieg. Aber damals hatte die breite Bevölkerung andere Sorgen als Steine zu

---

Neue Mineralfunde im Granitgebirge

479
Uranophan als Büschel auf zersetztem Randgestein von Großschloppen.
☐ 3,5 → 203

480
Im Mikroskop zeigt Fluorit oft faszinierende Farben.
☐ 3,5 → 187

481
Hervorragend auskristallisierter Apatit vom Fuchsbau.
☐ 8 → 187

482
Pneumatolytisch aufgebrachte Kristalle von Torbernit im vergrusten Granit. Poppenreuth bei Tirschenreuth.
☐ 20 → 203

483
Euklase (Waldstein) werden als solche oft nicht erkannt, vielmehr mit Albit, Quarz u. a. verwechselt. Dieser Kristall weist eine eindeutige Form auf.
☐ 7 → 188

484
Rosette von Antimonit von der Halde der ehemaligen Goldzeche in Brandholz.
☐ 12 → 206

sammeln. Allenfalls einige Professoren, Ärzte, Apotheker und Lehrer interessierten sich für die in Gruben und Brüchen reichlich auftretenden Bildungen. Selbst bis vor zwei Jahrzehnten zählten die ernsthaft Sammelnden im Erfassungsgebiet unseres Buches kaum mehr als 30.

Dann aber begann – im Zuge der alle Bereiche von Natur und Kultur umfassenden Suche nach sinnvoller Freizeitbeschäftigung – explosionsartig eine Zuwendung der breiten Öffentlichkeit zu den Schätzen des Bodens. So stieg in diesen 20 Jahren die Zahl der (in der VFMG) organisierten Steinfreunde unserer Gegend von 10 auf 100 an. Noch wesentlich krasser dürfte die Zunahme der nichtorganisierten Sammler gewesen sein, wobei das Wachstum sich noch zu steigern scheint. Von diesem Drang zum Sammeln sind Bevölkerungskreise aller Altersstufen und Stände erfaßt, eine Tatsache, die noch vor wenigen Jahren undenkbar war. Dazu kommt die größere Mobilität, die bessere Ausrüstung, die Möglichkeit eines viel höheren Zeitaufwands und überhaupt das zunehmende Bestreben, zu materiellem Besitz zu gelangen.

Interesse an der Natur, Freude am Sammeln, Beschäftigung mit dem Erworbenen sind bestimmt lobenswerte Züge der Menschen unserer Zeit. Die Altmeister der Geologie und Mineralogie, oft gegen den Unverstand ihrer Zeit ankämpfend, hätten ihre wahre Freude daran. Aber es werden auch Stimmen laut, die von einer Seuche sprechen, die so viele Leute erfaßt hat und sich immer weiter ausbreitet. Man spricht von Elstern, die nichts liegen lassen können, was glänzt und von Geiern, die sich auf alles stürzen, was noch irgendwie wertvoll erscheint.

Sicherlich betrübt es die alten eingesessenen Sammler beträchtlich, wenn „ihre" Fundstelle nun von Dutzenden aufgesucht wird. Verständlicherweise sind auch die Wissenschaftler nicht darüber erbaut, daß andere das so dringend erforderliche Forschungs- und Lehrmaterial davontragen. Allein – wer hat schon die Steine dieser Welt gepachtet? Dürfen wir ein Urteil darüber fällen, ob das Recht auf einen Stein dem Doktoranden zusteht, der darüber eine Dissertation verfaßt – oder dem Schulbuben, der sich an den glitzernden Flächen des Kristalls erfreut? In einer pluralistischen Gesellschaft kann und darf es hierin keine Unterschiede geben.

Als die hauptsächlichsten Leidtragenden dieser Entwicklung können wohl die öffentlichen Sammlungen angesehen werden, gleichgültig ob diejenigen eines einschlägigen Instituts oder eines Heimatmuseums. Bei den geringen Mitteln der Aufwandsträger ist es ihnen kaum möglich, viel anzukaufen. Andererseits verfügen sie recht unzulänglicherweise über die Möglichkeit, selbst zu sammeln. Die Betreuer der Sammlungen, die ohnehin meist ehrenamtlich tätig sind und somit schon viele Stunden ihrer Freizeit dem öffentlichen Interesse opfern, können nicht auch noch tagelang exkursionieren, um so die Bestände zu erweitern. Dies führte zu dem durchaus tristen Zustand, daß viele Privatsammlungen eines Gebietes weit besseres und reichlicheres Material besitzen als die Museen und Institute. Eine in mehrfacher Hinsicht bedauerliche Tatsache: Privatsammlungen können nicht wie Museen der Volksbildung dienen. In Privatsammlungen taucht manches wissenschaftlich hochinteressante Stück unerkannt unter. Privatsammlungen gehen durch Unverstand der Nachkommen zuweilen unwider-

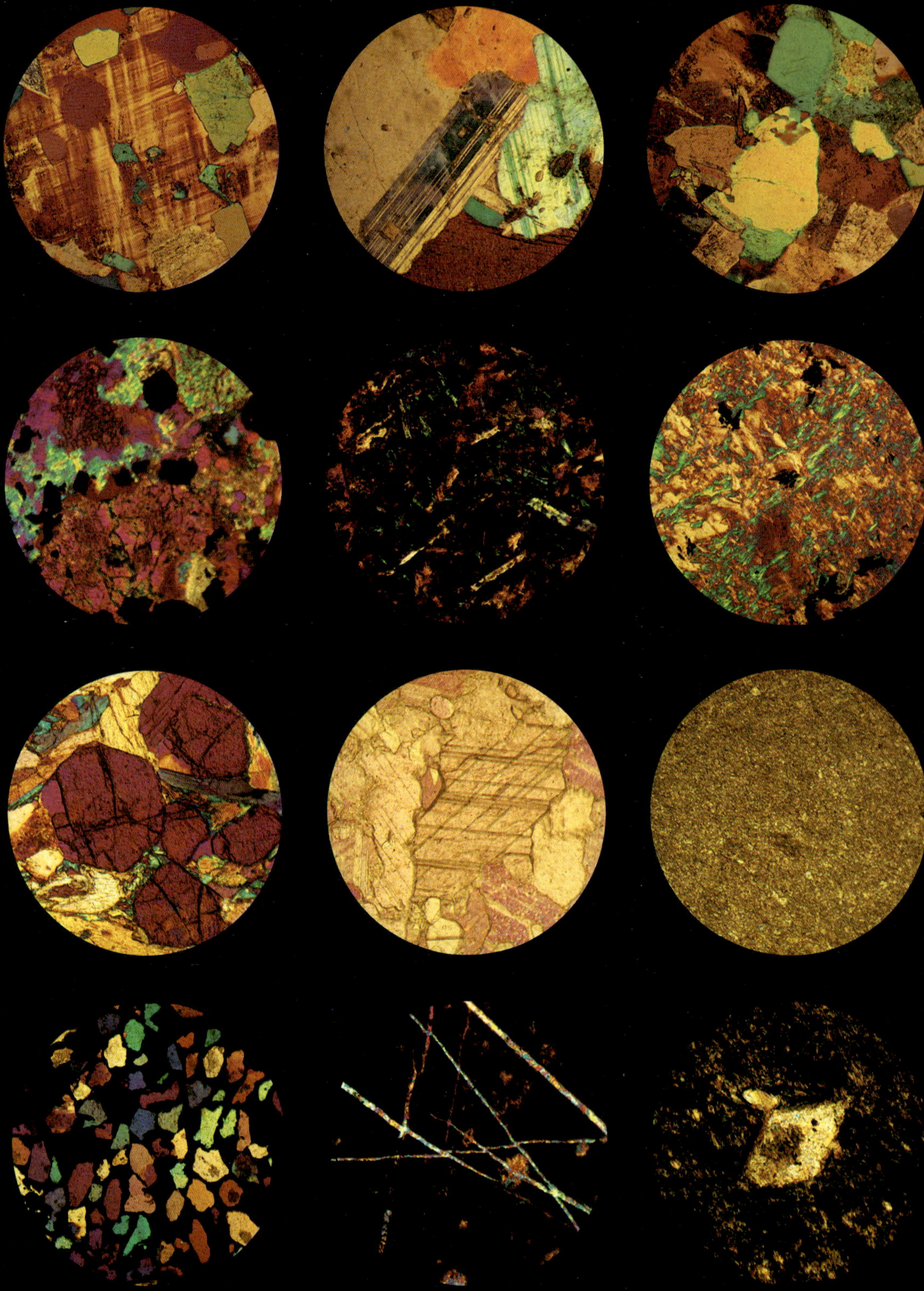

bringlich verloren oder werden zumindest nach außerhalb des Herkunftsgebietes verkauft. Die Zahl derer, die die kulturelle Aufgabe der öffentlichen Sammlungen erkennen und sich zu einer Stiftung veranlaßt sehen, ist leider äußerst klein geworden.

Wie stehen die Chancen?

Mit den 200 bis 400 einheimischen Sammlern konkurrieren nun die vielen Gäste aus dem In- und Ausland. Vielleicht kommen nur 100, die systematisch und gründlich nach Mineralen fahnden. Sicher aber kommen alljährlich weit mehr, die doch hin und wieder ein Fundgebiet aufsuchen. Ganz überschlägig darf man ohne Übertreibung gut 1000 Leute annehmen, die pro Jahr in Nordostbayern auf die Steinpirsch gehen. Was finden sie vor?
Wir müssen darauf 5 verschiedene Antworten geben, die davon abhängen, was erwartet wird.

„Ich sammle Minerale als ästhetisch wirksame Stufen"

Von den noch betriebenen 20 Steinbrüchen unseres Raumes bieten nur ganz wenige mineralogisch etwas. Darin klopfen fast täglich, besonders an den Wochenenden der Sommermonate, mehrere Leute. Wie groß kann da die Ausbeute für den einzel-

---

Dünnschliffe (0,05 mm dick) von Gesteinen im polarisierten Licht bei 40facher Vergrößerung.

485
Blauer Granit von der Kösseine.
Der Mikroklin-Kristall in Bildmitte, am Kreuzgefüge erkennbar, enthält Biotit-Schuppen (hier: grün).

486
Redwitzit aus Röthenbach.
Die Parallelstreifung der beiden prismatischen Kristalle sagt uns, daß Plagioklas vorliegt. Biotit erscheint hier rot, Quarz ocker.

487
Aplit aus Großschloppen.
Die holokristalline Struktur aller Gemengteile ist ein Indiz für die verhältnismäßig langsame Abkühlung, durch die sich aplitische Gänge von vulkanischen unterscheiden.

488
Proterobas aus Fichtelberg.
Zwischen in Zersetzung begriffenem Plagioklas und Amphibol (hier: rot) zeigt sich auffällig viel „Erz" = Pyrit (im Bild: schwarz).

489
Schalstein aus dem Rodachtal.
Die wirre Anordnung der Plagioklas-Leisten im unkristallisierten Grundgefüge (hier dunkel) ist für rasch erstarrende Vulkanite typisch.

490
Peridotit aus Wurlitz.
Selbst im scheinbar recht frischen Material ist die Umwandlung zu filzigem Maschenserpentin deutlich zu sehen. Schwarz = Magnetit.

491
Eklogit von Fattigau.
Querschnitt durch einen etwas rissigen Dodekaeder Almandin. Pyroxen tritt hier in allen Interferenzfarben auf.

492
Wunsiedler Marmor.
Bei geeigneter Anschnittebene zeigen alle Calcite sich spitzwinklig schneidende Konturen.

493
Roter Devonkalk Horwagen.
Im Gegensatz zum (echten) Marmor treten hier nur winzige, quasi-amorphe Partikel, aber keine Kristalle auf.

494
Miozäne Brekzie aus Schönfeld.
Zwischen den hier in allen Farben leuchtenden Quarz-Partikeln die dunkle limonitische Zementationsmasse.

495
Lydit aus Thron bei Döbra.
Das eigentliche Gestein ist amorph; der Graphit verhindert Durchtritt des Lichtes. In den feinen Adern kam es zur Auskristallisation von Quarz.

496
Chiastolitschiefer Schamlesberg.
Schnitt durch ein Prisma von Andalusit. Die Metamorphose lockerte den ursprünglich gleichmäßig schwarzen Schiefer auf.

nen sein? Die Steinbrucharbeiter pflegen ja, seit sie den Wert von Druseninhalten usw. erkannt haben, begehrenswerte Stücke auf die Seite zu legen, aber sie geben sie im allgemeinen doch einer bestimmten „Stammkundschaft". Versuche, eingespielte Vergütungen zu überbieten, sollten im Interesse aller nicht unternommen werden.

Auf Halden und in verlassenen Brüchen, an natürlichen Aufschlüssen und in Lesesteinhaufen liegen die Chancen etwas günstiger, aber auch hier gehört für einen Fremden schon sehr viel Glück zu einem guten Fund. Ungeachtet der Freude, die Sammler beim Klopfen und Suchen empfinden, gilt es doch als der beste Weg, zu Mineralstufen zu kommen, mit einheimischen Sammlern Verbindung aufzunehmen und durch Kauf oder Tausch etwas zu erwerben.

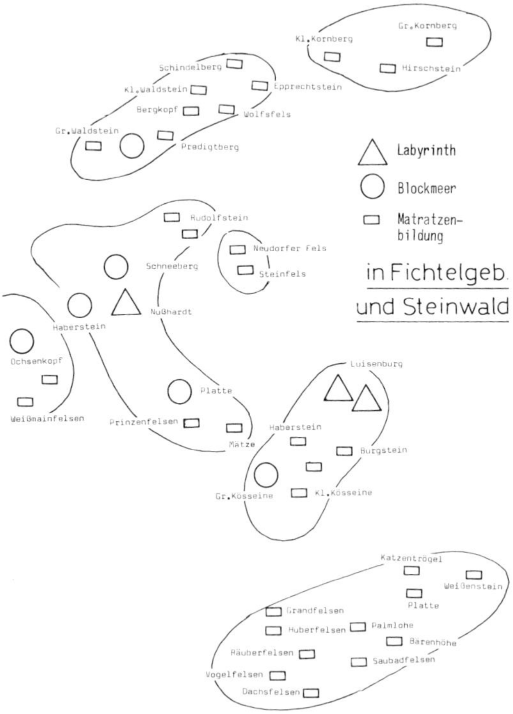

497
Dem Naturfreund bieten sich auf fast allen Gipfeln des Fichtelgebirges wunderbare Felsbildungen. Wennzwar sich viele ähneln, besitzt doch jede ihre Besonderheit, schon durch die unterschiedliche Bewachsung.

„Ich sammle Minerale – auch einfache Belegstücke"

Dieser Sammler hat jederzeit die Möglichkeit, etwas mit nach Hause zu bringen. Eine ganze Reihe von Vorkommen gibt auch heute immer wieder etwas her. Natürlich muß man Geduld und etwas Geschick besitzen. Die derzeit genutzten Brüche (Granit, Basalt, Serpentinit, Diabas, Marmor) offenbaren bei den täglichen Sprengungen relativ häufig Mineraleinschlüsse, die deutlich Substanz und Form zeigen, wenn auch nicht in hervorragender Ausbildung. Solche Stücke können Fremde im allgemeinen auch günstig von den Arbeitern erwerben, weil die Ortsansässigen damit bereits hinreichend versorgt sind.

„Ich sammle Micromounts"

Diesem Personenkreis eröffnen sich Möglichkeiten, die man noch vor wenigen Jahren für undenkbar gehalten hat. Unsere Farbaufnahmen beweisen dies ja. An vielen der verlassenen Gruben und Steinbrüche liegt noch Versatzmaterial oder unergiebiges Fördergut umher. Aber auch die Steinhaufen an den Waldrändern und die Feldsteine enthalten herrlich ausgebildete Kristalle, wenn man sich nur die Mühe macht, nach ihnen zu fahnden. Geduld und Routine müssen sich dabei ergänzen; eine Auslese zu Hause, etwas Präparationsmühe und ausdauernde Arbeit an der Stereolupe lohnen sich bestimmt. Wer Jagd auf Mikros macht, wird immer Treffer erzielen.

„Ich sammle Gesteine"

Bedauerlicherweise machen die Petrographen unter den Freunden der Steinwelt nur einen verschwindenden Bruchteil aus. Dabei regt gerade die Vielfalt der Gesteinswelt den Forschergeist in uns am meisten an, erfordert allerdings auch ein intensiveres Bemühen um Erkenntnisse. Wer systematisch die hier vorkommenden Gesteine einschließlich aller Varianten in Struktur und Farbe sammelt, kann weit über 100 Stücke zusammenbekommen. Wenn man nicht nur zufällig geformte Brocken nimmt, sondern sich befleißigt, flache Handstücke von sauberer Sichtfläche in einem rechteckigen Format (4,5 x 6 oder 6 x 9 oder 9 x 12 cm) zu schlagen, so verleiht man der Gesteinssammlung auch eine gewisse ästhetische Note. Wer es sich leisten kann, sollte das eine oder andere Material anpolieren lassen, denn dadurch treten die strukturellen Kriterien des Gesteins besonders hervor. Schließlich kann man sich ungemein bereichern, wenn man Dünnschliffe anfertigen läßt und sie im polarisierten Licht unter dem Mikroskop betrachtet. Selbst wem die Voraussetzungen zum Verständnis dieser mannigfachen optischen Erscheinungen fehlen, wird sich uneingeschränkt an der Farben- und Formenpracht selbst unscheinbarster Gesteine ergötzen.

„Ich sammle Fossile"

Von Abdrücken in der miozänen Kohle abgesehen, bieten Oberpfälzer Wald, Fichtelgebirge und Münchberger Masse überhaupt nichts. Im Frankenwald hingegen führen viele Horizonte Versteinerungen: aus den einzelnen Formationen sind bisher folgende Zahlen von Formen beschrieben worden:

Kambrium	40	Devon	300
Ordoviz	80	Karbon	180
Gotland	160	Perm	70

Nun handelt es sich dabei fast durchwegs um wissenschaftlich zwar hoch interessante, aber doch ziemlich unscheinbar kleine, oft schlecht erhaltene oder nur fragmentarisch auftretende Belege aus Flora und Fauna. Attraktive und „sammlungswirksame" Zeugen der Vorzeit kommen höchst selten vor – man darf also an unser Paläozoikum nicht dieselben Maßstäbe anlegen wie beispielsweise an die Prachtexemplare von Muschelkalk und Jura. Dazu kommt noch die Tatsache, daß die Fossile in die Frankenwaldgesteine innig eingewachsen sind, also einer mühseligen und gekonnten Präparation bedürfen, um überhaupt erkannt zu werden. Schließlich ist eine einigermaßen befriedigende Bestimmung dem Laien geradezu unmöglich. Von den etwa 20 bekannten Fossilfundstellen stehen nur die paar Kalksteinbrüche unter ständigem Aufschluß; bei den übrigen handelt es sich um Lesesteinvorkommen oder um Anschnitte des natürlichen Felses an Bahnlinien, Wassergräben, Straßen oder Böschungen. Somit bereitet das Sammeln von Fossilien erhebliche Schwierigkeiten, die nur der wirklich ernsthafte Sammler und der Wissenschaftler auf sich zu nehmen bereit ist.

Zugänglichkeit der Fundstellen

Die natürlichen Aufschlüsse, die verlassenen Steinbrüche, die aufgelassenen Tagebaue sind im allgemeinen leicht auffindbar und einigermaßen zugänglich. Die noch in Betrieb befindlichen Steinbrüche müssen aus bergpolizeilichen Gründen die bekannte Verbotstafel führen. Daher empfiehlt sich der Zugang während der Arbeitszeit, damit man sich ordnungsgemäß beim Bruchmeister die Besuchsgenehmigung einholen kann. Daß dies aus verständlichen Gründen in der Johanneszeche nicht möglich ist, erwähnten wir bereits. Landwirte, auf deren Feldern Lesesteine gesucht werden, haben im allgemeinen nichts gegen eine Begehung einzuwenden, sofern dabei kein Flurschaden angerichtet wird. Jedoch klagen sie immer wieder darüber, daß Sammler ihre Beute dann auf einer benachbarten Wiese zurechtklopfen, wodurch beim Mähen die empfindlichen Maschinen beschädigt werden. Auch Steinbruchbesitzer beklagen häufig die Unverfrorenheit mancher Steinsammler, die umherliegendes Werkzeug entfernen oder gar entwenden, die an vorbereiteten Steinmetzerzeugnissen herumklopfen und viel Unordnung in den Betrieb bringen. Kein Wunder, daß es immer wieder zu polizeilichen Anzeigen kommt. Im Interesse aller Sammler sollte jeder einzelne sich so verhalten, daß die Forschungs- und Sammeltätigkeit nicht generell in Verruf gerät.

Achtung, verschlepptes Material!

Immer werden Minerale an Orten gefunden, an denen sie nicht vorkommen können: herrliche Flußspat-Kristalle im Basalt, Gips-Kristalle im Granit, Olivin im Marmor. Manche Sammler pflegen an der ersten Fundstelle einer Exkursion ziemlich viel Beute mitzunehmen, brauchen an den anderen Fundpunkten aber Platz in der Sammeltasche und werfen einen Teil des bisher gesammelten Gutes dort weg. Ähnliches geschieht durch das Steingewerbe. Wenn die großen Lkw in den Brüchen Granitblöcke abholen, so nehmen sie bei der Leerfahrt nicht selten Scherben und Schotter aus dem Verarbeitungsbetrieb mit, um damit die Zufahrtswege zu verbessern. Auf diese Weise sind bei unseren Granitbrüchen schon Charnockite, Gabbros, Larvikite usw. „entdeckt" worden. Hier ist also kritische Vorsicht geboten.

Fremde Materialien

Natursteinbetriebe und Mineralmühlen importieren Steine aus aller Herren Länder. Auf den Vorrats- und Abraumhalden dieser Firmen zu sammeln, lohnt sich eigentlich immer. Nach eingeholter Genehmigung beim Betriebsleiter, die kaum je versagt wird, kann man eine ganze Reihe interessanter Gesteine und derbe Minerale aufsammeln. Die Arbeiter sind gerne bereit, Auskünfte über Art und Herkunft zu erteilen, wobei jedoch zu beachten ist, daß deren kommerzielle Nomenklatur nicht immer mit der wissenschaftlichen übereinstimmt. Natürlich kommen immer wieder neue Sorten in den Handel und auch die Herkunftsländer wechseln. Daher kann die folgende Aufzählung keinen Anspruch auf ständige Gültigkeit erheben. Die Mineralmühlen beziehen gewöhnlich:

- roter Orthoklas aus dem Mälaren-Revier in Schweden
- weiße Feldspäte aus Norwegen, CSSR und aus der Oberpfalz
- grüner Feldspat aus Norwegen

- Quarz, z. T. blasser Rosenquarz, aus Skandinavien
- Kaolin aus der Oberpfalz
- Zirkon aus Australien und der CSSR
- Talk aus Frankreich, Jugoslawien, Mongolei und Indien
- Asbest aus Kanada, Rhodesien und UdSSR

Schließlich findet man bei jeder Mineralmühle grauen oder schwarzen Feuerstein, der meist aus Nordfrankreich kommt. Damit werden die Trommeln bestückt. Haben die Flintsteine durch Abrieb einen gewissen Durchmesser erreicht (3–6 cm), so kann man sie nicht mehr verwenden.

Naturstein-Sorten

Eine viel breitere Auswahl bieten die Natursteinwerke. Von ganz wenigen und auch unbedeutenden Ausnahmen abgesehen, werden in unserem Raum nur sog. Hartgesteine verarbeitet. Darunter versteht man im Gewerbe die Tiefengesteine, kompakte Ergußgesteine und die festeren kristallinen Schiefer. Wie schon erwähnt, werden einheimische Sorten nur zu einem recht geringen Prozentsatz verarbeitet. Die übrigen Materialien kommen aus der ganzen Welt, mit Betonung von Skandinavien, UdSSR, Südamerika und Südafrika. An den Steinhauerboxen der Betriebe können genügend Rohstücke und an der Abraumhalde auch gute polierte Plattenabfälle aufgelesen werden. Wenn die Arbeiter, ja auch die Betriebsleiter, Angaben über die Stücke machen, so sagen sie neben der (meist recht ungenau bekannten) Herkunft nur die geläufigen Handelsbezeichnungen. Diese stehen oft sehr im Widerspruch zur petrographischen Nomenklatur. Daher stellen wir in der folgenden Tabelle beide Namen gegenüber, damit das Sammeln von Industriegesteinen wenigstens in dieser Hinsicht sinnvoll ist. Wir führen dabei die Standardmaterialien auf, räumen aber ein, daß nicht in jedem Betrieb alle genannten Gesteine geführt werden. Natürlich kommen alljährlich immer wieder neue Sorten hinzu, während alte auslaufen, denn auch hier herrscht eine gewisse Mode. → 398

Wir ordnen unsere Aufstellung zwecks leichterer Identifizierung nach der hervortretenden Farbe. Internationale Handelsbezeichnungen erscheinen in GROSSBUCHSTABEN, interne Firmennamen sind in ( ) gesetzt.

rot

TRANAS = mittelkörniger Granit, hochrot, viel Quarz, kaum Glimmer, aus Tranås/M-Schweden

TRANAS-RUBIN = mittelkörniger Granit, hochrot, ohne Glimmer, aus Askeryd/M-Schweden

GOTENROT = grobkörniger Granit, dunkelrot, aus Askaremåla bei Västervik/O-Schweden

ORCHID, (ORCHIDEEN-ROT) = mittelkörniger Granit, braunrot, aus Björnhult bei Oskarshamn/O-Schweden

SOLBERGA = mittelkörniger Granit, rot, mit gelben Flecken, aus Solberga bei Tranås/M-Schweden

VANEVIK = mittelkörniger Granit, tiefrot mit blauem Quarz, aus Vånevik bei Oskarshamn/O-Schweden

VANGA = granitischer Orthogneis, deutlich gerichtet, aus Vånga bei Kristianstad/SO-Schweden

BOHUS, BOVALLSTRAND = feinkörniger Granit, rote und grüngraue Feld-

späte, aus Inseln vor Uddevalla/W-Schweden
WASA = weinroter, schwach gebänderter, wenig geschieferter Quarzit aus dem Älvdal/Schweden
ARBOGA = grobkörniger, lichtroter Granit aus M-Schweden
BALMORAL = fein- bis grobkörniger Granit, hellrot, aus Vehmaa/SW-Finnland
KOTKA-RED, KYMI-RED, CARMEN-RED = grobkörnige, karminrote Granite aus SO-Finnland
PORKKALA = riesenförmiger, hochroter Granit aus SW-Finnland
RED STAR = grobkörniger Granit, blaß rot, aus Grimstad/Norwegen
ROSE DE LA CLARTE = grobkörniger, hellroter Granit aus Ploumanach/Bretagne/Frankreich
ROUGE TROUIEROS = grobkörniger Granit, rot/bläulich/weiß, aus Ploumanach/Bretagne/Frankreich
MONFORTE = mittelkörniger, hellroter Granit aus M-Portugal
(KORALL), KAPUSTINO = kontrastreicher, riesenkörniger Granit aus der Ukraine/UdSSR
EMELJANOV, (COLOMBO) = mittelkörniger Granit, hellrot, aus Jemeljanov bei Zitomir/UdSSR
TOKOVSK, (KALINKA) = mittelkörniger Granit mit leicht gerichteter Textur, dunkelrot, aus Tokov bei Dnjepropetrowsk/UdSSR
ONEGA-ROT = hochrot/schwarz gebänderter Migmatit vom Onegasee/UdSSR
ROSSO INDIA = mehrere ähnliche Granit-Sorten aus der Umgebung von Bangalore/Indien
NELSON-RED = gleichmäßig roter Granit aus Tasmanien/Australien
ASSUAN = grobkörniger Granit, leicht geflasert, hochrot, aus Assuan/Ägypten
CARDINAL, BANTU-ROT = mittelkörniger, pegmatitischer Syenit mit grünlichem Epidot, aus Brits/Südafrika
AFRICA JUPARANA = hellroter Migmatit mit verschwommener Textur aus Parys/Südafrika
DAKOTA-RED = hochroter Granit mit blauem Quarz aus Milbank/South Dakota/USA
SIERRA CHICA, (NEVADA-ROT) = grobkörniger Granit, tiefrot mit grünem Chlorit, aus Olavàrria/Argentinien
IMPERIAL-RED = grobkörniger Granit, leuchtend rot, aus Iribama/Santa Catarina/Brasilien
(FLAMINGO), BAHIA FLAME = tiefroter, stark geflaserter Orthogneis aus Salvador/Brasilien

rötlich
GERTELBACH, RAUMÜNZACH, ROTENBERG = grobkörniger Granit, rosa bis blaßrot, aus dem Bühlertal/Schwarzwald
MEISSEN = mittelkörniger Granit ohne Glimmer, karmin, aus Meißen/DDR
BLAUENTHAL, (ERIKA) = mittelkörniger Granit, orange, aus dem Erzgebirge/DDR
ROSA PORRINO, ROSA DANTE = grobkörnige, rosa Granite aus NW-Spanien
APRICOT = grobkörniger, orangeroter Granit aus M-Portugal
ROSSO BAVENO = mittelkörniger Granit, weiß/rosa, vom Lago Maggiore/Italien
ROSSO SARDO = mehrere rot/weiße Sorten aus den Limbara-Bergen/Sardinien
HALMSTAD, HALLANDIA, ESKERED, GULLBRANDS, VASTAD, SÖDER, KINNA, BARON THAMM, SUSEGARDEN u. a. = großzügig textu-

rierte Migmatite (Mischgneise), aus rotem Leukosom (granitisch) und schwarzem oder grauem Melanosom (gneisartiger älterer Körper) bestehend, äußerst vielgestaltig und selbst innerhalb eines Blockes sehr verschieden. Alle aus der Umgebung von Halmstad/W-Schweden

NYLANDIA = rosa/grauer Migmatit von Nyköping/Schweden

NYKO-ROT = kontrastreicher rot/schwarzer Orthogneis aus Nyköping

FLIVIK, QUIMBRA-ROT = feinkörniger Granit, rot/blaugrau, aus Flivik/O-Schweden

(ORIENTA), KORNINSK = grobkörniger Augengneis, hellrote Feldspäte in schwarzem Biotit-Geschuppe, aus Kornino bei Zitomir/Ukraine

LADOGA-ROT = rötlich/weiß/grau, zart gebändert, vom Ladogasee/UdSSR

ROSENGRANIT, REICHENBERG, RÜBEZAHL, ISERGEBIRGE = grobkörniger Granit weiß/rosa bis weiß/bräunlich, aus Liberec/CSSR

KUKUL = mittelkörnig grauer Granit mit roten Flecken, aus Mazedonien/Jugoslawien

PERLA INDIA, SATO-RED usw. = mehrere rot/schwarze Orthogneise unterschiedlicher Textur. Alle Raum Bangalore/Indien

VULKAN-RED, INDIA-FLAME usw. = verschiedene, formenreiche Migmatite aus S-Indien

PARADISO = weinrot/grau gesprenkelter Migmatit aus S-Indien

INDIA FIORITO = rötlicher Granit mit grünem Epidot aus Umgebung von Bangalore/Indien

CAP STAR = purpurgrauer, gleichmäßig welliger Orthogneis vom Pilandsgebirge/Südafrika

ANGOLA-RED = mittelkörniger Epidotgranit, rot/weiß/gelbgrün, aus Sa do Bandeira/Angola

AQUILA RED = purpur/weiß/schwarzer grobkörniger Granit aus Atibaia/Brasilien

CAMPO BELO = rötlich/grünlich/grauer Porphyroid aus Brasilien

ROSA BIRITIBA = Orthogneis aus Brasilien

(HAVANA ROT), ABBOUD = rötlich/bläulich/gelber Granit aus Saudi-Arabien

braun

BALTIK-BRAUN = Rapakivi-Granit mit gerundeten hellbraunen Feldspäten, aus Ylämaa/SO-Finnland

ROBRATO = dichter, schlierig texturierter Trachyt aus M-Portugal

MARRON SAN LUIS = grobkörniger grauer Foyait mit rotbraunem Nephelin, aus Serra Monchique/Algarve/Portugal

MARRON GUAIBA, MARRON GAUCHO = brauner Syenit aus Cachoeira do Sul/Brasilien

FOX = graubrauner Syenit aus Oulainen/N-Finnland

GOLIKOV = schwach gerichteter Epigneis, rotbraun mit viel Biotit, aus Karelien/UdSSR

MOSKART, (INDIANA) = grobkörniger Monzonit, grau, bräunlicher Schimmer, aus Pando/Uruguay

SYRINGA = rotbraun/grauer Orthogneis aus S-Indien

(HAVANA BRAUN) GHADEER = gelbbrauner Granit aus Saudi-Arabien

gelb

(DORADO) = mittelkörniger Granit, schwach gelb, aus Arnsdorf/Lausitz/DDR

AMARELO . . . (mehrere Sorten) = aus N-Portugal und NW-Spanien. Granite von mittlerem bis gröbstem Korn

TARN JAUNE (GELB „F") = mittelkörnig creme, aus S-Frankreich
JUPARANA = feinkörniger Orthogneis, kräftig gelb, aus Rio de Janeiro/Brasilien. Darin gibt es auch dunklere bis riesenkörnige Partien
SAN ANGELICA = leuchtend gelber Orthogneis aus Brasilien

weiß
EGING = weißer Granit mit großen idiomorphen Feldspäten, aus Thurmannsbang/Bayerischer Wald
ROGGENSTEIN = grobkörnig, aus Umgebung von Vohenstrauß/Oberpfalz
NAMMERING = mittelkörniger weißer Granit aus Tittling/Bayerischer Wald
KALTRUM, EITZING = feinkörniger Granit aus Hauzenberg/Passau
WEINGRABEN = riesenkörnig mit rötlichem Hauch, Gusen/Oberösterreich
IRAGNA = Muskowit-reicher Paragneis von Biasca/Tessin
(LUNA), (SILBERWEISS), SOGNEFJORD = mittelkörniger Trondhjemit vom Sognefjord/Norwegen
GRIS PERLA = grobkörniger Granit aus Pontevedra/NW-Spanien
CRISTAL AZUL = grobkörniger Granit aus Guimarães/N-Portugal
(HARRY) = mittelkörniger Granit aus Evora/M-Portugal
(GABY) = lichter, prophyrischer Granit aus Evora
BLANC CLAIR DU TARN = mittelkörnig, aus S-Frankreich
BIANCO BAVENO, MONTORFANO = mittelkörniger Granit vom Lago Maggiore/Italien
(LORD), BETHEL WHITE = feinkörniger Bostonit mit Klinozoisit, aus Bethel/Vermont/USA
DIAMANT = plattiger Quarzit aus Phalaborwa/Transvaal/Südafrika

hellgrau
KRONREUTH = feinkörnig, aus Hauzenberg bei Passau
NEUHAUS = feinkörnig, aus Aschau/Oberösterreich
MAUTHAUSEN = grobkörnig, aus Umgebung von Mauthausen
CERNA VODA = feinkörnig, aus Freienwaldau/CSSR
KAZAROVICE, POZARY, BORENA HORA = mittel- bis grobkörnig, aus Böhmen/CSSR
BOUVACOTE = mittelkörniger Granodiorit aus Rémiremont/Vogesen
LODRINO = Paragneis aus dem Val Riviera/Tessin
CALANCA = Paragneis aus dem Val Calanca/Tessin
VERZASCA = Paragneis aus dem Val Verzasca/Tessin
(MONTANA), (IRLAND-GREY) = Paragneis aus dem Val Leggiuna/Tessin
CRESCIANO = Paragneis aus Biasca/Tessin
ONSERNONE = Paragneis aus dem Val Vergeletto/Tessin
SERIZZO ANTIGORIO = Paragneis aus dem Val Antigorio/N-Italien
GHIANDONE = Paragneis aus dem Val Malenco/N-Italien
GHIANDONE STRIATO, ZEBRATO, (OKAPI) = stark gebänderter Paragneis aus dem Val Antigorio/N-Italien
GRIGIO ARGENTO = gelblich grauer Aplit aus Sardinien
LUSERNA = lichter Paragneis aus San Giovanni bei Torino/Italien
GONDOMAR = feinkörnig, aus Vigo/NW-Spanien

TOLGA = mittelkörniger Trondhjemit aus Tolga/M-Norwegen
LABRADOR TX = hellgrau/weißer Larvikit (ohne Schiller) von Insel Tjome/Norwegen
IDEFJORD, HILLEREN, NORDBERG u. a. = gelblich-graue feinkörnige Granite aus dem Bohuslän/Schweden
NYSTAD GREY = heller Gneisgranit aus Uusikaupunki/Finnland
MAHARADJA, PRADESH = wolkig texturierter Migmatit unterschiedlicher Tönung aus S-Indien

dunkelgrau
FÜRSTENSTEIN = mittelkörniger Tonalit aus Fürstenstein bei Tittling/Niederbayern
SCHREMS = mittelkörniger Tonalit aus Gebharts/Niederösterreich
ENZIAN = dunkelgrauer Protogin-Granit aus dem Kaunertal/Tirol
STAINZ, GAMS = Paragneis aus der Steiermark
TISA = mittelkörniger Granit aus dem Egerland/CSSR
SEEPERLE, OLEBERG = mittelkörniger Larvikit aus Larvik/Norwegen
NANTU = grobkörnig, mit grünlichem, bräunlichem oder rötlichem Hauch, aus Oulainen/N-Finnland
IMPALA, (ASTOR) = mittelkörniger Gabbro aus Rustenburg/Südafrika

blau
BLUE SKY = blaßblauer Orthogneis aus Verrayes/Aosta/Italien
HELL LABRADOR = hellblauer Larvikit mit schillerndem Na-Feldspat aus Larvik/Norwegen
(RAPOLLANO), MADRE PERLA = mittelkörniger Cordieritfels aus San Luis/Argentinien
AZUL BAHIA = intensiv marineblauer Sodalit-Foyait aus Itaju do Colonia/Brasilien

hellgrün
AMAZONIT = mittelkörniger Amazonit-Granit, hellgrüne, oft auch dunkelrote und gelbe Feldspäte, aus Kazachstan/UdSSR
ANDEER, (ALPINA) = feinkörniger Porphyroid mit Quarz-Augen in Phengit-Masse aus Andeer/Graubünden
(SCHANDONG), PIGNIA = grobkörniger Porphyroid mit Feldspat-Augen in grüner Phengit-Masse, aus Andeer/Graubünden
VERDE BAVENO = mittelkörniger Monzonit, grün/weiß, aus Mergozzo am Lago Maggiore/Italien
VERDE OROPA = mittelkörniger Chloritgneis, grün/weiß mit viel Muskowit, aus Santuario d'Oropa/N-Italien
VERDE ARGENTO = Epidot- und viel Muskowit-führender Paragneis aus Settimo Vittone/NW-Italien
VERDE SPLUGA = plattiger Phengitquarzit vom Splügenpaß/italienische Seite
RHONE-QUARZIT = Phengit-Quarzit aus Sankt Niklaus/Wallis/Schweiz
HOCHLAND-QUARZIT = auch graugrün bis blaugrau, aus Burlington/N-England
MAHARANI = Muskowit/Epidot-Gneis aus Kuppaam/Indien

oliv
MONTE VERDE, VERDE SPRIANA = Chloritgneis vom Val Malenco/N-Italien
NEUGRÜN = mittelkörniger Pyroxensyenit aus Önnestad/S-Schweden
(LINCOLN), UBATUBA = mittelkörniger Charnockit mit Granat, aus Ubatuba/Brasilien

VERDE VENEZIA, (KORALL GRÜN) = riesenkörniger Gneis mit basischer Komponente aus Nova Venezia/Brasilien

dunkelgrün

GRENZLAND, NIXDORF, SCHNEEFLOCKE = Lamprophyr aus der Oberlausitz/DDR bzw. jenseits der Grenze Sluknow/CSSR

BODAFORS = feinkörniger Diabas aus Bodafors/M-Schweden

DUNKEL LABRADOR = grobkörniger Larvikit mit schillernden Feldspäten, aus Larvik/Norwegen

BALTIK-GRAU = Rapakivi mit intermediärem Chemismus aus Raippo/SO-Finnland

RUSSISCHER LABRADOR = riesenkörniger Anorthosit mit blau schillernden Plagioklasen, aus Golowino/Ukraine

VERDE INDIA = gleichmäßig ausgebildeter Diabas mit helleren Feldspat-Einsprenglingen aus Tirnahalli/S-Indien

(TURMALIN) = durch Pyroxen und rotem Granat charakterisierter Gneis aus Bitterfontain/Südafrika

NATAL GREEN = schwarzgrün, aus Südafrika

schwarz

SS, SCHWARZ-SCHWEDISCH = feinkörniger Basalt (Dolerit) mit viel Titaneisen, aus dem Gebiet zwischen Karlshamn und Växjö/S-Schweden

FINNISH-BLACK = feinkörniger Gabbro aus Hyvinkää/M-Finnland

ONEGA-SCHWARZ = feinstkörniger Gabbro aus Karelien/UdSSR

INDIA BLACK = tiefschwarzer Basalt aus Mysore/Indien

SSY = feinkörniger Gabbro aus Belfast/Südafrika

PILANDSBERG vom gleichnamigen Gebirge bei Rustenberg/Südafrika = Essexit mit hellem Feldspat, schwarzem Pyroxen und rotem Eudialyt

LABRADOR D'ANGOLA = blauschwarzer, grobkörniger Anorthosit mit schwachem Schiller. Sa do Bandeira/Angola

NEGRO ASSOLUTO, NEGRO ORIENTALE („M", „MMM") = tiefschwarzer bzw. schwarz/grau geperlter Basalt aus Rosario/Uruguay

Die meisten Natursteinwerke unseres Raumes stellen vorwiegend oder ausschließlich Grabmale her. Diejenigen, die sich auch mit Bauarbeiten befassen, führen neben den aufgezählten „Hartgesteinen" noch folgende Arten, z. T. jeweils in mehreren Sorten, von denen die Mehrzahl vom Ausland und auch aus Übersee stammt: Kalkstein, Travertin, Schillkalk, Onyx, Dolomitstein, Marmor, Ophicalcit, Cipollino, Serpentinit, Chloritschiefer, Sandstein, Pläner, offene und dichte Brekzien und Konglomerate. Vielfach werden für die Ausführung von Bekleidungen, Boden- und Wandbelägen noch spaltrauhe Platten, nämlich Kalkschiefer, Tonschiefer, Phyllit, Quarzit, Glimmerschiefer und Glimmerquarzit verwendet.

Forschungs- und Erschließungsgeschichte

Sigmund Wann
um 1395 – 1469
Kam als Blechmachergeselle nach Venedig, wurde dort vermutlich mit der Alchimie vertraut und gründete später in Wunsiedel einen Zinnhandel, dessen Aufschwung ihn zu einem reichen Handelsherren sowie zum Bürgermeister von Eger machte. Als frommer Philantrop stiftete er das nach ihm benannte Spital in Wunsiedel, in dem sich heute das Fichtelgebirgsmuseum befindet. Seinen Geschäftsbeziehungen mit ganz Mitteleuropa verdankt die Zinngewinnung im Fichtelgebirge ihre große Bedeutung.

Caspar Bruschius, genannt Brusch
1518 – 1559
Als Religionsflüchtling von Schlaggenwald in Böhmen nach Wunsiedel verschlagen, verfaßte er eine erste „Gründliche Beschreibung des vortrefflichen Fichtelberges", worin er besonders den mittelalterlichen Bergbau schilderte. Er galt als „Gekrönter Poet", wurde schließlich bei Rothenburg/Tauber ermordet.

Johann Will
1645 – 1705
Magister und Pfarrer in Creußen
Vom ihm stammt die Schrift „Das Teutsche Paradeiß in dem vortrefflichen Fichtelberg", mit dem er das Augenmerk der damaligen wissenschaftlichen Welt auf das ostbayerische Grenzgebirge richten wollte.

D. Johann Georg Pertsch
1651 – 1718
Rektor der Lateinschule in Wunsiedel, dann Generalsuperintendent in Gera. Er beschrieb in der Chronik „Origines Voitlandiae et celebris in hac urbis Bonsidelae Tractatus bipartitus . . ." den Bergbau im inneren Fichtelgebirgsraum.

Beschreibung Des Fichtel-Berges In Nordgau liegend, In Dreyen Theilen abgefasset, ...
Leipzig, 1716.

Johann Christoph Pachelbel von Gehag

1675 – 1726

„In der Medicin und Chymie hocherfahrener Prakticus" verfaßte die „Ausführliche Beschreibung des Fichtelgebirges, im Nordgau liegend . . .", die erste zuverlässige Bergbaugeschichte, in der aber auch das Auffinden von Gold und edlem Gestein noch mit Hilfe von Geisterbeschwörung erklärt wird.

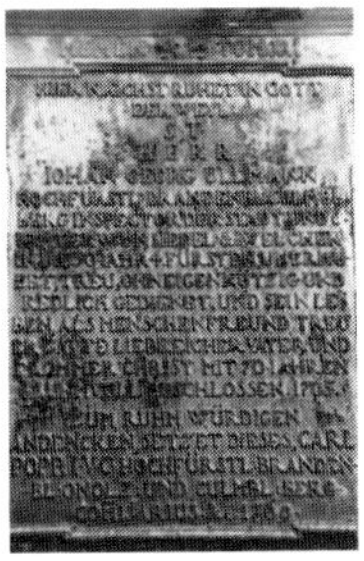

Johann Georg Ullmann

gestorben 1765

Ein Hochfürstlich-Brandenburgisch-Culmbachischer Berg-Spector, Bergmeister und Zehntner. Er beschrieb und zeichnete die Bergwerke des Fichtelgebirges und pries die reichen Schätze des Bayreuther Grenzgaues in überschwenglicher Weise, wobei er u. a. auch Diamenten und Rubine nannte.

Johann Wolfgang von Goethe

1749–1832

Geheimer Rat, Dichter und Universalgelehrter. Während seiner Reise durch das Egerland und Oberfranken hob er die große geognostische Bedeutung des alten Gebirges hervor, befaßte sich mit den Pseudomorphosen des Specksteins und erklärte als Erster die Entstehungsweise des Felsenlabyrinths auf der Luisenburg durch langsame natürliche Verwitterung.

Mathias von Flurl

1756–1823

Wirklicher Geheimer Rat.

Er begründete die Geologie von Bayern und lenkte das wissenschaftliche Interesse auf Fichtelgebirge und Frankenwald. Die erste vollständige Gebietssammlung, von ihm zusammengetragen, besteht heute noch im Oberbergamt zu München.

Alexander von Humboldt
1769–1823
Naturforscher, Geograph und Diplomat. Als junger Bergassessor brachte er den abflauenden Goldbergbau, sowie den durch Kriegswirren darniederliegenden Kupferabbau in Sparneck und Kupferberg wieder zur Blüte. Dabei entdeckte er auch den Geomagnetismus der hiesigen Serpentinstöcke.

Johann Jacob Schmidt
1784–1835
Apotheker in Wunsiedel, Philanthrop und Abgeordneter der Bayerischen Stände.
Begründer der nach ihm benannten Mineraliensammlung, von der sich heute noch Reste im Fichtelgebirgsmuseum befinden. Der gewaltige Stadtbrand von 1834 vernichtete den größten Teil davon. Es müssen ungemein schöne Stufen aus allen Bergwerken Oberfrankens darin gewesen sein.

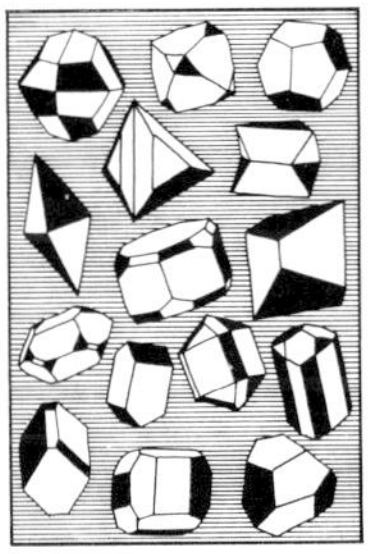

August Goldfuß und Gustav Bischof
gewirkt um 1810
Professoren der Universität Würzburg
Sie untersuchten die Minerale und Gesteine von Frankenwald und Fichtelgebirge, begründeten die Tektonik für unseren Raum und stellten erste Überlegungen über die zeitliche Einstufung an.

Erhard Ackermann
1813–1880
Granitwerksbesitzer in Weißenstadt.
Seine Erfindung, Granit zu schleifen und zu polieren, brachte seine Steinmetzwerkstatt zum Industriebetrieb von Weltgeltung. Von Weißenstadt aus gingen Monumente, Portale, Treppen, Säulen und Fassaden zu allen Prunkbauten Deutschlands und auch nach Übersee.

Dr. Friedrich Schmidt
1819–1863
Apotheker in Wunsiedel und Landtagsabgeordneter.
Er erweiterte die väterliche Sammlung beträchtlich und verfaßte etliche gesteinskundliche und botanische Abhandlungen über das Fichtelgebirge und seine Nachbarlandschaften.

Dr. Carl Wilhelm von Gümbel
1823/1898
Oberbergamtsdirektor und Universitätsprofessor zu München.
Als Altmeister der bayerischen Geologie verfaßte er die äußerst umfangreichen und detaillierten Geognostischen Gebietsbeschreibungen Bayerns, wobei er dem Frankenwald und dem Fichtelgebirge ganz besondere Aufmerksamkeit widmete. Seine Schriften, Karten und Analysen dienen heute noch der modernen Forschung als Grundlage.

Oscar Gebhardt
1847–1921
Kaufmann und Chemiker in Marktredwitz.
Als Amateurgeologe besaß er einen bedeutenden Ruf und korrespondierte mit vielen Fachgelehrten seiner Zeit. Er hinterließ der Stadt Marktredwitz eine ansehnliche lokalbetonte Steinsammlung.

Dr. Albert Schmidt
1849–1918
Apotheker in Wunsiedel, Mineraloge und Volkskundler.
Neben gründlichen Arbeiten über Zinn, Eisenerz, Gold, Steatit und Kalk verfaßte er die mineralogischen Tabellen vom Fichtelgebirge, exakte Fundstellennachweise. Die von ihm erweiterte, durch eine Überschwemmungskatastrophe jedoch wiederum dezimierte Schmidt'sche Mineraliensammlung befindet sich jetzt im Fichtelgebirgsmuseum.

Georg Müller
1854–1908
Lehrer in Wunsiedel.
Namhafter Fichtelgebirgsmineraloge, der rege Beziehungen zu den mineralogischen Instituten im In- und Ausland unterhielt. Seine vielseitige Mineraliensammlung mit einem beachtlichen Lokalteil erwarb die Universität Erlangen.

Dr. Heinrich Laubmann
1865–1951
Industriechemiker und Universitätsprofessor in München.
Er erforschte die paragenetischen Verhältnisse Bayerns, besonders des nordöstlichen Grundgebirges. Sein Hauptwerk (Die Minerallagerstätten Bayerns) galt bis in unsere Zeit als ausführlichste Beschreibung.

Georg Gebhardt
1870–1955
Oberlehrer und Heimatforscher.
Als Kenner der hiesigen Mineralwelt pflegte er Verbindungen mit vielen namhaften Wissenschaftlern uind beteiligte sich an ihren Forschungsvorhaben. Seine umfangreiche Steinsammlung befindet sich noch im Privatbesitz.

Carl Wölfel
1877–1950
Kommerzienrat, Begründer und langjähriger Direktor des Natursteinbetriebs Grasyma.
Mit anderen Zeitgenossen verschaffte er dem Fichtelgebirge den Ruf als Zentrum der Natursteingewinnung und -verarbeitung. In seiner Ära gelangten ostbayerische Granite zu Bauwerken in der ganzen Welt.

Adolf Reul
geb. 1892
Betriebsdirektor und Ehrenpräsident des Deutschen Naturwerkstein-verbandes.
Seiner Vorfahren und der eigenen Tatkraft gelang es, aus einfachen Steinmetzwerkstätten eines der bedeutendsten Granitindustriewerke der Welt aufzubauen, in dem trotz regen Imports immer noch das einheimische Material in Ehren gehalten wird.

Dr. Adolf Wurm
1886–1970
Universitätsprofessor in Würzburg.
Als führender Geologe befaßte er sich in unzähligen Veröffentlichungen und vielen Kartierungsarbeiten mit der Stratigraphie und Tektonik des Frankenwaldes und beschrieb mit unnachahmlicher Präzission auch die geologischen Verhältnisse der benachbarten Regionen.

Dr. Hugo Strunz
geb. 1910
Direktor des Mineralogischen Instituts an der Technischen Universität Berlin-Charlottenburg.
Neben richtungweisenden grundlegenden Forschungen in der Mineralogie (Systematik auf kristallchemischer Grundlage) bearbeitete er die Paragenesen des Fichtelgebirges und der Oberpfalz, besonders die Phosphatpegmatite von Hagendorf, in denen er viele neue Minerale entdeckte.

Dr. Siegfried Matthes
geb. 1913
Direktor des Mineralogischen Instituts der Universität Würzburg.
Im Rahmen des internationalen Forschungsprogramms „Oberer Erdmantel" untersuchte er Mineralogie, Petrologie und Geochemie der Eklogite, sowie anderer metamorpher Gesteine der Münchberger Masse und der nördlichen Oberpfalz, wobei er die thermische Umkristallisationsmetamorphose basisch/ultrabasischer Gesteine deutete.

Dr. Klaus Sduzy
geb. 1925
Professor und Vorstand des Instituts für Paläntologie an der Universität Würzburg. Er bearbeitete die fossile Fauna und Flora des Frankenwaldes neu, entdeckte und bestimmte eine Vielzahl von Versteinerungen und schuf dadurch die Möglichkeit exakter stratigraphischer Einstufung des ostbayerischen Paläozoikums.

Dr. Gerhard Stettner
geb. 1927
Landesgeologe im Bayerischen Geologischen Landesamt.
Er bearbeitete die Steatitlagerstätte Johanneszeche, sowie weitere Paragenesen nach neuesten Erkenntnissen, vollzog die Kartierung der meisten Blätter 1:25 000 unseres Raumes und gilt durch seine grundlegenden und umfassenden Untersuchungen als bester Kenner der Petrographie und Tektonik von Fichtelgebirge und Münchberger Masse.

Friedrich Müller
geb. 1923
Rektor, Lehramt für Geologie an der Staatlichen Fachschule für Steinbearbeitung in Wunsiedel.
Autor vorliegenden Buches. Verfasser der Internationalen Naturstein-Kartei. Mitverfasser des deutschen Natursteinlexikons. Begründer und Betreuer des Deutschen Naturstein-Archivs, der größten Sammlung in der Welt von Gesteinen für Architektur und Skulptur. Begründer und Betreuer der geologisch-mineralogischen Abteilung des Fichtelgebirgsmuseums in Wunsiedel.

Erich Flügel
geb. 1915
Ein hervorragender Kenner der heimischen Mineralwelt. Der jetzt im Ruhestand befindliche Einkaufsleiter hat fast drei Dutzend bisher für unser Gebiet unbekannter Minerale als micromounts entdeckt und eine ansehnliche Zahl neuer Fundstellen ausfindig gemacht, worüber er in Fachpublikationen berichtete.

Schrifttum

Über die Erdgeschichte, die Mineralogie und Paläontologie NO-Bayerns existiert eine äußerst umfangreiche Fachliteratur. Die weitaus meisten Abhandlungen sind jedoch in Fachzeitschriften niedergelegt oder in Form von Dissertationen erschienen und daher nur einem kleinen Kreis zugänglich.
Von den zusammenfassenden Gebietsbeschreibungen sind die meisten vergriffen. Deren wichtigste werden im folgenden Verzeichnis dennoch mit aufgeführt. Daneben auch einige Standardwerke, die der allgemeinen Weiterbildung und Information dienen können.

ADOLF WURM Geologie von Bayern, Band I: **Frankenwald, Münchberger Gneismasse, Fichtelgebirge, Nördlicher Oberpfälzer Wald.**
555 Seiten, 157 Textabbildungen, 13 Texttafeln und 6 Beilagen.
1961 Verlag Gebrüder Borntraeger, Berlin-Nikolassee.
Ausführliche wissenschaftliche Gesamtbeschreibung

HUGO STRUNZ **Mineralien und Lagerstätten in Ostbayern.**
128 Seiten mit 77 Abbildungen im Text.
1953 Gustav Bosse Verlag, Regensburg (vergriffen).
Die wichtigsten Vorkommen NO-Bayerns sind erwähnt.

HEINRICH LAUBMANN **Die Minerallagerstätten von Bayern r. d. Rh.**
111 Seiten mit einigen Abbildungen
1924 Verlag Piloty & Loehle, München (vergriffen).
Ausführliche Beschreibung auch unserer Vorkommen, jedoch keine detaillierten Fundstellenangaben.

BAYERISCHES OBERBERGAMT
Die nutzbaren Mineralien, Gesteine und Erden Bayerns, Band I: Frankenwald, Fichtelgebirge und Bayerischer Wald.
212 Seiten mit vielen Abbildungen und einigen Karten.
1924 Verlag Oldenbourg und Piloty & Loehle, München (vergriffen).
Äußerst eingehende Beschreibungen mit besonderer Berücksichtigung des historischen Bergbaues.

VFMG **Fichtelgebirge und die Münchberger Gneismasse**
(8. Sonderheft der Zeitschrift „Der Aufschluß").
144 Seiten mit 65 Abbildungen und Karten.
Herausgegeben von der Vereinigung der Freunde der Mineralogie und Geologie e. V. Heidelberg anläßlich der Jahrestagung 1960 in Wunsiedel/Fichtelgebirge (vergriffen).
14 Aufsätze über Fundgebiete.

VFMG **Zur Mineralogie und Geologie der Oberpfalz**
(16. Sonderheft der Zeitschrift „Der Aufschluß").
343 Seiten mit 227 Abbildungen und 2 Faltkarten.
Herausgegeben von der Vereinigung der Freunde der Mineralogie und Geologie e. V. Heidelberg anläßlich der Jahrestagung 1967 in Weiden/Oberpfalz.
18 Aufsätze über Fundgebiete.

H. ROSENBUSCH + A. OSANN
Elemente der Gesteinslehre (4. Auflage)
779 Seiten mit vielen Abbildungen.
1923 E. Schweizerbart'sche Verlagsbuchhandlung Stuttgart (vergriffen).
Standardwerk über Petrographie, jedoch überholte Nomenklatur.

FRIEDRICH KLOCKMANN / PAUL RAMDOHR / HUGO STRUNZ
Lehrbuch der Mineralogie (15. umgearbeitete Auflage)
820 Seiten mit 582 Textabbildungen und zahlreichen Tabellen.
1967 Ferdinand Enke Verlag Stuttgart.
Standardwerk über Mineralogie.

GEORG KNETSCH
Geologie von Deutschland
386 Seiten mit 63 Abbildungen und 28 Tafeln.
1963 Ferdinand Enke Verlag Stuttgart.
Standardwerk der Geologie von Deutschland.

ROLAND BRINKMANN u. a.
Lehrbuch der Allgemeinen Geologie
3 Bände, 520 + 579 + 630 Seiten mit zusammen 1064 Abbildungen, Tabellen und Karten.
1967 Ferdinand Enke Verlag Stuttgart.
Standardwerk über Geologie.

FRIEDRICH MÜLLER
Internationale Naturstein-Kartei
10 Bände mit ca. 1200 Textseiten, vielen Textabbildungen und ca. 1000 Farbtafeln DIN A 5. Supplementsabonnement.
1979 Verlag Ebner Ulm.
Standardwerk über die Gesteine für Architektur und Skulptur.

FRIEDRICH MÜLLER
Gesteinskunde
230 Seiten mit 500 Karten und Skizzen sowie 27 Farbtafeln.
1984 Ebner-Verlag Ulm.

HANS SPERBER
Geologische und botanische Streifzüge durch Nordostbayern
304 Seiten mit zahlreichen Abbildungen und Skizzen.
1979 Oberfr. Verlagsanstalt Hof.

BAYERISCHES GEOLOGISCHES LANDESAMT
Geologische Karte von Bayern 1:800 000
mit Erläuterungsband.

Geologische Karte von Bayern 1:25 000
jeweils mit Erläuterungsband. Bisher sind folgende Teilblätter aus unserem Raum erschienen: Nordhalben, Wallenfels, Stadtsteinach, Naila, Helmbrechts, Münchberg, Marktschorgast, Hof/Saale, Schwarzenbach/Saale, Rehau, Bobenneukirchen, Weißenstadt, Fichtelberg, Waldershof, Kemnath.

VFMG
Monatszeitschrift DER AUFSCHLUSS
mit gelegentlichen Beiträgen aus Nordostbayern.

Christian Weise Verlag
Zeitschrift LAPIS
mit gelegentlichen Beiträgen aus Nordostbayern.

HEINRICH VOLLRATH
Verwitterungs- und Abtragungsformen des Granits im Fichtelgebirge.
Mehrere Aufsätze mit Abbildungen in der Zeitschrift „Der Siebenstern", Jahrgänge 1980ff., Wunsiedel und Hof/Saale.

Nachweis der abgebildeten Fotos

Gerhard Bayerl, Marktredwitz

5 59 60 86 87 283 288 289 295
344 353 368 383 430 431

Manfred Dehn, Erbach-Donaurieden

145 149 249 252

Erich Flügel, Bayreuth

2 6 57 65 156 157 158 160 161
162 164 165 166 169 170 173 174 177
178 206 207 208 209 210 211 212 213
214 215 216 217 243 244 245 246 247
261 265 266 285 292 367 370 373 374
376 377 382 414 415 416 417 418 420
421 422 423 425 427 428 429 433 461
462 463 464 465 466 467 468 469 470
471 472 473 474 475 476 477 478 479
480 481 482 483 484

Heinz Hippmann, Selb

1 34 56 93 96 106 137 268 281
284 291 343 348 352 379 424 426

Manfred Reichenberger, Fichtelberg

402 403 404

Herbert Hennig, Hof/Saale

175 176 179 293

Wolfgang Reichner, Bayreuth

248 286 294 380 435

Gerhard Schmaus, Waldsassen

225 306 339

Waldemar Schober, Marktredwitz

220

Heinz Thiem, Wunsiedel-Schönbrunn

112 113 114 115 116 117 223 442

Heinrich Vollrath, Bad Hersfeld

459 460

Universität Würzburg

188 189 190 191 192 193 194 195 196
197 198 199 200 201 202 203 204

Fritz Zürl, Wunsiedel

8 9 13 226 385 386 397 399 401
439 440 446 447 449 450 452 453 454

Alle hier nicht aufgeführten Fotos stammen vom Verfasser. Von ihm sind auch alle Skizzen, Karten und Tabellen gezeichnet.

Herkunft der abgebildeten Gesteine und Minerale

In Klammern ist die Zahl der jeweils verwendeten Objekte angegeben.

Georg Bareuther, Wunsiedel (6)
Manfred Böttig, Arzberg (11)
Gerhard Ehmer, Thalheim/Hersbruck (1)
Hans Engelbrecht, Zeyern/Kronach (4)
Fichtelgebirgsmuseum Wunsiedel (76)
Erich Flügel, Bayreuth (81)
Erwin Freiesleben, Göpfersgrün (17)
Helmut Grießhammer, Marktredwitz (3)
Herbert Hennig, Hof/Saale (6)
Hans & Heinz Hippmann, Selb (16)
Ernst Meinel, Röthenbach/Arzberg (5)
Franz Morgeneier & Fritz Göschel, Leupoldsdorf (6)
Paläontologisches Institut der Universität Würzburg (17)
Wolfgang Reichner, Bayreuth (13)
Gerhard Schmaus, Waldsassen (4)
Waldemar Schober, Marktredwitz (5)
Karl Schricker, Kirchenlamitz (2)
Staatliche Fachschule für Steinbearbeitung, Wunsiedel (67)
Loni Strunz, Rehau (1)

Zusammenstellung der in NO-Bayern auftretenden Minerale

mit Angabe der chemischen Formeln. Sie ist für diejenigen Leser gedacht, denen Spezialliteratur nicht zur Verfügung steht.

Adular (K,Na) $[AlSi_3O_8]$
Aktinolit $Ca_2(Fe,Mg)_5[OH/Si_4O_{11}]_2$
Albit $Na[AlSi_3O_8]$
Almandin $Fe_3Al_2[SiO_4]_3$
Amethyst = Quarz
Amphibol = Hornblende, Aktinolit, Grammatit
Analcim $Na[AlSi_2O_6] \cdot H_2O$
Anatas TiO_2
Andalusit $Al_2[O/SiO_4]$
Andesin = Plagioklas
Andradit $Ca_3Fe_2[SiO_4]_3$
Anglesit $PbSO_4$
Antigorit $Mg_6[(OH)_8/Si_4O_{10}]$
Antimonit Sb_2S_3
Apatit $Ca_5[(F,Cl)/(PO_4)_3]$
Apophyllit $KCa_4[F/(Si_4O_{10})_2] \cdot 8H_2O$
Arsen gediegen As
Arsenkies FeAsS
Asbest = Chrysotil
Augit $CaMg[Si_2O_6]$
Aurichalcit $(Zn,Cu)_5(OH)_6(CO_3)_2$
Autunit $Ca[UO_2/PO_4]_2 \cdot 8H_2O$
Axinit $Ca_2(Fe,Mg,Mn)Al_2[BO_3OH/Si_4O_{12}]$
Azurit $Cu_3[OH/CO_3]_2$

Baryt $BaSO_4$
Bertrandit $Be_4[(OH)_2/SiO_4/SiO_3]$
Beryll $Al_2Be_3[Si_6O_{18}]$
Biotit $K(Mg,Fe)_3[(OH)_2/AlSi_3O_{10}]$
Bismuthinit Bi_2S_3
Bitterspat = Magnesit
Bleiglanz PbS
Boulangerit $Pb_5Sb_8S_{17}$
Bournonit $PbCuSbS_3$
Brauner Glaskopf = Limonit
Bravoit $(Fe,Ni)S_2$
Brochantit $Cu_4[(OH)_6/SO_4]$
Bronzit $(Mg,Fe)_2[Si_2O_6]$
Brookit TiO_2
Bunter Glaskopf = Limonit

Calcit $CaCO_3$
Chabasit $Ca[Al_2Si_4O_{12}] \cdot 6H_2O$
Chalcedon SiO_2
Chalkopyrit = Kupferkies
Chalkosin Cu_2S
Chlorit $Fe_3[(OH)_2/Si_4O_{10}] \cdot Fe_3(OH)_6$
Chrysokoll $CuSiO_3 + H_2O$
Cobaltblüte $Co_3[AsO_4]_2 \cdot 8H_2O$
Cobaltglanz CoAsS
Coelestin $SrSO_4$
Columbit $(Fe,Mn)(Nb,Ta)_2O_6$
Cordierit $Mg_2Al_3[AlSi_5O_{18}]$
Covellin CuS
Cronstedtit $Fe_6[(OH)_8/Fe_2Si_2O_{10}]$
Cuprit Cu_2O
Cuprobismuthit $CuBiS_2$
Cyanit $Al_2[O/SiO_4]$

Delafossit $CuFeO_2$
Demantoid = Andradit
Desmin = Stilbit
Diallag $CaMg[Si_2O_6]$
Diopsid $CaMg[Si_2O_6]$
Disthen = Cyanit
Dolomit $CaMg(CO_3)_2$
Dopplerit = ? Ca-Humat

Egeran = Vesuvian
Eisenblüte = Aragonit
Eisenglanz = Hämatit
Eisenkiesel = Quarz
Eisenrose = Hämatit
Eisenspat = Siderit
Eisenvitriol $FeSO_4 \cdot 7H_2O$
Emplektit $CuBiS_2$
Epidot $Ca_2Al_3[O/OH/SiO_4/Si_2O_7]$
Erythrin = Cobaltblüte
Euklas $AlBe[OH/SiO_4]$
Euosmit $(C)_{78}(H)_{10}(O)_{11}$

Fahlerz = Tennantit, Tetraedrit
Falkmanit $Pb_5Sb_4S_{11} \cdot PbS$
Fichtelit $C_{19}H_{34}$
Forsterit $Mg_2[SiO_4]$
Fluorit CaF_2
Flußspat = Fluorit

Geokronit Pb_5AsSbS_8
Gersdorffit NiAsS
Gilbertit = Muskowit
Gips $CaSO_4 \cdot 2H_2O$
Gismondin $Ca[Al_2Si_2O_8] \cdot 4H_2O$
Glagerit $Al_4[(OH)_8/Si_4O_{10}] \cdot 4H_2O$
Glimmer = Muskowit, Biotit
Goethit $FeHO_2$
Gold gediegen Au
Goyazit $SrAl_3[(OH)_6/PO_4/PO_3OH]$

Grammatit Ca_2Mg_5 [OH/Si_4O_{11}]$_2$
Granat = Almandin, Andradit, Grossular
Graphit C
Grossular Ca_3Al_2 [SiO_4]$_3$
Gudmundit FeSbS
Gümbelit $(K,H_2O)Al_2[(H_2O,OH)_2/AlSi_3O_{10}]$

Hämatit Fe_2O_3
Heliotrop = Chalcedon
Hercynit $FeAl_2O_4$
Herderit CaBe [F/PO_4]
Hessonit Ca_3Al_2 [SiO_4]$_3$
Honigspat = Zinkblende
Hornblende $(Ca,Ti)_2(Fe,Mg)_5$ [OH/Si_4O_{11}]$_2$
Hyalit = Opal
Hydrohämatit = Goethit
Hypersthen $(Fe,Mg)_2$ [Si_2O_6]

Iddingsit $(Mg,Fe)_6$ [$(OH)_8/Si_4O_{10}$]
Ilmenit $FeTiO_3$

Jamesonit $Pb_4FeSb_6S_{14}$
Jaspis = Chalcedon
Jordanit $Pb_4As_2S_7$

Kalkspat = Calcit
Kanonenspat = Calcit
Kaolinit Al_4 [$(OH)_8/Si_4O_{10}$]
Karinthin $NaCa_2Mg_4Al$ [$(OH)_2/Al_2Si_6O_{22}$]
Kascholong = Opal
Kassiterit SnO_2
Katzenauge = Chalcedon
Kermesit Sb_2S_2O
Klaprothit $Cu_6Bi_4S_9$
Klinozoisit = Epidot
Korund Al_2O_3
Kupferkies $CuFeS_2$
Kupfervitriol $CuSO_4 \cdot 5H_2O$

Labradorit = Plagioklas
Langit Cu_3 [$(OH)_4/SO_4$] $\cdot H_2O$
Laumontit Ca [$Al_2Si_4O_{12}$] $\cdot 4H_2O$
Limonit FeOOH
Lithionglimmer = Zinnwaldit
Lithiophorit $Li(OH)_2MnO_2$

Magnesit $MgCO_3$
Magneteisen = Magnetit
Magnetit Fe_3O_4
Magnetkies FeS
Malachit Cu_2 [$(OH)_2/CO_3$]
Markasit FeS_2
Meneghinit $Pb_{13}CuSb_7S_{24}$
Mikroklin K [$AlSi_3O_8$]
Millerit NiS
Molybdänglanz MoS_2
Montmorillonit $(Al,Mg)_2$ [$(OH)_2/Si_4O_{10}$] $\cdot Na(H_2O)_4$
Morion = Quarz
Muskowit KAl_2 [$(OH,F)_2/AlSi_3O_{10}$]

Nakrit Al_4 [$(OH)_8/Si_4O_{10}$]
Natrolit Na_2 [$Al_2Si_3O_{10}$] $\cdot 2H_2O$
Nephelin KNa_3 [$AlSiO_4$]$_4$
Nephrit = Aktinolit
Nickelarsenkies = Gersdorffit
Nontronit Fe_2 [$(OH)_2/AlSi_3O_{10}$] $\cdot Na(H_2O)_4$

Ocker = Limonit
Offretit (Ca,K,Na) [$Al_2Si_4O_{12}$] $\cdot 5H_2O$
Oligoklas = Plagioklas
Olivin $(Mg,Fe)_2$ [SiO_4]
Omphacit $(CaMg,Al_2O_3)$ [Si_2O_6]
Orthoklas K [$AlSi_3O_8$]
Osumilit $(K,Na,Ca)Mg_2Fe_3$ [$Si_{12}O_{30}$]

Pennin Mg_3 [$(OH)_2/Si_4O_{10}$] $\cdot Mg_3(OH)_6$
Perowskit $CaTiO_3$
Pharmakosiderit KFe_4 [$(OH)_4/(AsO_4)_3$] $\cdot 7H_2O$
Phenakit Be [SiO_4]
Phillipsit KCa [$Al_3Si_5O_{16}$] $\cdot 6H_2O$
Phosphorit = Apatit
Pittizit $2Fe_2O_3 \cdot 3SO_3 \cdot As_2O_5 \cdot 12\ H_2O$
Plagioklas Na [$AlSi_3O_8$] $\cdot$ Ca [$Al_2Si_2O_8$]
Plagionit $Pb_5Sb_8S_{17}$
Plasma = Chalcedon
Porzellanjaspis = Chalcedon
Prasem = Chalcedon
Prehnit Ca_2Al_2 [$(OH)_2/Si_3O_{10}$]
Pseudophit Fe_3 [$(OH)_2/Si_4O_{10}$] $\cdot Fe_3(OH)_6$
Psilomelan $Mn_5O_{10} \cdot H_2O$
Pyknit = Topas
Pyrit FeS_2
Pyrolusit MnO_2
Pyromorphit Pb_5 [$Cl/(PO_4)_3$]
Pyroxen = Augit, Diallag, Diopsid, Hypersthen

Quarz SiO_2

Rauchquarz = Quarz
Rhodochrosit $MnCO_3$
Roteisen = Hämatit
Rotkupfererz = Cuprit
Rotspießglanzerz = Kermesit
Rubellan = Biotit
Rutil TiO_2

Saleeit $Mg[UO_2/PO_4]_2 \cdot$ 8-12H_2O
Schörl = Turmalin
Schwarzer Glaskopf = Psilomelan
Schwerspat = Baryt
Sepiolit Mg_4 [$(OH)_2/Si_6O_{15}$] $\cdot 2H_2O+4H_2O$
Serizit = Muskowit
Serpentin Mg_6 [$(OH)_8/Si_4O_{10}$]
Siderit $FeCO_3$
Silber gediegen Ag
Skutterudit $CoAs_3 \cdot NiAs_3$
Spateisen = Siderit
Specularit = Hämatit
Sphen = Titanit

Speiskobalt = Skutterudit
Steatit $Mg_3\ [(OH)_2/Si_4O_{10}]$
Sternquarz = Quarz
Stilbit $Ca\ [Al_2Si_7O_{18}] \cdot 7H_2O$
Stilpnomelan
$K\ (Fe,Mg,Al)_2\ [(OH)_2/Si_4O_{10}] \cdot x(H_2O)_2$
Strahlstein = Aktinolit
Strontianit $SrCO_3$

Talk $Mg_3\ [(OH)_2/Si_4O_{10}]$
Tennantit $Cu_3A_5S_3$
Tenorit CuO
Thomsonit $NaCa_2\ [Al_5Si_5O_{20}] \cdot 6H_2O$
Thuringit $Fe_3\ [(OH)_2/AlSi_3O_{10}] \cdot Fe_3(OH)_6$
Titanaugit $CaMg\ [(Si,Ti)_2O_6]$
Titanit $CaTi\ [O/SiO_4]$
Topas $Al_2\ [F_2/SiO_4]$
Topazolit = Andradit
Tobernit $Cu\ [UO_2/PO_4]_2 \cdot 8H_2O$
Torfleber = Dopplerit
Traubiges Erz = Siderit
Tremolit = Grammatit
Tridymit SiO_2
Tropfstein = Calcit, Aragonit
Turmalin $NaFe_3(Al,Fe)_6\ [(OH)_4/(BO_3)_3(Si_6O_{18})]$

Uranglimmer = Autunit, Tobernit
Uranophan $Ca(UO_2)_2[OH/SiO_3]_2 \cdot 5H_2O$
Uranpechblende UO_2

Valentinit Sb_2O_3
Vesuvian $Ca_{10}(Mg,Fe)_2Al_4\ [(OH)_4/(SiO_4)_5/(Si_2O_7)_2]$
Vivianit $Fe_3\ [PO_4]_2 \cdot 8H_2O$

Wad = Psilomelan
Wachsopal = Opal
Wavellit $Al_3\ [(OH)_3/(PO_4)_2] \cdot 5H_2O$
Wismut gediegen Bi
Wittichenit Cu_3BiS_3
Wolchonskoit $(Fe,Cr)\ [(OH)_2/AlSi_3O_{10}] \cdot 4H_2O$
Wolframit $(Fe,Mn)WO_4$
Wolfsbergit $CuSbS_2$
Wollastonit $Ca_3\ [Si_3O_9]$

Zinkblende ZnS
Zinnstein = Kassiterit
Zinnwaldit $K\ (Li,Al)_3\ [(OH)_2/AlSi_3O_{10}]$
Zirkon $Zr\ [SiO_4]$
Zitrin = Quarz
Zoisit $Ca_2Al_3\ [O/OH/SiO_4/Si_2O_7]$

Ortsregister

Hier sind die Fundstellen (ehemalige und aktuelle) von Mineralen, Gesteinen und Fossilen aufgenommen. Zahlen = Seitenzahlen.

D

E

F

G

H

Sachregister